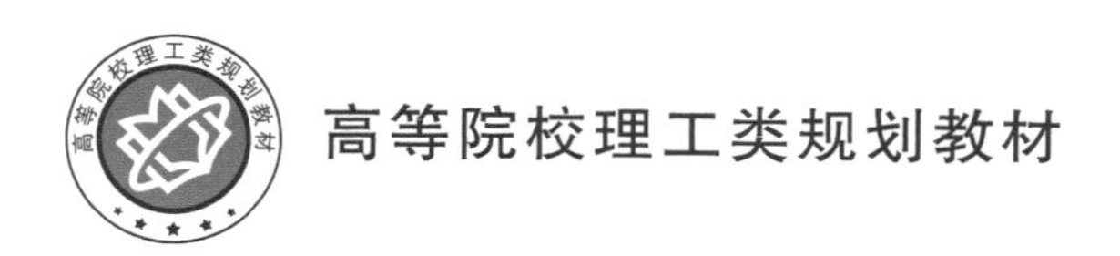

应用数理统计

刘志华　编著

北京邮电大学出版社
www.buptpress.com

内 容 简 介

应用数理统计是一门搜集、整理、分析和解释统计数据的方法论学科，用于探索统计数据内在的数量规律性。本书内容分为8章，各个章节都使用实例来引入主题，并把统计概念、算法原理和一些非常实际的问题联系在一起进行讲解。每章后面都有与概念和计算有关的习题，这些习题能使读者更深刻地理解内容。同时，这种安排也使得本书适用于知识水平不同的、具有不同要求的各类读者。本书从解决实际问题的角度设计调查统计方案或基于科研试验进行数据收集，并利用SPSS软件的强大功能，分析数据、解释结果、讲解算法。本书注重提高学生统计学文化素养，旨在使学生在获得第一手试验数据后，学会用统计学的眼光观察现实、构造模型、应用统计知识对数据进行数理分析、挖掘数据中包含的诸多重要信息，并让学生理解算法的由来，从而进行科研探索和知识交流。

本书可作为理工科各专业本科生和研究生的教材或参考书，也可作为经济类和管理类各专业本科生的教材或参考书，还可作为各领域的实际工作者学习统计方法的参考书。本书提供电子课件、上机操作数据等配套资料，请读者到北京邮电大学出版社官网(http://www.buptpress.com)免费下载。

图书在版编目（CIP）数据

应用数理统计 / 刘志华编著. -- 北京：北京邮电大学出版社，2023.8

ISBN 978-7-5635-6965-6

Ⅰ. ①应… Ⅱ. ①刘… Ⅲ. ①数理统计 Ⅳ. ①O212

中国国家版本馆 CIP 数据核字（2023）第 138158 号

策划编辑：彭 楠 **责任编辑**：王小莹 **责任校对**：张会良 **封面设计**：七星博纳

出版发行：北京邮电大学出版社
社 址：北京市海淀区西土城路10号
邮政编码：100876
发 行 部：电话：010-62282185 传真：010-62283578
E-mail：publish@bupt.edu.cn
经 销：各地新华书店
印 刷：北京虎彩文化传播有限公司
开 本：787 mm×1 092 mm 1/16
印 张：11.75
字 数：289 千字
版 次：2023年8月第1版
印 次：2023年8月第1次印刷

ISBN 978-7-5635-6965-6 定价：36.00元

前　言

不知读者是否意识到，在我们的生活、工作以及新闻媒体报道中总是会出现统计数据的分析与预测。数理统计是统计学的理论基础，已经渗透到理、工、农、医、经济、管理与人文社会科学等领域，其在实际应用方面也直接和生产生活相关。本书主要研究数理统计学的一般理论和方法在社会、自然、经济、工程等各个领域的应用，应用数理统计是数理统计学和其他学科之间形成的交叉学科，使统计职能从反映和监督拓展到推断、预测和决策。

本书是为各学科的高年级本科生和研究生而写的一本教科书，目的在于帮助学生解决研究项目中遇到的问题、基于数据做出决策以及为学生理解课堂和大学环境以外的生活打下一个基础。同时，本书以 SPSS 软件应用为导向，旨在提高学生解决实际问题的能力。本书假定学习者掌握较少的数学知识(大学高等数学和概率论课程的相关知识)，没有修过统计的先行课程，其中加 * 的内容供教学取舍和学有余力的学生自学。

本书前 5 章包括统计引论课程中的典型内容，给出了把统计概念和非常实际的问题联系在一起的例子。本书其余的章节包括方差分析、相关分析、回归分析等内容，这些章节先逐步阐明在设计调查研究或试验时所需要的统计技术和思路，然后用直观、有效的方法来分析数据。正在读研的学生并不一定都能进行第一线的调查，但为了理解关于课题及试验数据方面信息的意义，以及更好地进行参数选择、数据过滤等决策，他们需要理解各种统计推断结果。因此，不仅要求学生能够使用软件，**还要求学生能够理解其中的数学推导过程，同时明白各种统计概念、方法以及输出结果的意义**，明白数据分析人员在做什么，从而在自己的课题研究中改进理论推导过程，**选择更为切实可行的算法参数**。

笔者希望读者在阅读本书时能够以理解统计方法的含义为主，学会处理数据，提高相关能力。

本书为河北师范大学立项建设教材，获得了相关经费的资助，并得到了河北师范大学科技处、教务处的大力支持，在此表示衷心的感谢！同时，也感谢为本书的编写付出汗水的研究生，以及对本书给予大力支持的北京邮电大学出版社。

笔者希望读者对本书予以支持和批评指正。

目　　录

第1章 数理统计学概述

1.1 数理统计学简介

数理统计学是统计学分支，是研究随机现象规律性的一门学科。它以概率论为理论基础，根据研究对象，即具有某种相同属性的群体现象，系统地研究和论述如何搜集、整理、分析数据，做出推理和预测，以及为采取某种决策提供依据和建议。数理统计学是一套科学原理和技术，当我们得到的信息既有限又处于不断变化的状态时，它可以帮助我们从中得出关于总体和过程的结论。

数理统计学研究的内容非常广泛，概括起来可以分为三大类。一是抽样调查和试验设计，即研究如何对随机现象进行观察和试验，以便更合理准确地获得数据。二是统计推断，研究如何对数据进行整理和加工，并对所考察对象的某些性质做出尽可能可靠的判断。统计推断包括：①特定的统计推断形式，如参数估计和假设检验；②特定的统计观点，如贝叶斯统计与统计决策理论；③特定的理论模型或样本结构，如非参数统计、多元统计分析、回归分析、相关分析、序贯分析、时间序列分析和随机过程统计。三是针对特殊的应用问题而发展起来的分支学科，如产品抽样检验、可靠性统计、统计质量管理等。

数理统计学根据样本提供的数据信息，依据概率理论，在一定的置信度下，推测样本所属总体的某些性质，主要包括描述统计和推断统计两部分内容，它们在研究进程中的位置如图 1.1 所示。

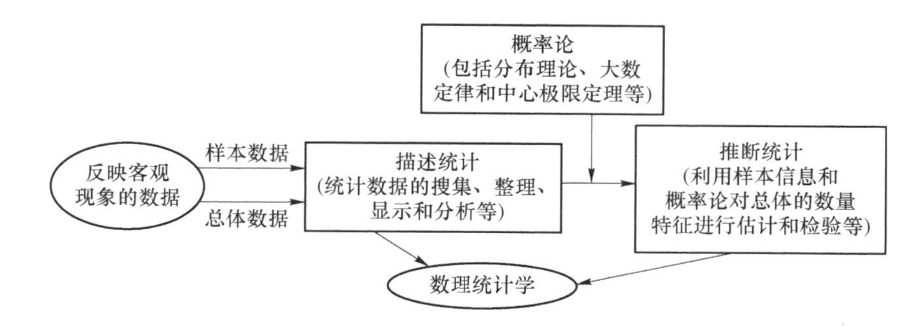

图 1.1 描述统计和推断统计在数理统计学研究进程中的位置

现实生活中几乎每个人，包括科研工作者、社会科学家、工程师、医学研究人员、计算机网站监理等，都与数据打交道。这些数据以各种形式出现，如仿真试验数据、青少年犯罪增长率、水样的污染等级、经过某种治疗后病人的存活率、人口普查数据、用来帮助决定购买哪种品牌的汽车数据等。在本书中，我们通过从数据中获取信息的4个步骤来进行学习。这4个步骤如下：

① 收集数据（问卷、试验）；

② 整理数据（概括、建模）；

③ 分析数据（应用数理统计方法）；

④ 解释数据（归纳、引申）。

1.2 数理统计学的发展历史

数理统计学是伴随着概率论的发展而发展起来的，在19世纪中叶以前已出现了若干重要的成果，如约翰·卡尔·弗里德里希·高斯（Johann Carl Friedrich Gauss）和A. M. 勒让德（Adrien-Marie Legendre）关于观测数据误差分析和最小二乘法的研究。到19世纪末期，经过包括卡尔·皮尔逊（Karl Pearson）在内的一些学者的努力，数理统计学这门学科已开始形成。但数理统计学发展成一门成熟的学科则是20世纪上半叶的事，到20世纪初，卡尔·皮尔逊提出了卡方分布，他被公认为现代统计学的奠基人之一。他和弗朗西斯·高尔登（Francis Galton）创建了《生物统计》期刊，无论是在统计学研究方面，还是在人才培养方面，两人都做出了很大的贡献。卡尔·皮尔逊在伦敦大学主理"高尔登试验室"事务多年，该试验室在20世纪初是国际上一个重要的统计学研究教学中心。另外，罗纳德·爱尔默·费希尔（R. A. Fisher）的贡献对这门学科的建立也起了决定性的作用。1946年，H. 克拉默发表的《统计学数学方法》是第一部严谨且比较系统的数理统计著作，可以作为数理统计学进入成熟阶段的标志。数理统计学的发展大致可分3个时期。

第一时期：20世纪以前。这个时期又可分成两个阶段，大致上可以把高斯和勒让德关于最小二乘法用于观测数据的误差分析的工作作为分界线。前一阶段属于数理统计学的萌芽时期，基本上没有超出描述性统计的范围。后一阶段可算作数理统计学的幼年阶段。首先，这一阶段强调了推断的地位，而摆脱了单纯描述的性质。由于高斯等人的工作揭示了正态分布的重要性，学者们普遍认为，在实际问题中遇见的几乎所有的连续变量都可以用正态分布来刻画。这种观点使关于正态分布的统计得到了深入的发展，但延缓了非参数统计的发展。在19世纪末，卡尔·皮尔逊给出了以他的名字命名的分布，并给出了估计参数的一种方法——矩法估计，后来又提出了频率曲线的理论，并于1900年在德国大地测量学者F. 赫尔梅特（F. Helmert）（1876年在研究正态总体的样本方差时，发现了十分重要的卡方分布）的基础上提出了卡方检验。

第二时期：20世纪初到第二次世界大战结束。这是数理统计学蓬勃发展达到成熟的时期。许多重要的基本观点和方法都是在这个时期被提出来的，且数理统计学的主要分支学科都是在这个时期建立和发展起来的。这个时期的成就包含了至今仍在广泛使用的大多数统计方法。在其发展中，以英国统计学家、生物学家费希尔为代表的英国学派起了主导作用。大工业的发展对产品质量检验问题提出了新的要求，即只抽取少量产品作为样本就对全部产品的质量好坏做出推断。因为如果大批量产品要做全面的检验,既费时、费钱,又费人力,加之有些产品质量的检验要做破坏性检验,全部检验是不可能的。1908年,英国的威廉·戈塞特(W. S. Gosset)提出了小样本 t 统计量,利用 t 统计量就可以从大量产品中只抽取很少量的样本完成对全部产品质量的检验和推断,这样就使统计学进入了现代统计学(主要是推断统计学)的新阶段。费希尔给出了F统计量、极大似然估计、方差分析等方法和思想,J. 奈曼(Jerzy Neyman)和E. S. 皮尔逊(E. S. Pearson)提出了置信区间估计和假设检验,亚伯拉室·沃尔德(A. Wald)提出了序贯抽样和统计决策函数等,到20世纪中叶,现代统计学的基本框架已形成。

第三时期:第二次世界大战后至今。在这一时期,数理统计学在应用和理论两方面继续获得很大的进展。自20世纪50年代以来,统计理论、方法和应用进入了一个全面发展的新阶段。一方面,数理统计学受计算机科学、信息论、混沌理论、人工智能等现代科学技术的影响,新的研究领域层出不穷,如多元统计分析、现代时间序列分析、贝叶斯统计、非参数统计、线性统计模型、探索性数据分析、数据挖掘等。另一方面,数理统计方法的应用领域不断扩展,几乎所有的科学研究都离不开统计方法。因为不论是自然科学、工程技术、农学、医学、军事科学,还是社会科学,都离不开数据,要对数据进行研究和分析就必然用到数理统计方法,连纯文科领域的法律、历史、语言、新闻等学科都越来越重视对统计数据的分析,国外的人文与社会学科普遍开设数理统计学的课程,因而可以说数理统计方法与数学、哲学一样已经逐渐成为所有学科的基础了。

1.3　数理统计学的研究步骤

用数理统计方法去解决一个实际问题时,一般有如下几个环节:选择和建立数学模型,收集数据,整理数据,进行统计推断、预测和决策。这些环节是不能截然分开的,也不一定按上述次序进行,有时是互相交错进行的。

① 选择和建立模型。在数理统计学中,模型是指关于所研究总体的某种假定,一般是给总体分布规定一定的类型。选择和建立模型要依据概率的知识、所研究问题的专业知识、以往的经验以及从总体中抽取的样本数据。

② 收集数据。收集数据有全面观测、抽样观测和试验获取3种方式。全面观测又称普查,即对总体中每个样本都加以观测,测定所需要的指标。抽样观测又称抽查,是指从总体中抽取一部分样本,测定其有关的指标值。这方面的研究内容构成数理统计的一个分支学科,叫抽样调查。试验获取中的试验要有代表性,并要使所得数据便于分析,这里面所包含的数学问题构成了数理统计学的又一分支学科,即试验设计的内容。

③ 整理数据。整理数据的目的是把包含在数据中的有用信息提取出来。其一种形式是制订适当的图表,如散点图,以反映隐含在数据中的粗略规律或一般趋势;另一种形式是计算若干数字特征,如样本均值、样本方差等简单描述性统计量,以刻画样本某些方面的性质。

④ 进行统计推断。统计推断指根据总体模型以及由总体中抽出的样本,做出有关总体分布的论断。数据的收集和整理是进行统计推断的必要准备,统计推断是数理统计学的主要任务。

⑤ 进行统计预测。统计预测的对象是随机变量在未来某个时刻所取的值，或设想在某种条件下对该变量进行观测时将取的值，如预测某运动目标在时刻 t 的测距误差、通信系统和自控系统在 t 时刻后某种噪声和干扰的次数等。

⑥ 进行统计决策。进行统计决策是指依据所做的统计推断或统计预测，并考虑到行动的后果（以经济损失的形式表示）制订一种行动方案。其目的是使损失尽可能小，或使收益尽可能大。例如，一个传感器网络要决定布放辅助定位的锚节点的数量，经过对前期研究数据的分析，在预测定位精度达到 a 的情况下需至少布放 b 个锚节点，假定每布放一个锚节点需花费 c 元，而定位精度减少一个量级则损失 d 元，要据此做出关于布放锚节点数量的决策。

1.4 数理统计学的应用领域

数理统计学在自然科学、工程技术、管理科学及人文社会科学中得到越来越广泛和深刻的应用，其研究的内容也随着科学技术和政治、经济与社会的不断发展而逐步增多，但概括地说主要包括以下几个方面。

1. 自然科学

在自然科学领域，地震、气象和水文方面的预报、地质资源的评价是近年来各国学者研究的热点。例如，在气象科研与预报中加入统计检验、选择最大信息的预报因子、回归分析、分类预报、考虑经济效益的决策、主成分分析、气象场的经验正交展开、气象场的奇异值分解、判别分析、聚类分析及奇异谱分析等内容，可供气象台预报员、科研工作者参考。数理统计方法还可用于农业气象预报、地震预报、地质数学、生物统计等方面。

2. 生物医疗

医学是较早使用数理统计方法的领域。在防治一种疾病时，需要找出导致这种疾病的种种因素，数理统计方法在发现和验证这些因素上是一个重要工具。数理统计方法还有一个重要方面的应用是，用统计方法确定一种药物对治疗某种疾病是否有用及其用处有多大，以及比较几种药物或治疗方法的效力。对于医药行业来说，统计学已经成为大数据时代下，医药行业的一个新的推动力。医保基金、临床决策以及药品的研发、远程病人的数据分析等，都需要应用统计学的方法。毫无疑问，数理统计学已经成为当前医药研发领域非常重要的一个核心的工具。

3. 工农业生产

在农业中，对田间试验需要进行适当的设计和统计分析。试验设计、回归设计和回归分析、方差分析、多元分析等数理统计方法，在工业生产的试制新产品和改进老产品、改革工艺流程和寻求适当的配方等中起着广泛的作用，统计质量管理在控制工业产品的质量中起着十分重要的作用。

4. 管理科学

在使生产技术和管理技术现代化上，作为经济规律的重要表达方式之一的数学能发挥其一定的作用。现在，各种数学方法正从不同方面应用于经济科学，数理统计学也不例外。多元多重回归分析管理科学问世于 20 世纪初，从 F. W. 泰勒（F. W. Taylor）提倡分析工作效率开始，在很多经济部门大量与管理科学有关的课题被提出，如计划设计、指标预测、事务和情报处理、库存管理、投资、销售、生产与分配、运输等。

5. 人文社会科学

在人文社会科学方面，数理统计方法也有很多应用，如人口调查、心理学中对能力方面的分析等。2011 年诺贝尔经济学奖得主克里斯托弗·西姆斯(Christopher A. Sims)以及托马斯·萨金特(Thomas J. Sargent)在时间序列统计理论、宏观经济模型等领域都有重要贡献。

1.5　数理统计学中的应用数理统计

1.5.1　应用数理统计课程的特点

本书以数理统计学的理论和方法为基础，将数理统计学的原理、分析方法与实际问题结合起来，分析数据，强调理论与实践性并重；同时，以理解算法原理为导向，借助于 SPSS (Statistical Product and Service Solutions)，引导对科研问题的思考。随着数理统计方法在科研和实践中的应用，分析数据的过程可以分为目标数据确定、数据采集、数据清洗、数据存储、数据分析、结果可视化及结果支持决策等步骤，随着有效的数据分析方法以及大数据的快速发展，数据驱动决策的重要性越发显现，对统计模块的深层理解将成为不可或缺的本领。

应用数理统计方法在实际生活和科研中的应用日益深入，主要包括以下几个方面。

① 将一个理论的假设转变为一项实证研究的方案。

② 借助于数理统计知识和软件对仿真数据进行推断，选取算法参数。

③ 帮助工科研究生进行试验数据的挖掘与分析。

④ 编制一套有效的评估指标对建模数据进行筛查。

本书旨在引导读者熟练地掌握数理统计学和 SPSS，在学习中掌握一些基本的理论、概念和操作之后，学会解决自己遇见的问题。

1.5.2　应用数理统计中常用的软件

数据可以通过很多方式进行采集。例如：通过制作调查问卷，随机抽取人群样本填写问卷，来得到人群样本的反馈数据；通过试验获取数据；通过人工观察记录的方式采集数据。而在数据时代的今天，传感器极大地改变了人工观察记录这种数据采集的方式，特别是对于温度和湿度等容易量化测量的客观指标。虽然人类主观意识类的数据依然需要通过问卷调查的方式进行获取，不过我们相信在不久的将来，人类的意念也将伴随科学技术的进步而被量化。大数据的起源是互联网，进行大数据分析是为了更好地了解客户喜好，它将海量碎片化的信息数据进行筛选、分析，并最终归纳、整理出企业需要的资讯，而这些海量的信息则来源于互联网。

应用数理统计中目前常用的软件如下：

① SPSS。

② SAS(Statistical Analysis System)。

③ Excel。

④ R(The R Project for Statistical Computing)。

习 题 1

1. 数理统计学研究的内容有什么?

2. 何为数理统计学?数理统计学的研究对象是什么?研究对象有哪些特点?

3. 怎样理解描述统计和推断统计在数理统计学研究方面的区别与联系?

4. 怎样理解数理统计学与其他学科的关系?

5. 大数据时代下,数理统计学的发展有哪些机遇和挑战?

6. 简述数理统计学与科研学习的关系。

第2章
数据与数据的获取

统计数据是利用统计方法进行分析的基础，那么，如何认识统计数据？又从哪里取得所需要的统计数据？这将在本章进行介绍。本章的主要内容有总体、个体、变量与数据的定义、数据类型、问卷设计方法等。

2.1 总体、个体、变量与数据

1. 总体

所研究对象的全体称为**总体**(或**母体**)，如生产线上生产的零件。研究中，我们往往会关心总体的某些特征(**指标**或**变量**)，如关心零件的尺寸、重量等特征。如果总体有两个以上的**指标**，那么可以对这些指标逐个进行研究，也可以将其作为指标向量来进行研究。反映总体特征的指标(变量)实际上是一维或者多维随机变量，如高速路上某定点的平均车速、风速、温度。

从无限次随机放回抽样的角度来看，表征一个有限总体特征的变量(指标)也可以视为随机变量。因此，从这个角度来说，反映总体特征的随机变量的取值的全体也称为总体或母体(其实就是样本空间)。总体分布指反映总体特征的随机变量的概率分布。从无限次等机会抽样的角度来看，有限总体的概率分布就是有限总体中不同个体的比率(频率)分布。

2. 个体(或成分)

个体为组成总体的元素。按个体数目是否有限，个体可分为有限总体和无限总体。

3. 变量(或指标)

变量是指反映总体或个体的特征的量。在统计学上，变量还可以依据其变量值特征分为定量变量和定性变量。

① **定量变量**也称数值变量。用定量的方法对观察单位进行测量得到的资料被称作数值变量，亦称计量资料，一般有度量单位。定量变量包括离散型变量和连续型变量。定量变量也就是通常所说的连续量，如长度、重量、产量、人口、速度和温度等，它们是由测量或计数、统计所得到的量，这些变量具有数值特征。

② **定性变量**也称分类变量。首先将观察数据的观察指标按性质、类别进行分组，然后对各组数据单位进行计数。分类包括无序分类和有序分类。这些量不是真有数量上的变化，而是只有性质上的差异。这些量还可以分为两种：一种是有序变量，它没有数量关系，只

有次序关系，如某种产品分为一等品、二等品、三等品等，矿石的质量分为贫矿和富矿等；另一种是名义变量，这种变量既无等级关系，也无数量关系，如天气(阴、晴)、性别(男、女)、职业(工人、农民、教师等)和产品的型号等。

4. 变量(或指标)值或数据

在研究一个总体时，所要研究的每个特征(指标或变量)，在每个个体上都有一个反映该特征的具体描述(数字、文字)，这些特征的具体描述被称为指标值(变量值)或数据。

2.2 数据类型

2.2.1 数据测度的分类

数据可以分为定量型数据、定性型数据和半定量数据，这是怎么定义和区分的？由于不同的事物能够进行计量或测度的程度不同，有些事物只能对其属性进行分类，如人口的性别、商品的型号等，这样的数据就是定性型数据；有些事物则可用数字来计量，如商品的质量和价格、人的身高等，这就是定量型数据。还有一些数据，性质介于前两者之间，数据带有次序的差别，这就是半定量数据，如学生的年级和受教育程度等。

根据计量学的一般分类方法，按照对事物计量的精确程度要求，可将所采用的计量尺度由高级到低级、由精确到粗略分为4个不同的层次，即定比尺度、定距尺度、定序尺度和定类尺度。采用不同的尺度来对事物计量，可以得到不同的数据，不同数据适用于不同的统计计算分析方法。

① **刻度级(度量)**：可进行四则运算和基于此的延伸运算，它分为以下两个子级别。

a. **定比级**。定比级是数据最高级的测度等级。该等级的数据是具有一定单位的实际测量值，它的单位可以是尺、丈、米、斤、公斤、元等。这类数据可以做四则运算以及基于此的延伸运算。此时，要求其0值不是人为制定的，如长度的0米、资金的0元、重量的0斤等。只有当变量的0值不是人为制定时，其任意两个取值的比率(分母不为0)才能有确定的意义。在统计分析中，定比级的数据只能用数字来表示。定比级的数据有时也被称为比率级数据。

b. **定距级**。该等级的数据也被称为间距级数据，是只能做加、减运算，不能做乘、除运算的数据。其根本特征是，数据中的0不是物理世界客观存在的，是人为设定的。例如，如果室内是10摄氏度，室外是5摄氏度，那么我们可以计算室内、室外的温差，室内外的温差就是5摄氏度。但我们不能说10摄氏度是5摄氏度的2倍，因为把10摄氏度和5摄氏度转化为华氏温度后，就不是2倍的关系。

从定性变量和定量变量的角度来看，刻度级数据往往对应的是定量变量的变量值。

② **定序级**：也称为**顺序级**，是定序尺度，该级别的数据可以用数字来表示，也可以用字母来表示。但我们建议用数字表示，这样便于灵活应用。定序级的数据是只能够比较大小，而不能够做加、减运算，更不能做乘、除运算的数据。

例2.1 受教育程度这个定序级的变量可以采用以下数字表示：文盲半文盲＝1，小学＝2，初中＝3，高中＝4，大学＝5。

③ **定类级**:也称为**名义级**,定类尺度仅仅是一种标志,没有次序关系。该级别的数据可以用数字表示,也可以用文字表示。

例 2.2　对于顾客的性别,可以用 1 表示男性,2 表示女性。对于顾客喜爱的颜色,可以用红、橙、黄、绿、青、蓝、紫表示,也可以用数字 1、2、3、4、5、6、7 表示。

2.2.2　不同测度类型数据的用途特点

在不同的统计处理中,对数据的测度类型的最低要求是不同的。例如,刻度级里的定比级数据可以用来作为回归分析的因变量,也可以用来计算普通相关系数;定序级以上的数据可以用来计算均值、方差,有的定序级数据可以用来计算等级相关系数;有的定类级数据可以作为分类变量计算两个总体的某个刻度级变量的均值是否存在显著性差异。总体来说:

① 数据等级越高,应用范围越广泛;

② 数据等级越低,应用范围越受限;

③ 一般等级高的数据可以兼有等级低的数据的功能,反之不行;

④ 定类级的数据通常是样本分类(分组)的依据,当然也可以用来做独立性检验。

例 2.3　研究某群体中个体的网瘾严重程度时,把严重程度的测度标准设为无、轻度、中度、严重、非常严重。

① 给所关心的变量命名。

② 判别这个变量的测度类型。

例 2.4　在刚入学的某专业的新生中随机地抽取 10 名学生,并收集如下 3 个变量的数据:X——选课课程的门数;Y——课本总费用;Z——被抽取学生的性别。问:

① 总体是什么?

② 此总体是有限总体还是无限总体?

③ 样本是什么?

④ 这 3 个变量的测度类型是什么?

例 2.5　企业质量管理员在生产线上某环节随机地抽取被加工的部件,并检验记录所抽取的部件的下列信息:A——部件有缺陷还是无缺陷;B——加工每个部件的工人工号;C——部件的重量。问:

① 被研究对象的总体是什么?

② 此总体是有限总体还是无限总体?

③ 样本是什么?

④ 上述 3 个变量是分类变量还是数值变量?

*2.3　获得数据的抽样方法、调查方法与问卷设计方法

获得数据的方法可以分为两大类:一是观察(调查)方法;二是试验方法。观察(调查)方法又可以分成两大类:一是普查方法;二是抽样方法、调查方法。

问卷是管理科学调查收集一手数据的最重要的工具之一。

本节重点讨论数据的抽样方法、调查方法和问卷设计方法。

2.3.1 常用的抽样方法

抽样调查的领域涉及如何用有效的方式得到样本数据。最常用的问卷调查方式包括通过邮件、报刊、网络等手段调查、电话调查和面对面调查等。这些调查都利用了问卷，而问卷的设计则很有学问，对于问卷中不同的用词、问题的次序和问题的选择与组合等都需要先思考再落实，因为这涉及包括心理学、社会学等知识。面对面调查则需要对调查者进行培训。

抽样调查的设计目的之一是**确保样本对总体的代表性**，以保证后继推断的可靠性。概率抽样假定每个个体出现在样本中的概率是已知的，这种概率抽样方法使得数据能够进行合理的统计推断。但是为了节省调查的费用和时间，常常采取基于方便或常识判断的非概率抽样方法。对从**非概率抽样得到的数据**进行统计推断要非常慎重，它依赖具体的抽样方案是如何设计的，也依赖它是如何实施的。这种统计推断往往无法根据完善的统计理论来进行，也很难客观地建立抽样误差的范围。

在抽样调查时，最理想的样本是简单随机样本。但是由于随机抽样的方法实践起来不方便，所以在大规模调查时一般不用这种全局随机抽样的方法，而只是在局部采用随机抽样的方法。下面介绍几种抽样方法。这里没有深奥的理论，读者完全可以根据常识判断在什么情况下无法获取简单的随机样本，以及下面每个抽样方法有什么优点和缺点。另外，一般仅有少数人有机会来确定抽样方案，读者仅需把这些方法当成常识来了解就可以了。

下面介绍一些概率抽样方法。

1. 系统抽样

系统抽样也称为每 n 个名字选择方法。这是先把总体中的每个单元编号，然后随机选取其中之一作为抽样的开始点。根据预订的样本量决定“距离”n。在选取开始点之后，通常从开始点开始按照编号进行所谓的等距抽样。

例如，要调查某社区 65 岁以上的老年人的退休收入情况时，就可以按照老年人的年龄，把这个社区的 65 岁以上的老年人排列起来，随机地确定第一个老年人后，每隔 5 个人抽一个老人调查。这就是等距抽样的调查方法。也就是说，如果开始点为 5 号，“距离”$n=10$，则下面的调查对象为 15 号、25 号，等等。不难理解，如果编号是随机选取的，则这和简单随机抽样是等价的。

2. 分层(分类)抽样

分层抽样是指按照总体中个体的某特征，把总体中的个体分为若干群(类)，然后对各个群内的个体进行简单随机抽样。例如，调查某地区居民的消费状况时，应事先把该地区居民分为城镇居民、农村居民等几类，然后对每一类的个体用简单随机抽样的方法进行抽样。这样就确保了每一类都有相应比例的代表，能比较准确地反映该地区居民的消费状况。分层抽样的一个“副产品”就是同时可以得到各类的结果。

3. 整群抽样

整群抽样是指先将总体中的各个个体按照某一标志量分为若干群，然后以群为单位，对群进行(简单)随机抽样，最后对抽出来的各个群中的个体进行普查。这是先把总体划分成若干群，整群抽样和分层抽样不同，这里的群是由不相似或异类的(heterogeneous)个体组成的。比如，对某县进行调查时，首先要在所有村中选取若干村子，然后只对这些选中的村子的人进行全面或抽样调查。整群抽样的主要应用是所谓的区域抽样(area sampling),那时群就是县、镇,或者其他适当的关于人群的地理划分。

4. 多级抽样

在群体很大时,往往在抽取若干群之后,再在其中抽取若干子群,甚至再在子群中抽取子群,等等。最后只对最后选定的最下面的子群进行调查。比如,在全国调查时,先抽取省,再抽取地市,再抽取县区,再抽取乡、村,最后抽取户。在多级抽样中每一级都可能采取不同的抽取方法。因此,整个抽样计划可能比较复杂,成为多级混合型抽样。

例 2.6　分层抽样的做法是什么?

2.3.2 常用的调查方法

在得到所要调查的(样本)对象后,接下来要做的事就是测量所需要的数据。对于人这类调查对象而言,测量可以分为两种形态:一是需要被调查对象自己把有关数据描述出来(或者说把心理感受量化出来);二是需要调查者观察(可以借助于仪器观察)被调查对象,并把有关数据记录下来。

按照调查者与被调查对象的接触方式来划分,调查方法的主要类别如下。

(1) 电话访谈法

电话访谈就是用电话或计算机辅助电话访谈的方法,与样本中的被调查对象进行沟通,调查者在取得被调查对象的许可后,按照事先设计好的问题向被调查对象提问,记录好被调查对象的回答。

(2) 邮件访谈法

邮件访谈就是通过邮寄书面的问题(问卷),取得被调查者答案的方法。

(3) 人员访谈法

人员访谈就是调查者与被调查对象面对面访谈的方法。如果要做商场顾客的调查,调查者就可以在商场拦截调查。如果调查者有手提电脑,也可以借助于手提电脑做人员访谈。

(4) 电子邮件访谈

电子邮件访谈就是以电子邮件的方式与被调查对象沟通,从而获得相应的调查结果的方法。用电子邮件访谈时,科学设计的问卷是非常重要的数据获取工具。

(5) 其他电子方式的访谈

从目前的电子沟通的方式来看,还有如下访谈方式是值得注意的:①借助于网站设置调查问卷,用各种可能的合法方式,促使有兴趣者到相应网站完成应答;②借用 BBS、QQ 群、微信群等方式进行访谈。

2.3.3 问卷设计方法

在问卷调查完成后再想研究问卷设计时没有想到的问题,就不大可能了。**没有数据,就无法深入研究。**而要重新设计问卷、重新收集数据,无论是时间还是资金的损失,往往都是难以承受的。因此,按照所要研究的问题设计好问卷,是科学研究中一项非常重要的工作。

1. 问卷问题的设立

① 从研究的目标出发,设定问卷中的问题。

问卷问题的设立通常是从对研究目标的分析开始的。依据研究的目标，确定需要收集的数据，从而确定设置的问题。

例如，要研究中国网络化营销的发展策略，就必须了解中国支撑网络化营销发展的基础设施情况、生活工作中网络的普及情况，还要了解妨碍网络营销发展的因素，以及相关人员对这些障碍因素的重要性的判断。

② 基于对变量关系的猜想，设定问卷中的问题。

在问卷问题的设立中，一个非常重要的方面是对变量（特征）之间的相互关系进行猜想。只有当你猜想到某些变量（特征）可能与另外一些变量（特征）有某种关系时，你才可能会把相关变量设置在问卷中。猜想来源于对现实世界和课题研究的观察、分析与思考。

对问题的思考深度决定了问卷的深度，所以，**问卷不是产生于研究的开始，而是产生于研究的中途。问卷是思考的结晶。**

例如，在研究算法中某两个参数的相关关系时，一个直观的做法是：在分析的基础上，把两个参数的配对取值列出来，用仿真软件对两个参数的重要性进行加权试验，看其对算法性能的影响。

③ 从文献阅读中产生问题。

例如，在研究计算机网络中两个参数对网络性能影响的问题时，通过文献阅读发现在该问题研究上学者们已提出了多个算法，此时，可以在问卷设计中，预留出数据收集区域，证实或证伪这些学者的判断。

④ 从数据处理的角度考虑问题的设立。

设立问卷问题的一个关键思考角度是，从数据处理方法的角度来判断需要设立哪些问题。不考虑数据处理的方法，常常导致许多数据难以得到有效的利用。

2. 问卷问题设立的原则

① 问卷问题设立要遵循能够获得诚实的回答的原则。

例如，某大学想了解报考本校研究生的考生情商，就在问卷中增加了情商试题：

当你受挫折后，你的反应是(　　)?

A. 非常沮丧，长时间不能恢复正常情绪

B. 很沮丧，较长时间不能恢复正常情绪

C. 很沮丧，但很快能恢复正常情绪

D. 无明显情绪变化，放弃就是了

E. 越失败，越受挫折，越想再干

结果，绝大多数学生都选择了 E 选项。因为每个考生都想被录取，既然想被录取，多数考生都不愿意暴露自己的弱点。

② 单选问题的备选答案应当是对一个答案空间的完整划分。

单选问题的备选答案必须分布在同一个维度上，是同一个答案空间的完整划分。完整划分的含义是：备选答案之间不能有交集，也不能有遗漏。例如，如下问题的 5 个备选答案就是一个答案空间的完整划分：

在所有行业设立行政等级制，是(　　)?

A. 有益无害的　　B. 利大弊小的　　C. 利弊相当的　　D. 利小弊大的

E. 有害无益的

这 5 个答案都分布在“利弊”这个维度上，而且没有交集，也没有遗漏。

如果备选答案之间有交集，就会使一些应答者无法回答。例如，如果年收入的备选答案写成“A. 5 000 元以下　B. 5 000 元至 10 000 元　C. 10 000 元至 20 000 元……”，那么年收入为 10 000 元的人就不知道选 B 还是选 C 了。

③ 多选题的备选答案必须是互不排斥的。

多选问题的备选答案对于应答者而言必须是互不排斥的。例如，答案分布在两个以上的维度上，或者一个备选答案同时分布在两个以上的维度上，这样被多选的答案就可以互不排斥。

④ 问题的陈述及备选答案不能有多重含义。

无论是多选题还是单选题（特别是单选题），任何一个备选答案以及问题的陈述都不能有多重含义。例如，你认为某品牌的矿泉水是可口、清甜、富含微量元素的吗？（　　）

A. 是　　　　B. 不是

选择了“是”的人是因为某品牌的矿泉水可口，矿泉水清甜，矿泉水富含微量元素，还是因为某品牌的矿泉水具备其中两者或三者特点？选择了“不是”的人，是因为矿泉水不可口，还是因为矿泉水不清甜。这样的问题使你无法清楚地分析顾客的偏好。

⑤ 问题设计的用语要含义明确。

在问卷问题的陈述或备选答案中，凡是用到的概念都必须含义明确，否则不同的应答者对一个用语（术语）有不同的理解，即使每个应答者认真回答了，所得到的数据也是没有意义的。因此，对问卷问题中用到的术语，一般都要给一个明确的界定。

例如，您是网民吗？（　　）

A 是　　　　B 不是

如果不对“网民”做一个界定，回答的结果就很难应用。对于这个问题的较好问法，是对上网的频次做一个分割，请应答者选择，从而了解被调查对象的上网频次的分布情况。

⑥ 在问题的陈述中，要对所询问行为的时间、方式、目的做必要的限定。

在问卷问题的陈述中，对已经发生或即将发生的某种行为的询问要限定时间范围。例如，如下问题就让人难以回答：

如果您没有计算机的话，您准备购买吗？（　　）

A. 肯定会　　B. 可能会　　C. 不会　　D. 不确定

没有时间范围的限定（如一年内），应答者对问题的理解不同，给出的答案也将不同。总体说来，不仅要从研究目的的角度来审核问卷问题设置的合理性，还要从应答者的角度来审核问卷问题设置的合理性。

⑦ 在问卷问题中，凡是能够限定数量范围的要尽量限定。

在问卷问题中，要尽量少用模糊语言来表示数量（频率）问题，而要用数量范围来表示。

例如，你在日常生活中，一个月在餐馆（包括大、小餐馆，大排档等）吃饭的频率是（　　）？

A. 从不　　B. 偶尔　　C. 有时　　D. 经常

这种表达就容易使应答者由于对问题的不同理解而给出不同的回答。例如，对于在日常生活中一个月去餐馆吃饭 3 次，有的人可能选“偶尔”，有的人可能选“有时”，有的可能选“经常”，应答者给出的答案差异太大。

上述问题的正确表述应当是：

你在日常生活中，一个月在餐馆（包括大，小餐馆，大排档等）吃饭的频率（平均）是（　）？

A. 不到1次　　B. 1～2次　　C. 3～4次　　D. 5次以上

这就是说，在设立问题时，只要能够用确切数量范围来表示的问题，一定不要用模糊语言来表示。

⑧ 问卷的长度要适宜。

一般说来，问卷不能太长。问卷要是太长了，应答者在回答后面的问题时，会回答得非常草率或者不回答，或者由于后面的问题没有回答而不返回问卷，从而降低问卷的回收率。一般来说，问卷的长度应使应答时间在20分钟左右为宜。如果是商场拦截类的问卷，一般使应答时间在3分钟之内为宜，最好不要超过5分钟，否则问卷容易被应答者拒绝回答。

⑨ 合理安排不同难度的问题的先后顺序。

把相对容易回答的问题、有趣的问题放到问卷的前面，把相对难回答的问题放到问卷的后面。这样，应答者容易进入回答过程。如果反过来，把难回答的问题放在问卷的前面，那么应答者一看问卷就产生了拒绝回答的情绪，问卷的回收率就会受到影响。

习　题　2

1. 选择合适的饲料来喂虾是海水养殖虾中的一个重要方面，水产研究人员想要估计喂了6个月指定饲料后虾的平均重量，从一个人工挖掘的鱼塘中随机地选择了100只虾，并称了每一只的重量。

① 给出研究人员感兴趣的总体。

② 给出相应的样本。

③ 研究人员对总体的什么特征感兴趣？

④ 感兴趣的变量值分别是什么测度类型的数据？

2. 放射性废料的处理及一些矿业运作中放射性材料的生产给美国的一些地区造成了严重的污染问题，美国的官员决定对某可疑地区进行放射性水平的调查。他们在这个地区随机地选择了200个点，并测出每个点处的放射性水平。就这个抽样情况，回答习题1中的①、②、③、④4问。

3. 某城市中的某社会研究人员想得到该城市家庭中接受社会福利支持的孩子个数的有关信息。他们从该城市的福利卷宗中随机地抽取了400户家庭进行查证，得到每户家庭接受福利孩子的个数。就这个抽样调查情况回答习题1中①、②、③、④4问。

4. 根据你的研究生导师或某位大学老师的科研方向，查询近年来相关热点问题，并找出对于这些问题的文献调查结果。

① 说出为了获得样本测量值而观察的研究对象。

② 指出对每一个研究对象所进行的测量。

③ 指出所要调查的总体。

④ 文献对总体的哪个或哪些特征有可能感兴趣？

⑤ 文献中有没有解释样本是如何抽取的?

⑥ 文献中有没有包括样本中测量值的数目?

⑦ 文献中关于总体特征做出了何种推断?

⑧ 文献中有没有告诉你对总体特征推断的可信度?

5. 某家用电器厂商准备通过市场调查了解以下问题:企业产品知名度、产品市场占有率、用户对产品质量的评价及满意程度。

① 请设计一套调查方案。

② 你认为这项调查采取哪种调查方法比较合适?

③ 设计一份调查问卷。

第3章

SPSS概述和样本数据的描述统计分析

在通过调查和试验获得样本数据后，需要对数据进行整理。本章讨论对数据进行初步整理的方法，数据整理其实就是对统计调查、试验阶段所搜集到的大量原始资料进行加工汇总，使其系统化、条理化、科学化，以得出反映事物总体综合特征资料的工作过程。

人们对各种图表并不陌生。在中小学时，人们就接触到各种关于考试成绩的图表。在电视、报刊和网络上，人们也经常能看到表示股票行情和走势的图形。上述这些都是统计图形。

描述统计分析的一般步骤如下。

① 录入数据，建立数据表。数据表是指包含相关数据的一系列数据行的工作表。数据表可以作为数据库使用，其中行表示个案，列表示变量。

② 进行数据排序与分组。一般来说，录入的数据是无序的，不能反映现象的本质与规律性。为了使用方便，要将数据进行排序、分组，以便数据按要求排列，同时要使性质相同的数据归为一组，从而让它们之间的差异性显示出来。

③ 编制频数分布表与累积频数分布表。将一组计量资料按观察值大小分为不同组段，然后将各观察值归纳到各组段中，最后清点各组段的观察值个数(称频数)，并将其以表格形式表示，该表格称为频数分布表。频数分布表可以描述总体的内部结构，揭示总体中的关键因素与本质特征。累积频数分布表则能够表明各标志值以上或以下所出现的频数或比重。

④ 绘制统计图。使用SPSS及其他统计分析软件(Excel、SAS等)可以绘制许多图表，这些图表大部分是统计图，可用于数据的整理与分析。各种各样的统计图可以形象、直观地表明数据的分布形态与发展变化的趋势。

⑤ 计算描述统计的各种综合指标。下面我们将先介绍统计软件SPSS，然后结合SPSS来介绍描述统计的各项综合指标。

3.1 使用SPSS的基础知识

SPSS公司成立于1968年，其总部在芝加哥。1984年SPSS公司推出了世界上第一个微机版的统计软件SPSS/PC V1.0，之后推出了SPSS的Windows版本SPSS for Windows，而且几乎每年都有推出新的版本。2000年，该软件全称改为统计产品和服务解决方案(Statistical Product and Service Solutions)，我们下面介绍的统计软件现在全名为IBM SPSS Statistics，以区别于SPSS公司的其他产品。

3.1.1　SPSS 的启动与退出

① 启动:双击开始菜单的程序图标 IBM SPSS Statistics 22。

② 退出:单击窗口右上角的"×"。

3.1.2　定义变量

启动 SPSS 后,数据编辑器窗口中包含了两个子窗口——变量视图和数据视图,其中变量视图(如图 3.1 所示)就是用来定义数据结构的,其作用相当于一个十分详尽的编码表。如果调查时需要多个参与单位分别录入各自的调查数据,则可以将根据编码表编制好的变量视图模板发给每个参与单位,各个参与单位便可直接将数据录入到数据视图了。

在 SPSS 数据编辑器窗口的变量视图中要给出有关数据结构的相关说明,图 3.1 所示的窗口包含 11 个栏目。这 11 个栏目依次如下。

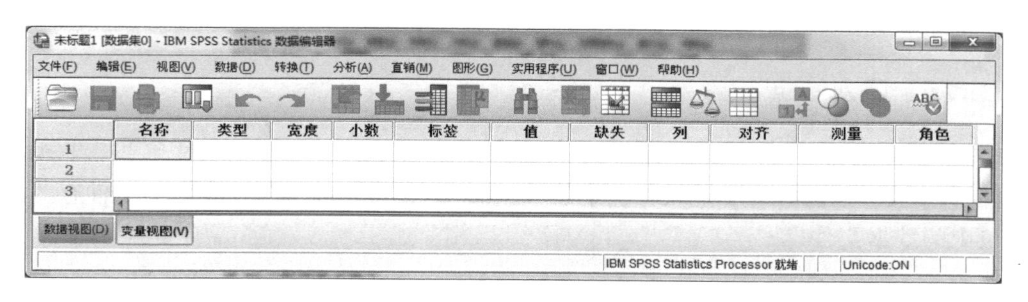

图 3.1　SPSS 的变量视图窗口

① 名称:此处键入变量名。有些字符串不能使用,如 ALL、AND、BY、EQ、GE、GT 等。

② 类型:此处定义变量类型。在 SPSS 中变量分为三大类:a. 字符串型(短字符串最长是 8 位,使用时受到限制);b. 日期型(包括 dd-mm-yy、mm-dd-yy 等多种表达方式);c. 数值型(有多种表达方式,最常用的是标准型,默认变量总长度为 8 位,小数是两位,可以修改其位数)。

③ 宽度:数据的位数。

④ 小数:屏幕上显示出的小数点以后的位数。

⑤ 标签:值得重视的一个栏目。在此可填入汉字说明,说明变量名的含义,标签可供长期使用。

⑥ 值:变量值标签,是对变量值的进一步说明,如,"*f*"="女"、"0"="不及格"等。

⑦ 缺失:在此处注明有可能因为击错键而写错的数或资料写错的数,这样软件会自动把这些值作为缺少处理,不会影响数据分析。

⑧ 列:在屏幕上变量的显示宽度。不是前面定义的数据的位数。

⑨ 对齐:显示的对齐方式,有左对齐、右对齐、居中 3 种。

⑩ 测量:选择测度级别,有度量、有序、名义 3 种。

⑪ 角色:有输入、目标、两者等,一般选择默认的输入。

3.1.3 输入数据

当完成了变量视图窗口中的工作后，需单击数据编辑器窗口下方的数据视图窗口。

表格中的一行称为一个个案，左侧第一列显示的是个案号，每一个个案就是一份调查问卷的全部数据，是由一个被调查对象的各种特征的实测值组成的，相对于“变量”可称其为“观测值”。把光标定位到需要输入数据的位置，录入即可。

3.1.4 保存数据

① 通过单击保存图标保存数据。数据视图窗口的数据是刚录入的，还没有存过盘，则在数据视图窗口下，单击左上角的保存图标即可保存数据。

② 利用“另存为”命令进行数据保存。当需要将数据编辑器窗口的数据保存到另一个文件中，或是要以另一种格式进行数据保存以便于其他软件进一步处理时，就要用“另存为”命令。操作方法是单击【文件】→【另存为】，弹出“将数据保存为”对话框，然后单击【保存】按钮。

3.1.5 读入数据

SPSS 软件包能够被广泛应用的一个重要原因是它提供了与其他软件包共享数据文件的功能，即 SPSS 可以打开一些软件包中的数据文件，也可以将 SPSS 的数据文件存为这些软件包中的数据文件。

如图 3.2 所示，SPSS 还可以读入 *.xls、*.sav、*.sys 等格式的文件。SPSS 提供了两个途径将纯文本文件读入：一是直接使用 SPSS 的文本数据导入的引导窗口；二是使用 Syntax 程序语句。这里不再具体介绍，仅介绍 SPSS 的数据文件的读入。

例如，可以从主菜单选择【文件】→【打开】→【数据】，从弹出的菜单中选择所要读入的 *.sav 格式的数据文件，也可以单击左上角“打开文件”的图标，从弹出的菜单中选择 *.sav格式的数据文件。

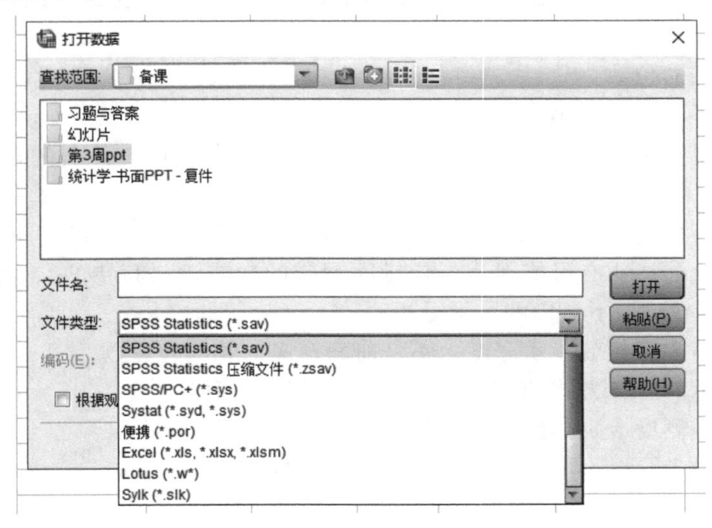

图 3.2 SPSS 可以打开的其他文件格式

3.1.6　编辑数据

1. 修改数据

找到要修改数据所在的单元格，单击进入修改即可。那么，如何找到要修改的数据？

(1) 通过行(行号)与列(变量名)查找

① 查找数据所在行。首先，从数据视图窗口的主菜单开始，单击【编辑】→【转至个案】，系统此时会弹出一个对话框，要求输入序号。输入序号并确认后，屏幕数据的第一行就是输入的序号行。也可以单击工具栏中的图标。

② 查找数据所在列。单击工具栏中"纵向尺子"的图标，系统此时会弹出一个对话框，在【转向变量】列表中找到相应的变量名，此时屏幕上就框出了你要找的单元格。

(2) 根据变量查找某个数据值的位置

首先，单击变量名所在的列，选中该列。然后，从数据编辑器的主菜单开始单击【编辑】→【查找】，系统此时会弹出一个对话框，要求输入数据值。输入数据值并按回车键或者单击【查找下一个】后，屏幕就跳到并选中该数据。也可以直接单击工具栏上望远镜状的"查找/定位"图标，系统此时同样弹出对话框，要求输入数据值。

2. 插入或删除一行数据(个案)

插入行：选中所要插入的行号，再单击工具栏中的"插入行"图标，单击后选中行，这样该行下面的数据都往下移一行。

删除行：选中要删除的行，按键盘上的【Delete】键即可。

3. 插入列

如果想要在某列前插入一列，那么先选中这一列，然后单击工具栏中的"插入变量"图标，这样就可插入一个新的列。

删除列：选中所要删除的列，按键盘上的【Delete】键即可。

4. 数据的剪切、复制、粘贴

数据的剪切、复制、粘贴的操作方法和Office软件包中的Excel类似，在此不再赘述。

3.1.7　生成新变量

例3.1　某工厂新增了一套技术培训方案，对工人的某项生产技能进行了培训前和培训后的测试，数据见文件"CH3 例3.1 技术培训效果差值"，求每个人培训前、后得分的差值。

解：单击【转换】→【计算变量】，系统弹出"计算变量"对话框，如图3.3所示。

① 在"目标变量"框中，输入你想要得到的目标变量的名称，例如，本例输入"前后差值"。

② 单击【类型与标签】按钮，输入新变量的标签和类型。本例输入标签"两组样本之差"，单击【继续】，返回上一个对话框。

③ 通过箭头把函数符号、已有变量、四则运算符号等、系数组合起来。本例把变量"培训后"、减号、变量"培训前"，用箭头送到"数字表达式"框中即可。

④ 单击【确定】按钮后，可观察到数据视图窗口中增加了一列新的变量值。

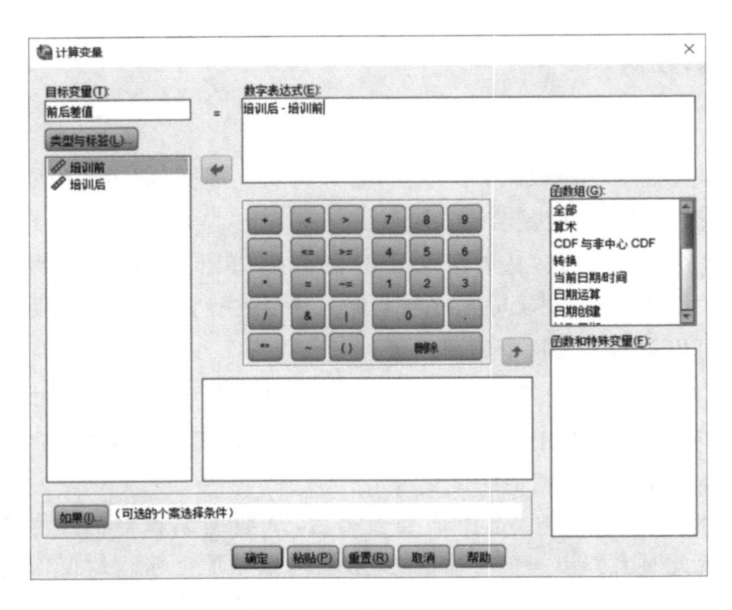

图 3.3　生成新变量

3.1.8　合并数据文件

合并数据文件有两种方法。

① 在原来的数据文件中，增加其他文件的个案。

② 在原来的数据文件中，增加其他文件的变量。

例 3.2　在例 3.1 的基础上，又测试了 10 个人，所得到的数据文件为“CH3 例 3.2 技术培训效果增加数据”。现在要求把原来的 25 个人的测试数据与这 10 个人的测试数据合并到一起。

解：① 单击【数据】→【合并文件】→【添加个案】，系统弹出“打开文件”对话框。

② 在“打开文件”对话框中，选出外源文件，本例外源文件是“CH3 例 3.2 技术培训效果增加数据”文件。单击“打开”后，系统弹出一个新的对话框，如图 3.4 所示。

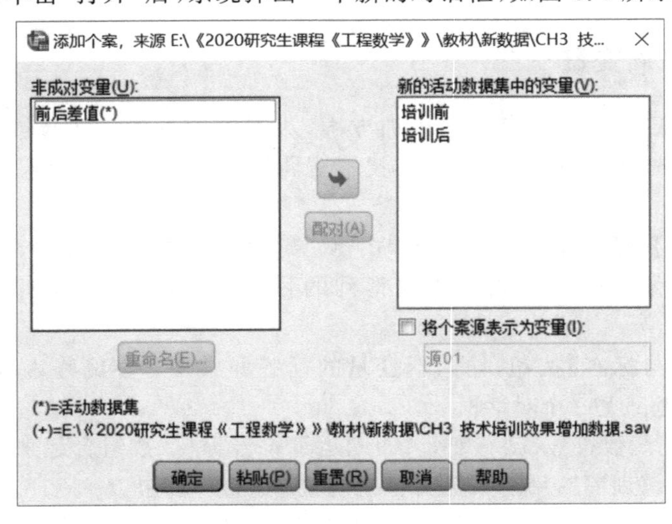

图 3.4　SPSS 合并文件添加个案

③ 单击【确定】按钮后，系统就把第 2 个文件的数据都添加到第 1 个文件中了。

3.2　样本数据的基本特征分析：集中趋势的统计量

如何用少量数字来概括数据？

用少数几个数字概括大量数据是日常生活中常见的现象。比如，北京人的平均收入是多少？两地区的收入差距是多少？高收入的人占人口的百分比是多少？这些“平均”“差距”或“百分比”都是用来概括或汇总的数字。由于**定性变量**的主要用途是计数，其比较简单，常用的概括就是比例或百分比，所以下面主要介绍关于**定量变量**的数字描述。

样本数据的特征可以从 3 个方面进行描述：一是分布的集中趋势，反映各数据向其中心值靠拢或聚集的程度；二是分布的离散程度，反映各数据远离其中心值的趋势；三是分布的形状，反映数据分布的偏度和峰度。本节将从学习 SPSS 的功能操作出发，分别介绍集中趋势测度值的计算方法、特点及其应用场合。

3.2.1　SPSS 的频率模块

在 SPSS 中，依次单击【分析】→【描述统计】→【频率】，就可以进入到频率分析模块。SPSS 的频率分析模块不仅能够分析样本数据的频数、频率，而且能够统计出样本数据的均值、中位数、众数、极大值、极小值、上下四分位数、极差、方差、标准差、均值标准差以及偏度、峰度等数据。此外，其还有部分作图功能，如制作条形图、饼图、直方图等。

频率分析模块的适用范围：所有测度级别的数据。打开数据文件“CH3 例 3.3 油耗”，对数据利用频率分析模块进行描述统计分析的常规步骤如下。

① 单击【分析】→【描述统计】→【频率】，将要分析的变量放入图 3.5 所示的右框中。

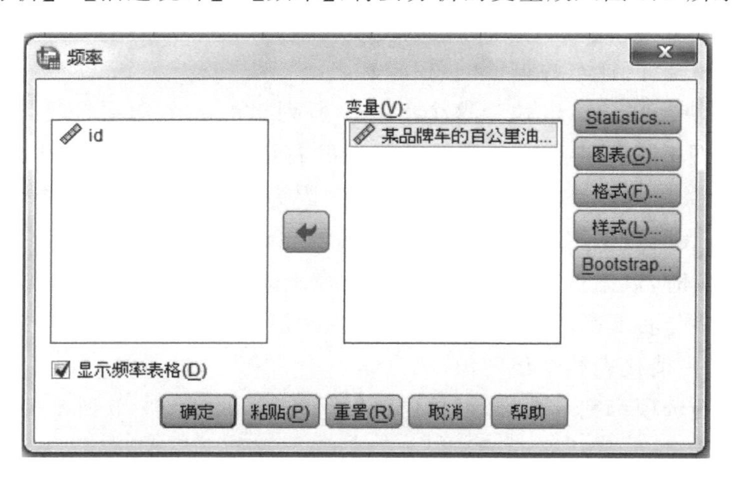

图 3.5　频率分析模块对话框

② 选中图 3.5 左下角的“显示频率表格”复选框，单击右上角的【Statistics】按钮，此时会弹出一个新对话框，如图 3.6 所示。这个对话框分 4 个区域块。

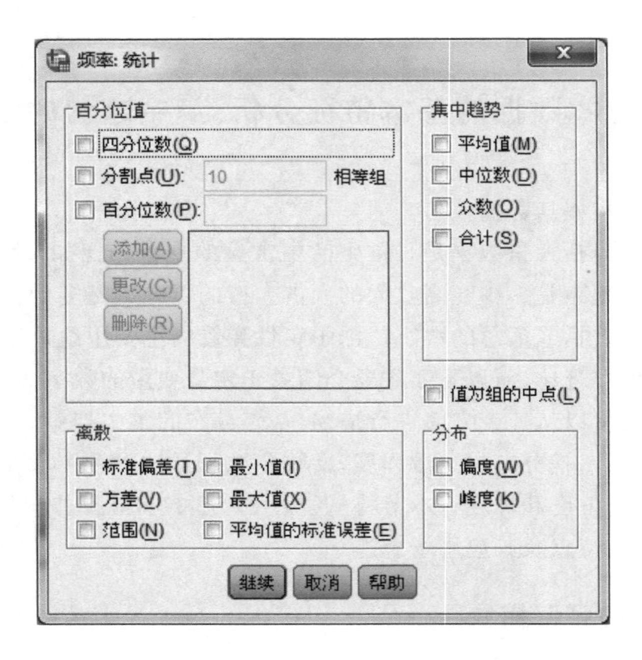

图 3.6 “频率:统计”对话框

a. 左上区域块为“百分位值”区块。

- 四分位数:是否要计算四分位数的值。
- 分割点:把数据从小到大排列后,是否分成 10 个组显示。其中,10 是可以改变的。
- 百分位数:把数据从小到大排列后,是否显示若干个百分点。

b. 左下区域块为“离散”区块。其中可以选择是否输出数据的标准偏差、方差、范围(最大值与最小值之差)、最小值、最大值、平均的标准误差(Standard Error of Mean,SEM)。

c. 右上区域块是“集中趋势”区块。系统将输出用户选中的项目结果,这 4 个项目是均值、中位数、众数和合计(样本数据值的总和)。

d. 右下区域块是“分布”区块。这个区块中所列出的 2 个选项是复选项。关于偏度,SPSS 规定:直方图的右尾较长或者横卧箱形图的右箱体和右胡须较长时,偏度为正值;反之,偏度为负值。关于峰度,SPSS 是这样规定的:因为标准正态分布的峰度为 0,所以当数据的峰度为正时,表明数据直方图的平滑曲线的峰比标准正态分布 $N(0,1)$的峰高;反之,当数据的峰度为负时,数据直方图的平滑曲线的峰比标准正态分布 $N(0,1)$的峰低。

在右上区域块与右下区域块之间,有一项选择“值为组的中点”,其含义是:如果数据分组了,就用各组的中值代表整个组的值。

在图 3.6 中的选项都完成选择后,单击【继续】按钮,回到图 3.5 所示的频率分析模块对话框。

③ 在频率分析模块对话框中,单击对话框右上部的【图表】按钮,系统会弹出一个新对话框——频率分析模块的“频率:图表”对话框(如图 3.7 所示)。注:图 3.7 下方的“频率”是指输出图形的纵坐标是**频数**;百分比表示输出图形的纵坐标是**频率**。

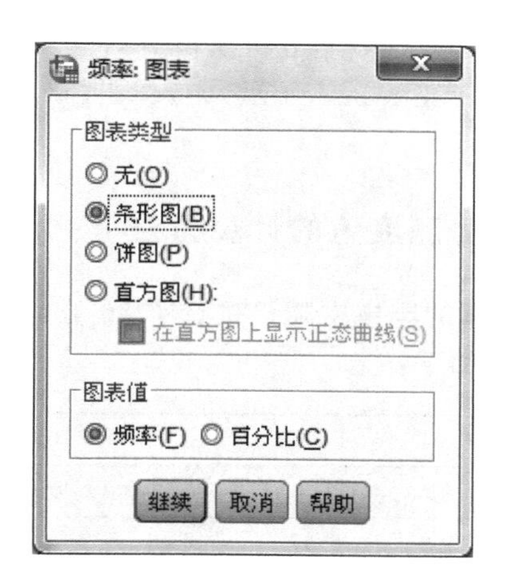

图 3.7　“频率:图表”对话框

④ 在频率分析模块对话框中,单击对话框右上部的【格式】按钮,系统会弹出一个新对话框——“频率:格式”对话框(如图 3.8 所示)。这个对话框分为左、右两区域块。

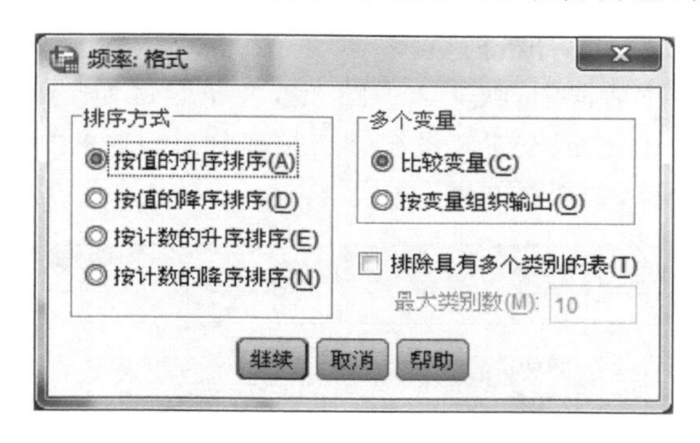

图 3.8　“频率:格式”对话框

a. 左区域块是“排序方式”区块,它规定了前面的输出表格中数据的排列顺序。在图 3.8的左区块域中,有 4 个单选项。

- 按值的升序排序:规定输出结果按变量值升序排列,这是系统的默认状态。
- 按值的降序排序:规定输出结果按变量值降序排列。
- 按计数的升序排序:规定输出结果按变量值出现的频数升序排列。
- 按计数的降序排序:规定输出结果按变量值出现的频数降序排列。

b. 右区域块是“多个变量”区块。当在频率分析模块对话框中,做第 1 步操作,把多个变量送到图 3.5 中的右框中一并做统计分析时,需要选择多变量的输出格式。这个区块中的两个选项是单选项:“比较变量”选项,要求系统把所有选中的变量的计算结果放在一个表中显示,以便于相互比较;“按变量组织输出”选项,要求系统为每个所选中的变量单独输出一个表格。

如果勾选了复选框“排除具有多个类别的表”,那么会激活图 3.8 的右区域块下方的一个选项:“最大类别数”复选框。在输出的表格中,在对数据分组时,把组数限制在 10 个(包括 10 个)以内(10 个以上是被禁止的)。其中的组数“10”是系统默认值,用户可以改变这个值。

选择完后，单击【继续】按钮，回到频率分析模块对话框。

⑤ 在频率分析模块对话框(如图 3.5 所示)中，单击【确定】按钮，即可完成数据的频率分析模块操作。

3.2.2 数据的集中趋势测度值的计算方法

例 3.3 从某城市某品牌车的车主中随机挑选了 30 位，记录了他们开这款车百公里的油耗，数据(单位为升/百公里)如下：

9.98	10.02	10.00	10.04	10.01	9.99	10.05	10.04	10.06	10.01
10.03	9.99	9.97	9.93	10.01	10.03	10.03	10.02	10.05	9.99
9.95	9.96	9.98	10.00	9.97	10.01	10.00	9.99	9.98	10.00

请用 SPSS 制作这些数据的频率分布表和累积频率条形图。

1. SPSS 操作示例

① 在录入数据(或打开数据文件“CH3 例 3.3 油耗”)后，按照前面的介绍，单击【分析】→【描述统计】→【频率】，进入频率分析模块。

② 在频率分析模块对话框中，默认选中图 3.5 左下角的“显示频率表格”复选框，然后单击图 3.5 右上角的【Statistics】按钮。系统弹出频率分析模块的“频率：统计”对话框，选择平均值、中位数、众数、合计，如图 3.9 所示。

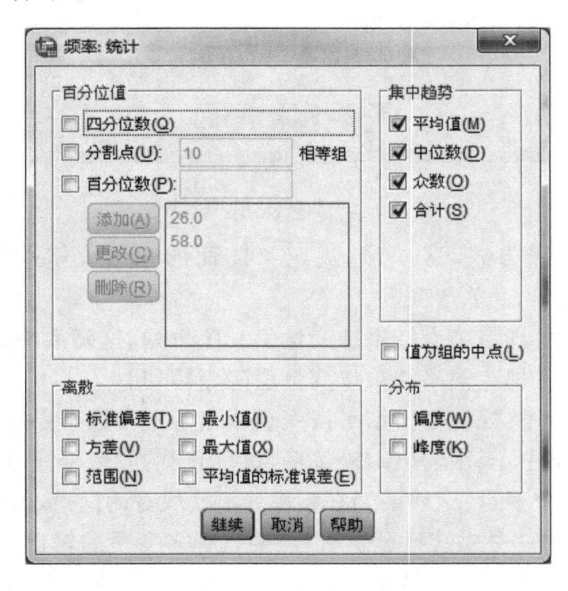

图 3.9 选择量的选取

③ 单击【继续】按钮，然后单击【确定】按钮，系统输出频率分布表的结果，如表 3.1 和表 3.2所示。表 3.1 是有关样本平均值、中位数、合计的统计计算结果。表 3.2 是该样本数据集合的频率分布表，其中列出了不同样本值出现的频数、频率及其累积频率的统计结果。

表 3.1　数据的集中趋势分析

N	有效	30
	缺失	0
平均值		10.0030
中位数		10.0000
方式		9.99[a]
合计		300.09

表 3.2　例 3.3 的频数、频率和累积频率分析

		频率	百分比	有效百分比	累积百分比
有效	9.93	1	3.3	3.3	3.3
	9.95	1	3.3	3.3	6.7
	9.96	1	3.3	3.3	10.0
	9.97	2	6.7	6.7	16.7
	9.98	3	10.0	10.0	26.7
	9.99	4	13.3	13.3	40.0
	10.00	4	13.3	13.3	53.3
	10.01	4	13.3	13.3	66.7
	10.02	2	6.7	6.7	73.3
	10.03	3	10.0	10.0	83.3
	10.04	2	6.7	6.7	90.0
	10.05	2	6.7	6.7	96.7
	10.06	1	3.3	3.3	100.0
	总计	30	100.0	100.0	

④ 单击【图形】→【旧对话框】→【条形图】，进入条形图模块。

⑤ 选择“简单”，图表中的数据选择“个案组摘要”，单击【定义】按钮，如图 3.10 所示。

⑥ 在“条的表征”栏中，选择“累积%”，并把“某品牌车的百公里油耗”放入类别轴中。

⑦ 单击【确定】按钮，系统输出累积频率条形图，如图 3.11 所示。

2. 概念解释

样本数据集合的一个重要的特征就是样本数据集合中心所处的位置，它在一定程度上反映了样本数据集合的位置。由于样本数据的测度级别不同，因此需要有不同的表示数据集合中心概念的方法。

用来描述一组样本数据初步特征的样本统计量有频数、频率和累积频率，除此之外，描述集中趋势的样本统计量有样本均值、中位数、众数以及百分位数。这些统计量可以用来反映标志值的典型水平和标准分布的中心位置或集中趋势。

不论样本数据是刻度级、顺序级数据还是名义级数据，在有限的样本数据集合中，我们面临的第一个直观问题就是同样的数据值(样本值)出现的次数问题。

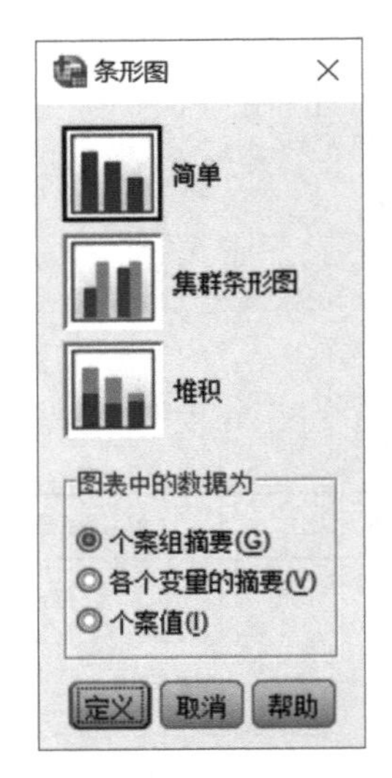

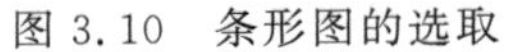
图 3.10 条形图的选取

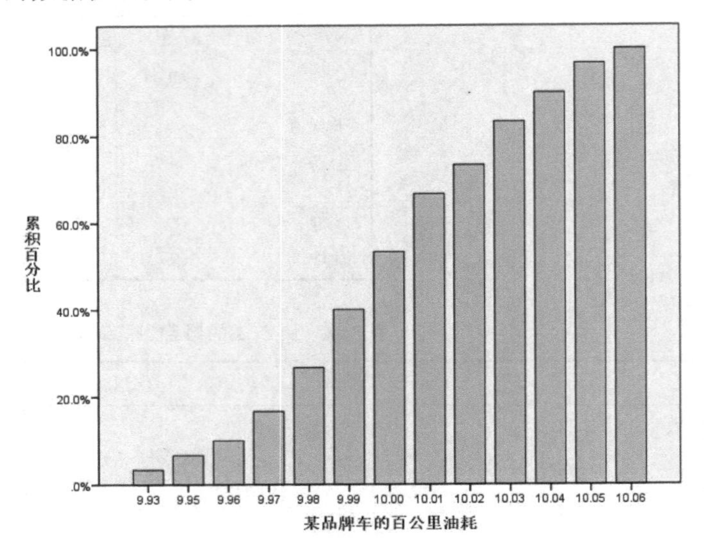

图 3.11 累积频率条形图

(1) 频数

频数是指在一个数据集合中,同一个数据值(样本值)出现的次数。

(2) 频率

设一个数据集合的数据总个数为 n,则

$$\text{某样本值的频率} = \frac{\text{该样本值出现的频数}}{n} \tag{3.1}$$

例如,以例 3.3 为分析对象,按照上述原则,可以计算出各个(不重复的)样本值 x_i 的频数、频率、有效频率,见表 3.2 的前 4 列。

这是一个刻度级数据的例子,在数据分析的初级阶段,排序和统计频数、频率是初始工作。对于数据个数不太多的情况,手工排序并不困难,但如果数据量很大,那么排序就要借助于软件了。

(3) 累积频率

设 $x_1 < x_2 < \cdots < x_m$ 是样本数据集合中不重复的样本值。$m \leqslant n$,n 是样本数据集合中样本值的总个数。若把样本值小于或等于某个样本数据 x_i 的频率都累加起来,就得到"小于或等于 x_i"的累积频率。

例如,以例 3.3 为分析对象,按照上述原则,可以计算出小于或等于各个(不重复的)x_i 的累积频率,见表 3.2 的第 5 列。

显然,**只有样本数据在顺序级以上,计算累积频率才有意义**。因为计算累积频率的前提是不重复的样本值的排序:$x_1 < x_2 < \cdots < x_m$,而定类级的样本值不存在大小排序问题,所以就不存在累积频率的概念。

(4) 总体

对于一个群体,为研究其某一个数量指标而试验的全部可能值称为总体。一个总体对应一个随机变量 X。

(5) 样本

样本指的是与总体 X 的分布完全一样的 n 个相互独立(独立性)的一组随机变量 X_1，X_2，…，X_n(X_i 的分布函数和 X 的相同)，其中 n 称为样本容量。而对样本做一次观察得到的具体试验数据，称作样本值，用小写字母 x_1，x_2，…，x_n 表示。

在日常生活中，人们常说哪个地方穷，哪个地方富，也常说哪个国家人高，哪个国家人矮，说这些话的人绝对不是说一个地方的所有人都比另一地方的所有人富，也不是说，一个国家的所有人都比另一个国家的所有人高，他们是省略了"平均起来""大部分"等词语。

(6) 样本均值

样本均值又称样本平均数，仅适用于刻度级数据，指的是样本值 x_1，x_2，…，x_n 的算术平均数，记为 $\bar{x}$。它是描述样本数据的集中趋势的最主要统计量。根据数据表示形式的不同，样本平均数有不同的计算公式。对于未经分组整理的样本数据 x_1，x_2，…，x_n，样本均值的计算公式为

$$\bar{x}=\frac{\sum_{i=1}^{n}x_i}{n} \tag{3.2}$$

例如，以例 3.3 为分析对象，按照上述原则，可以计算出 $\bar{x}$ 为 10.003 0，见表 3.1 的第 3 行。

对于经分组整理的样本数据 x_1，x_2，…，x_n，样本均值的计算公式为

$$\bar{x}=\frac{\sum x_i f_i}{\sum f_i} \tag{3.3}$$

其中，x_i 表示组中间值，f_i 表示频数或次数。

例 3.4　某地区抽样调查的职工对某项改革措施的打分资料如表 3.3 所示。计算平均打分。

表 3.3　某地区抽样调查的职工对某项改革措施的打分资料

职工对某项措施的打分	职工人数/人
10～<20	6
20～<30	10
30～<40	20
40～<50	30
50～<60	40
60～<70	240
70～<80	60
80～90	20

解:

$$\bar{x}=\frac{x_1 f_1+x_2 f_2+\cdots+x_k f_k}{f_1+f_2+\cdots+f_k}=\frac{15\times 6+25\times 10+35\times 20+\cdots+85\times 20}{426}\approx 61.948 \tag{3.4}$$

例 3.5　某工厂抽样调查的职工生产情况如表 3.4 所示，求工厂平均一周生产的零件数。

表 3.4　某工厂抽样调查的职工生产情况表

一周生产零件数	工人数 f_i	组中间值 x_i	$x_i f_i$	向上累积频数	向下累积频数
50～<60	7	55	385	7	80
60～<70	21	65	1 365	28	73
70～<80	25	75	1 875	53	52
80～<90	19	85	1 615	72	27
90～100	8	95	760	80	8
合计	80		6 000		

解：

$$\bar{x} = \frac{x_1 f_1 + x_2 f_2 + \cdots + x_k f_k}{f_1 + f_2 + \cdots + f_k} = \frac{\sum_{i=1}^{k} x_i f_i}{\sum_{i=1}^{k} f_i} = \frac{6\,000}{80} = 75 \tag{3.5}$$

(7) 样本众数

样本数据集合中出现频数最高的那个样本值称为样本众数。在一般情况下，样本众数被简称为众数，用 M_0 表示。

在许多情况下，一个样本数据集合中出现频数最高的样本值只有一个，这时的众数是最普通的众数，称为**单一众数**，简称为该样本数据集合的(样本)众数。但显然，在一个样本数据集合中，也可能出现多个频数最高的数据。按照上述定义，这个样本数据集合的众数应当有多个。此时的众数称为**复众数**。

当然，也可能出现极端情况：在样本数据集合中，所有不同的样本值出现的频数都相同。按照上述定义，这个样本数据集合中的每一个不同的样本值都应当是众数。但是如果对于一个特征(变量)，所有的被考察对象都相同，这个特征就不再有特殊性。所以，这时，我们也称这个数据集合**没有众数**。例如，3.3 的表 3.1 中就没有众数结果的输出。

① 对于顺序级的样本数据集合而言，众数的确定是很容易的，可以简单地从频率分布表中查出(频数最大的样本值就是该样本数据集合的众数)，也可以简单地从条形图上看出来(最高竖条所代表的样本值就是该样本数据集合的众数)。并且，这个众数的确可以在一定程度上表示数据集合的“位置”。例如，在例 3.3 中很容易从表 3.2 的频率列看出，该样本数据集合的众数是“9.99、10.00、10.01”。当然，也可以从相应的条形图(后面会讲到)看出同样的结果。甚至可以从相应的饼图中看出同样的结果。

② 对于名义级的样本数据集合而言，按照众数的定义，它也可以有众数，但是这里的众数对样本数据集合“位置”的表示意义就比较小了。因为名义级的样本数据只有相同与否的区别，没有顺序位置的区别(换言之，其不同样本值的位置是可以任意排列的)。

③ 对于刻度级的样本数据集合而言，有两种情况。

a. 未分组资料，众数 M_0 就是出现次数最多的变量值。

b. 分组资料，在等距分组的情况下，频数最多的组是众数组，要在该组内确定众数。众数的计算公式如下：

$$M_0 = L_{M_0} + \frac{f_{M_0} - f_{M_0-1}}{(f_{M_0} - f_{M_0-1}) + (f_{M_0} - f_{M_0+1})} d_{M_0} \tag{3.6}$$

或

$$M_0 = U_{M_0} - \frac{f_{M_0} - f_{M_0+1}}{(f_{M_0} - f_{M_0-1}) + (f_{M_0} - f_{M_0+1})} d_{M_0} \tag{3.7}$$

其中，d_{M_0} 表示等距分组的组距；$f_{M_0} - f_{M_0-1}$ 表示组频数与前一组频数之差；$f_{M_0} - f_{M_0+1}$ 表示组频数与后一组频数之差；L_{M_0} 表示众数组的下限；U_{M_0} 表示众数组的上限。

例 3.6　50 名学生统计学考试成绩分布表如表 3.5 所示，试求该数据集合的众数。

表 3.5　50 名学生统计学考试成绩分布表

成绩	人数（组频数）	组频率	组频数向上累积	组频数向下累积
50～<60	5	0.1	5	50
60～<70	10	0.2	15	45
70～<80	17	0.34	32	35
80～<90	12	0.24	44	18
90～100	6	0.12	50	6
合计	50	1.0		

解：众数组是第 3 组。

$$f_{M_0} = 17, f_{M_0-1} = 10$$

$$f_{M_0+1} = 12, d_{M_0} = 10, L_{M_0} = 70, U_{M_0} = 80$$

$$M_0 = L_{M_0} + \frac{f_{M_0} - f_{M_0-1}}{(f_{M_0} - f_{M_0-1}) + (f_{M_0} - f_{M_0+1})} d_{M_0} = 70 + \frac{17-10}{(17-10)+(17-12)} \times 10 \approx 75.83$$

或者

$$M_0 = U_{M_0} - \frac{f_{M_0} - f_{M_0+1}}{(f_{M_0} - f_{M_0-1}) + (f_{M_0} - f_{M_0+1})} d_{M_0} = 80 - \frac{17-12}{(17-12)+(17-10)} \times 10 \approx 75.83$$

（8）样本中位数（sample median）

对样本数据集合中的所有数据排序，结果为 $x_1 \leqslant x_2 \leqslant \cdots \leqslant x_n$，$n$ 为样本容量，则在上述排序的序列中，把处于“正中间位置”上的数据称为样本中位数，用 Q_2 表示。

这里有两个概念。

① 中位数的**位置**，即所有数据从小到大排序后的“正中间位置”。

② 中位数**本身**，也就是“正中间位置”上的值。

样本中位数的计算方法如下。

① 当 n 为奇数时，先求出中位数的位置 $(n+1)/2$，然后，求出中位数位置上的样本值，即中位数 Q_2：

$$Q_2 = x_{(n+1)/2} \tag{3.8}$$

② 当 n 是偶数时，中位数的位置为 $(n+1)/2$，样本中位数 Q_2 为

$$Q_2 = x_{\frac{n}{2}} + (x_{\frac{n}{2}+1} - x_{\frac{n}{2}}) \times 0.5 \tag{3.9}$$

总结一下就是，当中位数的**位置**为整数时，那么这个位置上的值就是中位数的值；当中位数的位置不为整数时，中位数 Q_2 用下面的公式来计算：

$Q_2 = Q_2$ 位置左边的样本值+

(Q_2 位置右边的样本值 $-Q_2$ 位置左边的样本值)$\times Q_2$ 位置的小数部分

例 3.7 某车间同工种的 10 名工人完成个人生产定额的百分数(%)如下:93、98、123、118、158、121、146、117、108、105。试根据上述资料求出工人完成生产定额的百分数的中位数是多少?

解:该车间工人完成个人生产定额的排序如下:93、98、105、108、117、118、121、123、146、158。中位数位置为

$$(n+1)\times 0.5 = 11\times 0.5 = 5.5$$

样本中位数为

$$Q_2 = x_{\frac{n}{2}} + (x_{\frac{n}{2}+1} - x_{\frac{n}{2}})\times 0.5 = 117 + (118-117)\times 0.5 = 117.5$$

另外,以例 3.3 为分析对象,按照上述原则,可以计算出样本数据集合的中位数,如表 3.1所示,大家可以自行练习。

3.3 样本数据的离散特征分析

样本数据的离散特征描述主要包括两大类:一是点状描述,如极值、四分位数、百分位数;二是区间描述,如样本数据集合的极差(最大值与最小值之差)、四分位距与离差。

3.3.1 SPSS 操作示例

例 3.8 某班 50 名同学"统计学"课程的考试成绩排列如下:

49	51	53	55	58	60	61	62	62	65
68	69	69	72	73	74	76	76	77	78
78	79	79	79	79	79	80	80	80	81
81	83	83	85	86	86	86	89	90	90
91	92	92	93	94	95	95	96	97	99

数据文件见"CH3 例 3.8 统计学成绩 50"。请计算成绩的四分位数、分割点(5 相等组)、百分位数(25.0、37.0)、平均值、中位数、众数、合计、标准偏差、方差、范围、最小值、最大值、平均值的标准误差。

① 在调入数据后,按照前面的介绍,单击【分析】→【描述统计】→【频率】,进入频率分析模块。

② 在频率分析模块对话框中,将要分析的变量"统计学成绩"放入图 3.5 所示的右侧"变量"框中,默认选择图 3.5 左下角的"显示频率表格"复选框,然后单击图 3.5 右上角的【Statistics】按钮。系统弹出频率分析模块的"频率:统计"对话框,然后选择四分位数、分割点(5 相等组)、百分位数(25.0、37.0)、平均值、中位数、众数、合计、标准偏差、方差、范围、最小值、最大值、平均值的标准误差,如图 3.12 所示。

③ 单击【继续】按钮回到上一对话框,然后单击【确定】按钮,系统输出结果,如表 3.6 所示。

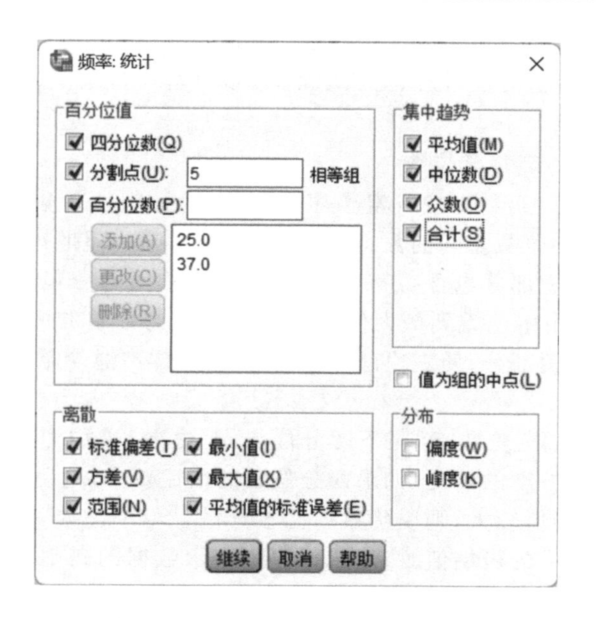

图 3.12　离散特征分析选择量的选取

表 3.6　某班 50 名同学的“统计学”课程的考试成绩

N	有效	50	百分位数	20(P)	65.60
	缺失	0		25	69.00
平均值		78.10		37	76.87
标准平均值误差		1.835		40	78.00
中位数		79.00		50	79.00
方式		79		60	81.00
标准偏差		12.973		75	89.25
方差		168.296		80	90.80
范围		50	最小值		49
合计		3905	最大值		99

表 3.6 是该样本数据集合的统计结果，是有关四分位数、分割点(5 个相等组)、百分位数(25.0、37.0)、标准偏差、方差、范围、最小值、最大值、平均值的标准误差统计计算结果。表中，上、下四分位数分别是以 75 的百分位数和 25 的百分位数的形式出现的。而 50 的百分位数就是中位数。

3.3.2　对样本数据离散特征的描述

(1) 范围

范围也称全距、极差，是组数据中最大值与最小值之差。例如，全班学生的成绩最高分为 99 分，最低分为 53 分，则全班分数的范围为 99－53＝46 分。

范围简明地反映了组数据的离散程度，但是它所关注的只是数组中的最大值和最小值，丢弃的信息太多，而且只要最大值或最小值有所变化，范围马上就会跟着变，说明范围的稳定性不好。因此，范围并不能全面地反映数据的离散程度。

例如，以例 3.8 为分析对象，按照上述原则，可以计算出最小值为 49，最大值为 99，范围是 50，见表 3.6 的第 6、7、8 行。

(2) 四分位数、分割点、百分位数

• **下四分位数 Q_1**：一组数据按一定顺序排列好之后，将所有数据分为四等份，下四分位数 Q_1 是由最小值到中位数之间的数组成的数组的中位数，即把排序后的样本数据集合，分成左、右两部分，使左边部分包含 25%的样本总个数，右边部分包含 75%的样本总个数。

上四分位数 Q_3：是由中位数到最大值之间的数组成的数组的中位数，即把排序后的样本数据集合，分成左、右两部分，使左边部分包含 75%的样本总个数，右边部分包含 25%的样本总个数。

• **四分位距**：指上四分位数 Q_3 与下四分位数 Q_1 之差，也称为四分位差。四分位距表明了数据在中位数周围波动的情况，如果四分位距的值比较小，则说明数据比较集中在中位数附近；如果四分位距的值较大，则说明数据比较分散。与中位数一样，当一组定距数据或定比数据包含特大或特小的极端值时，用四分位距表示数据的离中趋势比较合适。四分位距在描述数据的离散程度上表现得要比全距好，反映了数组中 50%数据的离散程度，但它依然没有利用全部数据，还有 50%的数据没有考虑在内，同时，四分位距也不便用于做进一步的数学运算。

• **百分位数**：例如，例 3.8 中 37%的百分位数的含义是，把排序后的样本数据集合分成左、右两部分，使左边部分包含 37%的样本总个数，右边部分包含 63%的样本总个数。37%的百分位数记作 P_{37}。

• **分割点**：例如，例 3.8 中输出 5 相等组相当于输出 20%、40%、60%、80%的百分位数。

下面以下四分位数和 37%的百分位数为例，讲解它们具体的计算过程。

在例 3.8 中，SPSS 输出了下四分位数和 37%的百分位数的值，分别为 69.00 和 76.87。计算步骤如下。

① 设 n 表示样本总数，计算下四分位数的位置 $(n+1)\times 0.25=(50+1)\times 0.25=12.75$，样本数据排序后如例 3.8 中的数据所示，位置 12.75 左边的值为 69，右边的值为 69。

② 将上述值代入以下公式：

$Q_1=Q_1$ 位置左边的样本值＋

(Q_1 位置右边的样本值－Q_1 位置左边的样本值)×Q_1 位置的小数部分

于是

$$Q_1=69+(69-69)\times 0.75=69$$

SPSS 的计算结果见表 3.6 中第二行右侧所示。同理，37%的百分位数的计算也是先求位置：

$$(n+1)\times 0.37=(50+1)\times 0.37=18.87$$

利用下面的公式：

$P_{37}=P_{37}$ 位置左边的样本值＋

(P_{37} 位置右边的样本值－P_{37} 位置左边的样本值)×P_{37} 位置的小数部分

于是

$$P_{37}=76+(77-76)\times 0.87=76.87$$

(3) 样本离差、样本方差、样本标准差

• 样本离差：每个样本 x_i 与样本均值 $\bar{x}$ 之差，即 $x_i-\bar{x}, i=1,2,\cdots,n$。样本离差又称为样本中心化数据。

• 样本方差：样本离差平方和与 $n-1$ 的比值，用 s^2 表示。

$$s^2=\frac{1}{n-1}\sum_{i=1}^{n}(x_i-\bar{x})^2 \tag{3.10}$$

其基本含义是先求出每个样本离差的平方，然后对其取平均。至于为什么用样本离差平方和除以 $n-1$，不除以样本个数 n，原因如下：由 $\bar{x}$ 的公式可见，$\bar{x}$ 是 $x_i(i=1,2,\cdots,n)$ 的一个线性关系式，这会使得 $x_1,x_2,\cdots,x_n$ 的自由度减少 1，所以，要想得到"在每个维度上求平均"的含义，除以 n 就不如除以它的实际维度（自由度）$n-1$，这样更合理。另外，这样定义的 s^2 具有某些我们需要的数学特性，后面我们会讲到，它是总体方差的无偏估计。

• 样本标准差：其定义为

$$s=\sqrt{\frac{1}{n-1}\sum_{i=1}^{n}(x_i-\bar{x})^2} \tag{3.11}$$

（4）平均值的标准误差

从一个数量为 N 的总体中抽取了 n 个样本，由这 n 个样本的数据可以进行统计，常用的统计量是均值、标准差与变异系数。

样本均值由 n 个样本平均所得，部分消除了样本的不均匀性并降低了偶然误差所带来的误差。所以样本均值这一数值要比单个的样本数值更接近总体均值。我们要用这一组样本的均值来估计总体的均值。但样本均值也有误差，样本数量 n 越大，这样计算得到均值的误差就越小。当样本数量 n 达到总体数量 N 时，样本均值也就成了总体均值。用样本均值来估计总体均值会有误差，所以我们要估计这个误差大小，用来表示这一误差大小的值就是**平均值的标准误差**。它由 n 个样本统计出来的标准差除以其样本数 n，然后开方所得。

由于当 X 服从 $N(\mu,\sigma^2)$ 分布时，$\bar{X}$ 服从 $N(\mu,\sigma^2/n)$ 分布，因此，$\sigma/\sqrt{n}$ 是总体均值的标准误差。$s/\sqrt{n}$ 是样本均值的标准差，即平均值的标准误差。

例如，在例 3.8 中，样本数据的平均值的标准误差为

$$\frac{s}{\sqrt{n}}=\frac{\sqrt{168.296}}{50}\approx 1.835$$

（5）偏度和峰度

在统计分析中，许多方法是建立在数据总体是正态分布的基础上的，这时就要知道数据总体的分布是不是正态分布。判断一个分布是不是正态分布的方法很多，对于较简单的情况，人们是从两个方面考察一个分布与正态分布的偏差情况的，即这里介绍的偏度和峰度。

① 偏度（skewness）是统计数据分布偏斜方向和程度的度量，是统计数据分布非对称程度的数字特征。偏度（skewness）亦称偏态、偏态系数，用 bs 表示，如图 3.13 所示。

a. 若 bs＜0，则称分布具有负偏离，也称左偏态，此时位于均值左边的数据比位于右边的少，直观表现为数据分布曲线左边的尾部相对于右边的尾部要长，因为有少数变量值很小，这使曲线左侧尾部拖得很长，如图 3.13 所示。

b. 若 bs＞0，则称分布具有正偏离，也称右偏态，此时位于均值右边的数据比位于左边

的少，直观表现为数据分布曲线右边的尾部相对于左边的尾部要长，因为有少数变量值很大，这使曲线右侧尾部拖得很长，如图 3.13 所示。

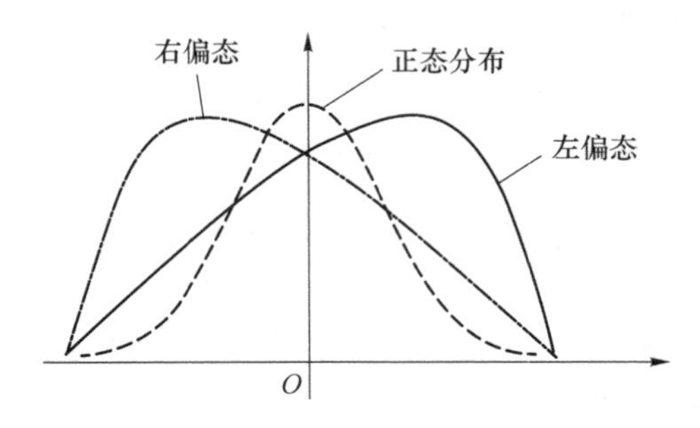

图 3.13　偏度示意图

c. 若 bs 接近 0，则可认为分布是对称的，即正态分布。

② 峰度(peakedness 或 kurtosis)又称峰态系数，是表征概率密度分布曲线在平均值处峰值高低的特征数。设峰度以 bk 表示，正态分布的峰度为 3。

一般而言，以正态分布为参照，峰度可以描述分布形态的陡缓程度。若 bk＜3，则称分布具有不足的峰度，若 bk＞3，则称分布具有过度的峰度，如图 3.14 所示。注意，个别的统计软件会将峰度值减 3。

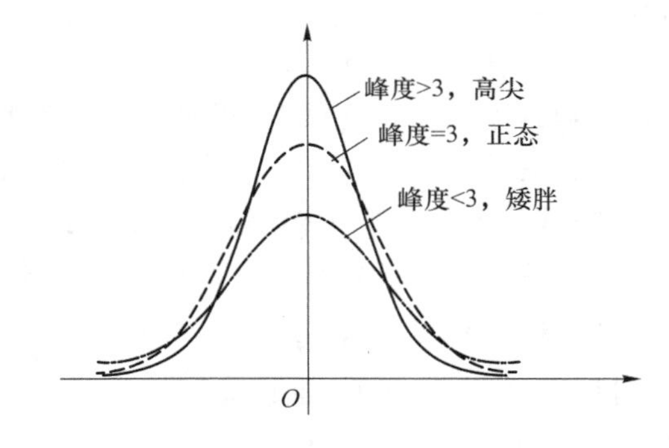

图 3.14　峰度示意图

(6) 变异系数

方差和标准差虽然可以反映数据对平均值的离散情况，但它们对于单位不同的数据或单位相同而两个平均数相差较大的数据，都无法比较差异的大小。而实际中，很多的变量有着不同的度量单位，只有剔除了度量单位的影响后，标准差之间的比较才有意义。例如，0.5 s的误差对于课程时间来说并不是那么大，但对于宇宙飞船探测等一些高精密科研指标来说，却不可忽视。这时，就需要用变异系数来比较了。

- 变异系数定义为标准差与均值之比。
- 样本变异系数定义为样本标准差与样本均值之比，即 $s/\bar{x}$。

从理论上讲，只有对定比级数据(如身高、时间、长度等)才可以计算变异系数，而一般按等级划分的学科成绩(如优、良、中、差)往往既不等距，又无绝对零点，所以严格来讲，对学科成绩不能计算变异系数。但当两科成绩的平均数相差较大时，也可以勉强使用变异系数进行比较。

(7) 标准化数据

为了考察样本观测值 x_i 与样本平均值 $\bar{x}$ 之间距离的大小，把样本数据的所有离差除以样本标准差，得到标准化数据 z_i：

$$z_i=\frac{x_i-\bar{x}}{s}$$

在调入数据后，单击【分析】→【描述统计】→【描述】，进入描述性分析模块，此时在弹出的对话框中选择左下角的“将标准化得分另存为变量”，则系统会将你选择的一个或多个变量做标准化处理，并将其作为新的变量存入数据视图窗口中，自动赋予其标准化变量名，在以前的变量名前加 Z。

3.4　样本数据特征的图形表示

3.3 节讲了样本数据特征可以用表格的形式给出各种度量数据，但从直观的角度来看，还是用图形表示样本数据特征更好一些。图形使人一目了然，便于理解。但图形表示的缺点是图示的数据不易精确，所以在运用统计图时，一般要附上统计表。

3.4.1　散点图

散点图(scatter plot)可以用来描述两个甚至多个变量的关系。对两个变量来说，在散点图中，每一个点代表一个观测值，而散点图的横坐标和纵坐标则分别代表该点相应于两个变量的取值，也可以把若干个变量都用纵坐标表示。

3.4.2　表示频数和频率的饼图与条形图

饼图(pie chart)为一个由许多扇形组成的圆，各个扇形的大小比例等于变量各个水平(类)的频数或者是相关数量变量的比例。饼图比条形图简单，描述比例较直观。但是当变量太多时，饼图就不那么“好看”了。

1. SPSS 操作示例

例 3.9　某水果店的每月费用开支比例如表 3.7 所示，请绘制饼图和条形图。

表 3.7　某水果店的每月费用开支比例

开支类型	开支比例/%	开支类型	开支比例/%
员工月工资	53.60	运输费	3.50
非员工工资	15.70	广告费	2.30
办公费用	11.90	设备费用	1.50
包装费	5.00	其他	6.50

首先，我们分析一下这道题。如果按着以前的录入方式，那么有两个变量名，8 个个案。而实际题目的意思不难理解，第二列“开支比例”显然是第一列“开支类型”的权值，作为一个个体的两个指标，这两者之间并不是独立的，而是有关联的。所以，这种情况在作图或者进

行其他数据分析之前，先要进行**加权**处理。

① 在调入数据后，单击【数据】→【加权】，系统弹出图 3.15 所示的“加权个案”对话框。

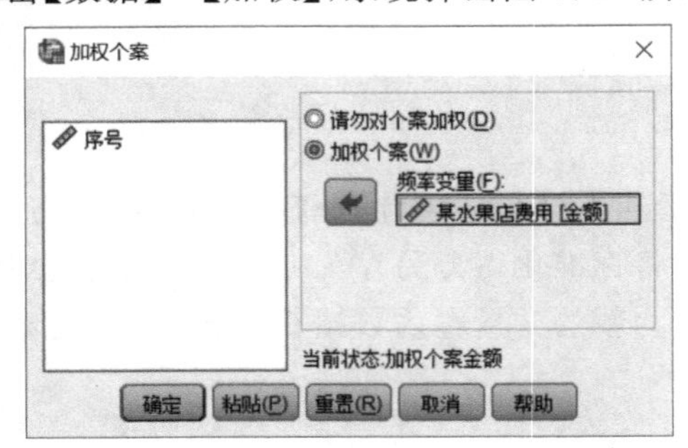

图 3.15　数据的加权处理

② 在“加权个案”对话框(如图 3.15 所示)中，选择“加权个案”，箭头被激活。

③ 在上述对话框中选择“某水果店费用”，用箭头送入“频率变量”框中。

④ 单击【确定】按钮，完成数据加权操作。

⑤ 单击【分析】→【描述统计】→【频率】，将要分析的变量放入图 3.16 中的右框中。

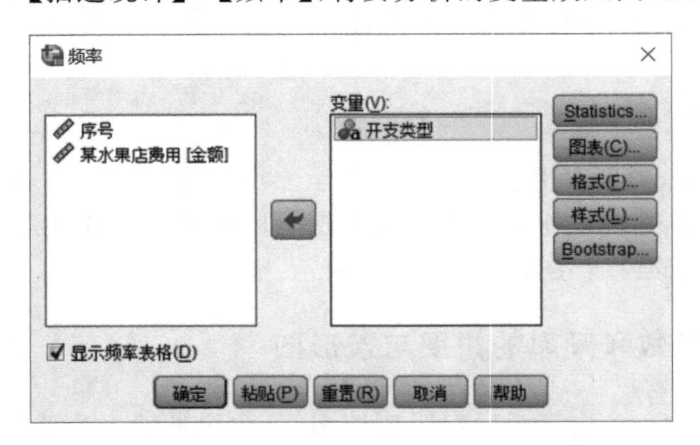

图 3.16　描述统计的频率模块

⑥ 在频率分析模块对话框(如图 3.5 所示)中，可以不选择默认左下角的“显示频率表格”复选框，然后单击右上角的【图表】按钮。系统弹出“频率：图表”对话框，然后选择“饼图”。如图 3.17 所示。

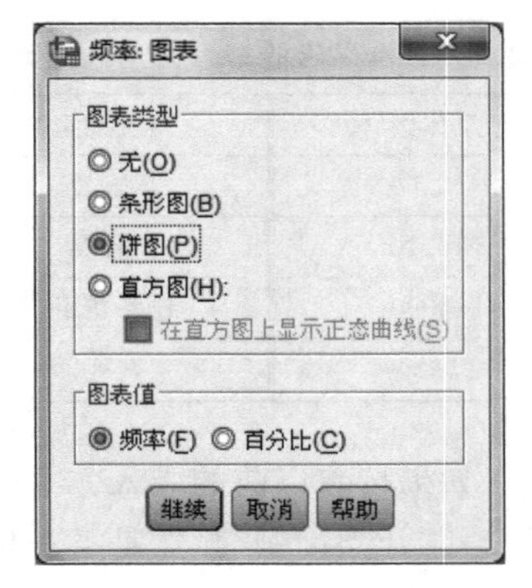

图 3.17　描述统计的饼图生成

⑦ 重复上面的步骤，分别在图 3.17 中，选择“条形图”和“直方图”。单击【继续】按钮，然后单击【确定】，系统输出所指定的结果，如图 3.18 和 3.19 所示。

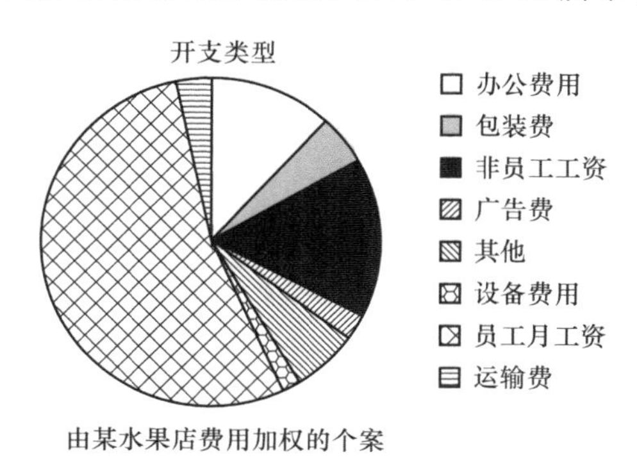

图 3.18　开支类型的饼图

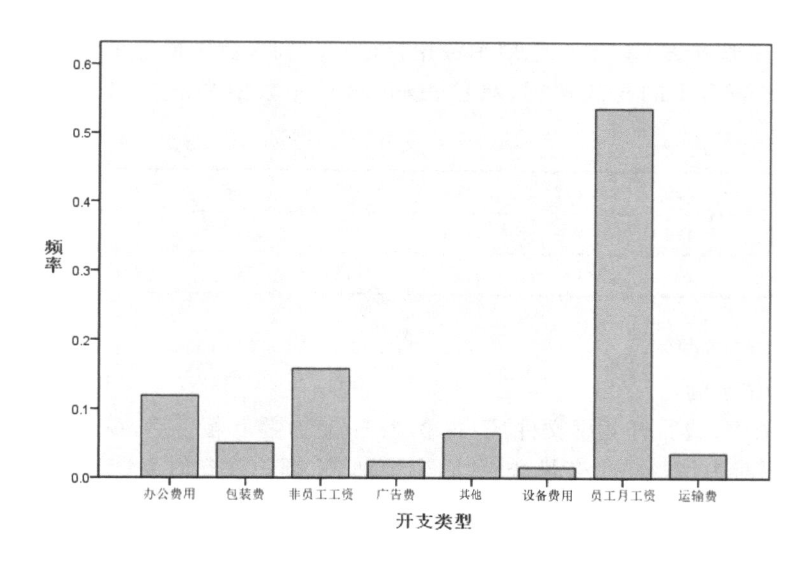

图 3.19　开支类型的条形图

还可以选择【图形】→【旧对话框】→【选择：饼图、条形图】，也可以生成相应的图形。

2. 饼图与条形图的概念解析

(1) 饼图

用饼图来表示频数与频率适用于**所有测度等级**的数据。但是，要求不同样本值的个数(指不重复的样本值个数)不能很多。否则，难以在有限的纸张上，把不同样本值的频数和频率表示清楚。

表示频数与频率的饼图的绘制方法是：①画一个大小适当的圆圈，给每个不同的样本值一个与其频数(或频率)相当的圆心角，就像切割了的一块饼。②每个不同的样本值所占据的圆心角的大小由下式计算：

$$某样本值的圆心角 = 该样本值的频率 \times 360°$$

按照上述规则，可以画出上面例 3.9 的饼图，结果如图 3.18 所示。

(2) 条形图

表示频数和频率的条形图的构成如下。①横坐标表示样本数据的不同取值。如果样本数据的测度等级是顺序级以上的，横坐标上的样本数据就应当从小到大排列。如果样本数据是刻度级的数据，在数据从小到大的排列中，还要注意长度的刻度保持一致的比例。②纵坐标表示相应样本值出现的频数或频率。按照上述规则，绘出上述例 3.9 的条形图，如图 3.19 所示。

从本意来说，条形图只适用于顺序级以上的数据集合，因为其横坐标的原本概念是具有顺序关系的。但是，人们也可以“强行”抹去横坐标从左到右的顺序概念，“规定”横坐标没有大小之分。这样，我们也可以用条形图来表示名义级数据集合的频数或频率结构。于是，例 3.9 也可以用条形图来表示数据结构了，如图 3.19 所示。

3.4.3 表示刻度级数据的茎叶图、直方图

在上面介绍的饼图和条形图中，已经看不到数值了，因此很难从图形恢复数据的原貌。那么，还有什么图形方法可以更好地展示数据特征？我们来看下面这个例子。

例 3.10 某班男生的身高数据(单位为 cm)(对应数据文件“CH3 例 3.10 直方茎叶箱”)如下：

171	182	175	177	178	181	185	168	170	175
177	180	176	172	165	160	178	186	190	176
163	183	203	180	176	172	169	168	178	186

请绘制直方图与茎叶图。

1. SPSS 操作示例

① 在录入数据(或打开数据文件“CH3 例 3.10 直方茎叶箱”)后，单击【分析】→【描述统计】→【探索】，用箭头将“身高”变量送入“因变量列表”框中。此时系统对话框如图 3.20 所示。在图 3.20 中，左下角的“输出”区块的默认值“两者都”的含义是同时输出统计量和图形，本例选择接受它。探索模块对话框右上角的【Statistics】按钮中的默认值是输出 95% 的置信区间，这以后再详细介绍。

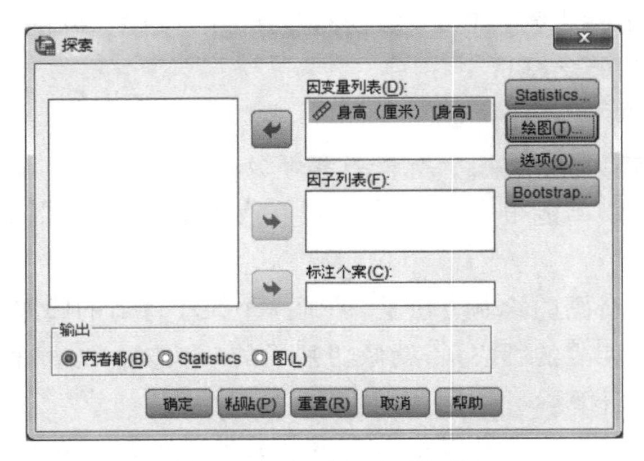

图 3.20 探索模块对话框

② 单击【绘图】按钮，系统默认值是输出箱形图和茎叶图。本例接受这个默认值，并且在直方图的复选框处也打钩，如图3.21所示。

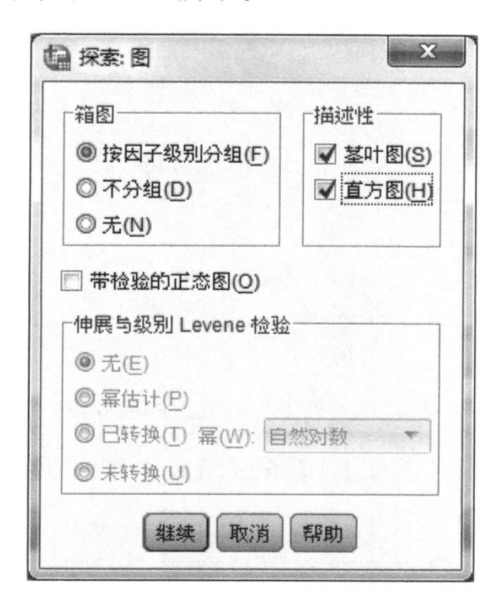

图3.21 “探索:图”对话框

③ 单击【继续】按钮回到探索模块对话框，然后单击【确定】按钮。系统输出统计结果和统计图，图3.22和图3.23是该样本数据集合的直方图和茎叶图的图形统计结果。

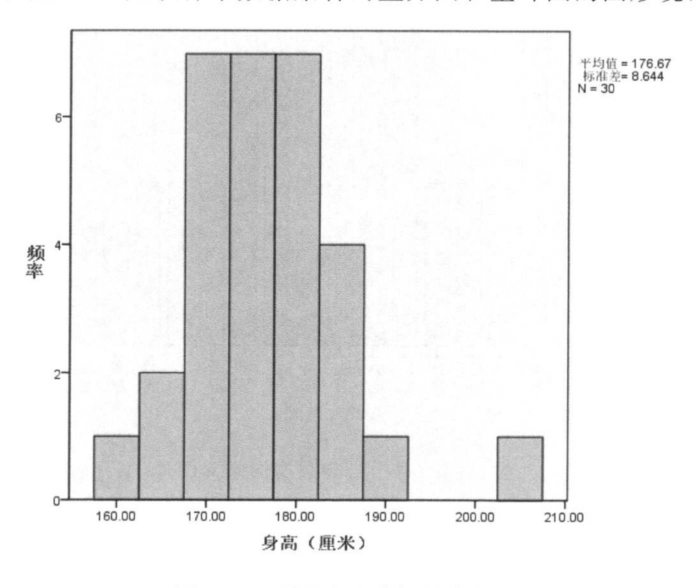

图3.22 男生身高数据的直方图

```
身高(厘米)  Stem-and-Leaf Plot
Frequency     Stem &  Leaf
2.00          16 .  03
    4.00          16 .  5889
    4.00          17 .  0122
   10.00          17 .  5566677888
    5.00          18 .  00123
3.00          18 .  566
1.00          19 .  0
  1.00 Extremes       (>=203)
    Stem width:       10.00
  Each leaf:          1 case(s)
```

图 3.23　男生身高数据的茎叶图

还可以选择【图形】→【旧对话框】→【条形图】，也可以生成相应的条形图，如图 3.24 所示。

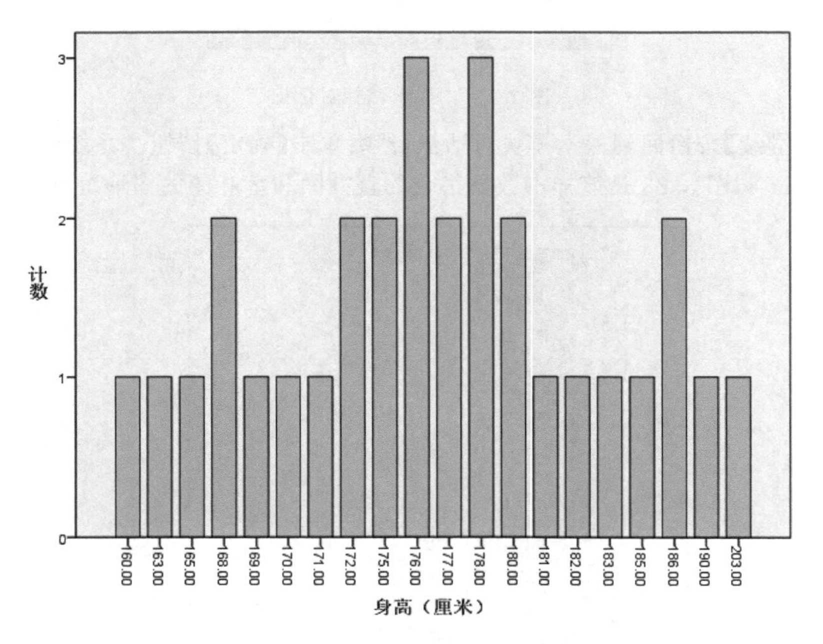

图 3.24　男生身高数据的条形图

2. 直方图与茎叶图的概念解析

1）直方图

条形图用矩形条的高度来表示横坐标相应位置上样本值出现的频数或频率，能够形象地展示样本数据集合的数据结构。但它也有一个弱点：对于刻度级的数据而言，当数据的精度(相对)高，使得不重复的数据非常多或使得重复数据相对少(即同一数据的频数或频率小)时，人们反而看不清数据集合的结构。例 3.10 的条形图(如图 3.24 所示)就反映出了条形图的弱点。

因此，需要一种类似的，但却适用于大量不重复样本值的图示方法，这就是直方图图示法。直方图是定量变量最常用的图表示方法之一。例 3.10 的直方图如图 3.22 所示，其做法是，把横轴分成若干区间（通常是等宽度的区间），然后计算数据在各个区间上的频数（频数），并在各区间上画出高度与数据在相应区间的频数成比例的矩形条。纵坐标当然也可以是频率，即把频数除以样本量，这并不改变图的形状，而仅仅使纵坐标单位不同。

直方图的初步概念可以从如下直方图的基本做法中反映出来：①按照样本值的大小，选择恰当的区间长度（通常要求区间是等长度的），对所有的样本值分组；②统计所有组（区间）内的样本值个数（频数），或各个组内的样本值个数占全部样本值总个数的比例（频率）；③用横坐标按照顺序表示不同的区间（组），用竖立于区间上的矩形条高度表示相应区间的样本值的频数或频率。这就是直方图。

不难看出，直方图与条形图的本质差异在于：直方图要对数据进行分组（或者说按照一定刻度范围把相邻的数据并为一组）；而条形图不对数据分组，直接统计不同样本值的重复次数（或者也可以理解为只把相同的数据作为一组）。

这就是说，只要区间足够小，使得每个不重复的样本值处于不同的区间中，这时的直方图就是条形图。也就是说，可以把条形图看作直方图的特例。

不考虑特殊情形，由于直方图要按照合适的区间（一般是等长的区间）对数据进行分组，因此，它只适用于刻度级的样本数据（不论是刻度级数据中的定比级数据还是定距级数据，都可以）。

当然，如果有特殊需要（如定序级数的不重复数据太多），也可以“强行”把相邻的定序级的数据划为一组，然后按组来统计频数与频率。但这时的组不是区间的概念，也不存在“等长”的组的概念，仅仅是集合的概念。

2）茎叶图

首先，我们来看一下茎叶图的基本概念与适用范围。

茎叶图适用于刻度级（定比级和定距级）数据，但不适用于定类级数据，勉强适用于定序级数据，不过提供不了比条形图更多的信息。例 3.10 的茎叶图如图 3.23 所示。

以例 3.10 中的男生身高数据为例，它既展示了身高的分布形状又有原始数据，它仿佛一片带有茎的叶子，**茎**为较大位数的数字，**叶**为较小位数的数字。可以看出，图 3.24 是用代码打印出来的若干行数目，所以不像真正意义上的图形。SPSS 软件输出的茎叶图前两行说明，小数点相应于茎叶界限的位置。对于图 3.24，小数点位于符号“&”下方所代表的一列。这个茎叶图中茎的单位为 10，叶子单位为 1。在数据的第一行指出了一个身高为 16×10＋0＝160 cm 和 16×10＋3＝163 厘米的 2 个身高数据，第一列 Frequency 对应的数值 2 即表示数据第一行的这两个数据。而数据第 3 行的茎为 17，因此叶子中的 3 个数字 0122 代表 3 个身高数据 170 cm、171 cm、172 cm、172 cm。最后一行展示的 1 个身高为 190 cm。

显然，茎叶图既表示了原始数据，也有直方图显示数据分布的特点。但是茎叶图也有弱点，即当数据量很大（比如有成千上万个度量）时，茎叶图就无法显示了。这也是这里只用了 30 个男生的身高数据，而没有把全校所有男生的身高数据都录入做茎叶图的原因。

另外，也可以把几个茎叶图画在一起进行对比。比如，两个不同总体如果含有同样的变量，那么这两个总体关于该变量的数据可以共用一个茎，“背靠背”地展示叶子，用来形象地进行比较。茎叶图并不“漂亮”，不懂的人不一定能够马上理解，因此在媒介中很少出现，“茎叶图”显然是前计算机或早期计算机时代的产物。

(1) 适用范围

茎叶图适用于顺序级以上的数据。

(2) 基本含义

按照某个一致的规则,把所有的样本值分成“茎节”和“叶”两个部分。“茎节”在左,“叶”在右。“茎节”“叶”之间用小数点隔开。

如果对某个样本数据集合规定,所有样本值的百位数为“茎节”(这时称“茎节”的宽度为100),所有十位数和个位数为“叶”,这样,样本数据 123 的“茎节”就是 1,“叶”就是 23。“茎节.叶”的表达方式就是 1.23(应当同时注明“茎节”的宽度为 100)。这样,我们就很容易从“茎节.叶”表达方式的 1.23,推出该样本值是 123。

当然,也可以规定所有的百位数和十位数为“茎节”(此时称“茎节”的宽度为 10,意思是“茎节”末位上的数字 1 表示 10),所有的个位数为“叶”,这样,样本数据 123 的“茎节”就是 12,“叶”就是 3,“茎节·叶”的表达方式是 12.3(应当同时注明“茎节”的宽度为 10)。

(3) “茎节”的宽度

确定“茎节”宽度的原则:“茎节”要有变化。

样本值=“茎节.叶”表达×“茎节”的宽度

(4) “茎节”的长度

“茎节”的长度=允许的最大叶值-最小叶值+1

如图 3.24 所示,因为下方标注了“Stem width:10.00”,即“茎节”的宽度为 10,因此 16.0表示的样本值是 160。

把样本数据集合中的所有不相同的“茎节”,按照从小到大的顺序连接起来,就构成了这个样本数据集合的“茎”,显然“茎节”的宽度就是“茎”的宽度。

例 3.11 打开数据文件“CH3 例 3.8 统计学成绩 50”,得到下面图 3.25 所示的茎叶图,问:①Stem width: 10 是什么意思? ②共显示了多少个数据? ③列出头 3 个数据。

统计学成绩 Stem-and-Leaf Plot

Frequency	Stem &	Leaf
1.00	4 .	9
2.00	5 .	13
2.00	5 .	58
4.00	6 .	0122
4.00	6 .	5899
3.00	7 .	234
10.00	7 .	6678899999
7.00	8 .	0001133
5.00	8 .	56669
7.00	9 .	0012234
5.00	9 .	55679

Stem width: 10

Each leaf: 1 case(s)

图 3.25 统计学成绩数据的茎叶图

解:① Stem width: 10 的含义是“茎节”的宽度是 10,即每一个显示的数据的实际样本值大小为显示值的 10 倍。

② 共显示了 1＋2＋2＋4＋4＋3＋10＋7＋5＋7＋5＝50 个数据。

③ 头 3 个数据是 49、51、53。

3.4.4 样本数据的综合表达:箱形图

箱形图(boxplot)比直方图反映的信息更多一些,又称箱图、箱线图、盒子图。箱形图仅适用于刻度级的样本数据。

该方法简明地表达了样本数据的中心与离散特征,却又没有茎叶图和直方图那么详细,能够扼要地显示样本数据中心、范围、分布的主要特征(如偏斜程度)等,如图 3.26 所示。

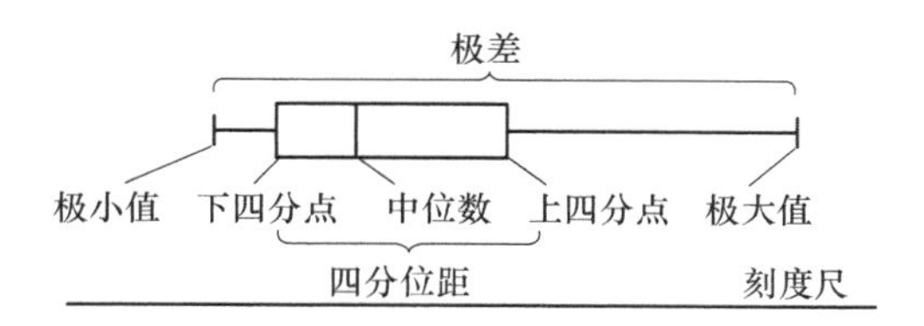

图 3.26　箱形图结构示意图

例 3.12　根据例 3.10 的数据绘制箱形图。

1. SPSS 操作示例

① 调入数据后,单击【分析】→【描述统计】→【探索】,用箭头将“身高”变量送入“因变量列表”框中。单击图 3.20 右上部的【绘图】按钮,选择“箱图”中的“按因子级别分组”。此时系统对话框如图 3.27 所示。

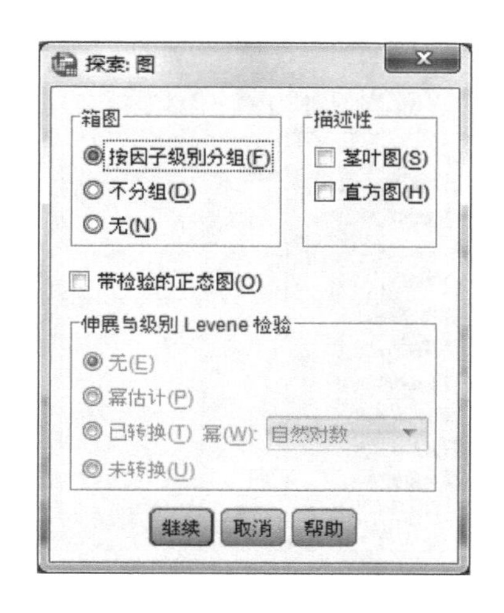

图 3.27　探索模块的箱形图生成

② 单击【继续】按钮回到探索模块对话框,然后单击【确定】按钮。系统输出统计结果,图 3.28 是该样本数据集合的箱形图结果。

当有分组变量时,还可以选择【图形】→【旧对话框】→【箱图】,生成分组箱形图。

例 3.13　针对数据文件“CH3 例 3.13 箱图职工 300 余”,请绘制不同性别职工当前工资的箱形图。

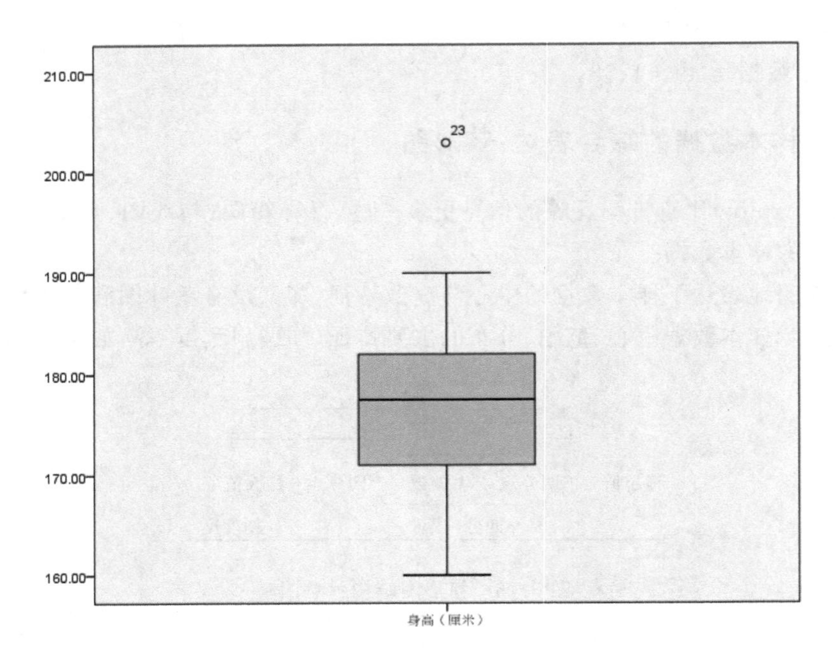

图 3.28　男生身高数据的箱形图

① 在调入数据后，单击【图形】→【旧对话框】→【箱图】，然后选择默认值“简单”“个案组摘要”，如图 3.29 和图 3.30 所示。

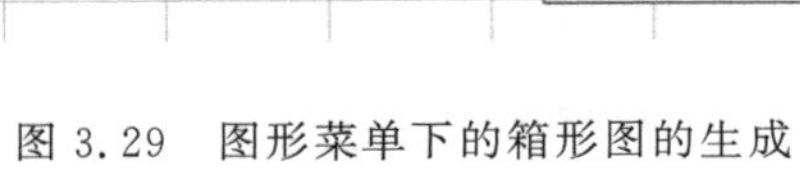

图 3.29　图形菜单下的箱形图的生成

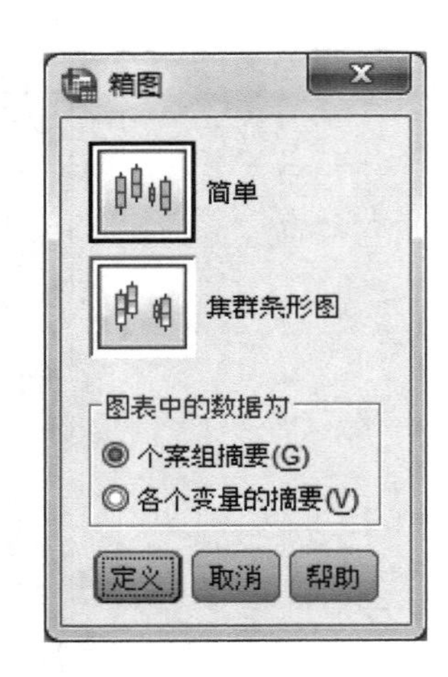

图 3.30　图形菜单下的箱形图的生成

② 单击【定义】按钮，将“当前工资”送入“变量”框中，将“性别”送入“类别轴”中，如图 3.31 所示。

③ 单击【确定】按钮，系统输出箱形图，如图 3.32 所示。

2. 箱形图的概念解析

前面我们介绍了观察刻度级样本数据结构的茎叶图与直方图方法，下面我们介绍一种综合表达这两方面特征的图形方法：箱形图法。

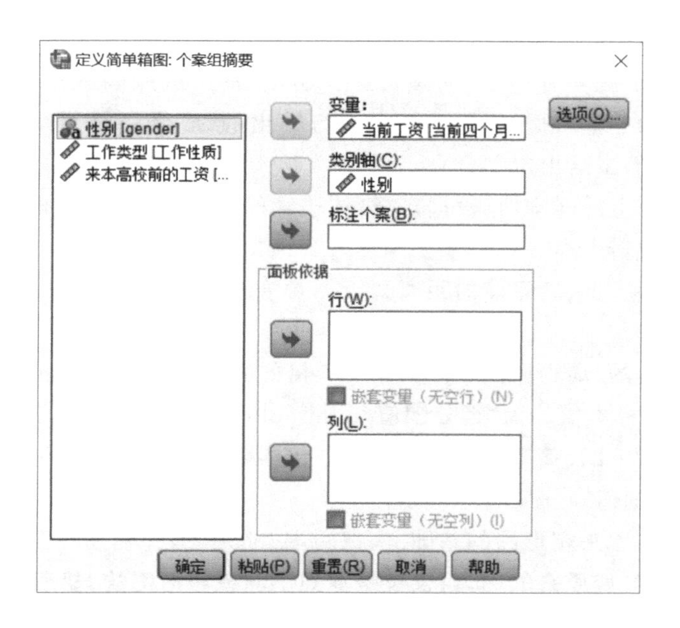

图 3.31　图形菜单下的箱形图的生成

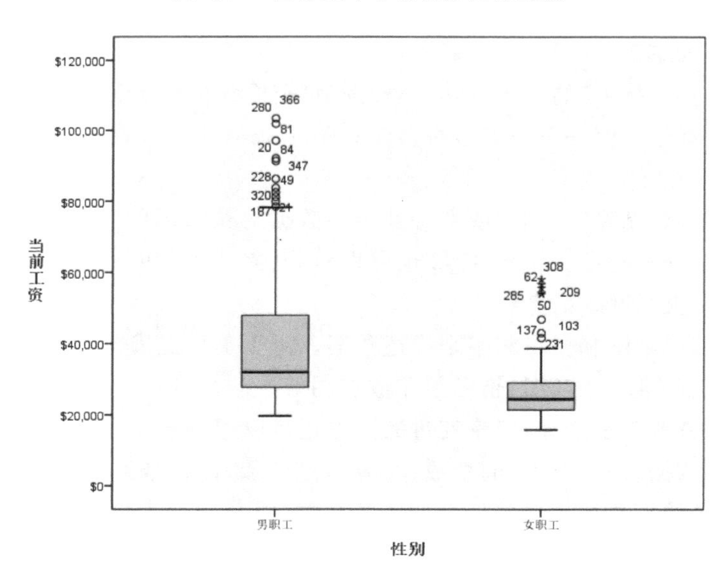

图 3.32　不同性别职工当前工资的箱形图

箱形图是 1977 年由美国著名统计学家约翰 • 图基(John Tukey)发明的。它能显示出一组数据的最大值、最小值、中位数、上下四分位数。箱形图可以展示一组数据的分散情况，它主要用于反映原始数据分布的特征，还可以进行多组数据分布特征的比较。

箱形图的绘制方法是：①找出一组数据的最大值、最小值、中位数和两个四分位数；②连接两个四分位数画出箱子；③将最大值和最小值与箱子相连接，中位数在箱子中间。

如图 3.32 所示，图中有两个矩形箱体。以左侧矩形箱体为例，它的下缘表示下四分位数，上缘表示上四分位数。矩形的长度是四分位距。样本数据集合中有 50%的数据从下至上分布在这个矩形箱体内。矩形箱体中间(不一定是正中间)有一条横线,表示中位数的值。

矩形箱体的上、下侧各有一条“胡须”。上“胡须”的上端点表示样本数据的最大值;下“胡须”的下端点表示样本数据的最小值。SPSS 输出的是“修正箱形图”。那么什么是“修正箱形图”?下面我们来给出定义。

依据处于“胡须”上的样本值(数据)离箱体边缘的距离,我们可以把这些处在“胡须”上的样本值(数据)分成若干类。

我们把处在“胡须”上、离箱体的距离大于 1.5 倍的四分位距(1.5Iqr)的样本值称为“外围值(outlier)”。

把处在“胡须”上的、离箱体的距离大于 1.5 倍的四分位距(1.5Iqr),但小于或等于 3 倍的四分位距(3Iqr)的样本值称为“近外围值(mild outier)”。

而把处在“胡须”上的、离箱体的距离大于 3 倍的四分位距(3Iqr)的样本值称为“极端值(extreme)”或“远外围值(extreme outlier)”。

修正箱形图是在原来箱形图的基础上,把两端“胡须”剪短后所得到的箱形图。也就是说,**修正箱形图并不改变原来的箱体,仅仅是剪短了原来箱形图的“胡须”。**

修正箱形图的下“胡须”的下端点是“非外围值”范围内的最小值,即箱体左侧 1.5Iqr 范围内的最小值(注意这个值并不一定落在箱体左侧的 1.5Iqr 处。在绝大多数情况下,下“胡须”没有 1.5Iqr 那么长)。

修正箱形图的上“胡须”的上端点是“非外围值”范围内的最大值,即箱体右侧 1.5Iqr 范围内的最大值(注意这个值并不一定落在箱体右侧的 1.5Iqr 处。在绝大多数情况下,上“胡须”没有 1.5Iqr 那么长)。

修正箱形图可以“剔除”特别大或者特别小的数据对箱形图的影响,从而较为恰当地表达样本数据集合的基本特征。从图 3.32 也可以看到,除了上“胡须”的上端点外,有一些处于外围值的点也是被“剔除”的点。

本章介绍了如何用图和少量数字来描述数据。对于定性变量来说,有饼图和条形图,而对于定量变量,有直方图、茎叶图、箱形图和散点图等。当然这些图仅仅包含了最常用的那些图,除了用图的方式表示之外,定量变量的数据还可以用少数几个数来描述定量变量的数据的位置,如描述数据“中心位置”的众数、均值和中位数,以及描述极端值及其他位置的百分位数。定性变量的汇总统计量包括百分比及众数(百分比最大的那一类)。另外,本章还介绍了描述定量变量的尺度,即数据分散(或集中)程度的统计量,它们有范围、标准差、方差、四分位距等。对于样本均值的标准差,本章引进了标准误差。为了比较不同均值和不同方差的数据特点,本章介绍了标准化的方法,即用标准化数据代替原先的数据来进行比较。

习　题　3

1. 请选用恰当的数据文件,用 SPSS 做如下计算:

① 统计数据的频数、频率、累积频率;

② 计算众数、中位数、样本均值等;

③ 计算最大值、最小值、四分位数、百分位数、范围、四分位距、标准偏差及平均值的标准误差等；

④ 绘制饼图、条形图、直方图、茎叶图、修正箱形图。

2. 下面的数据是某文具店出售文件夹中 40 个交易的收入(单位为元)记录：

3.62	3.62	3.80	3.7	4.15	2.07	3.77	5.77	7.86	4.63
4.03	3.56	3.10	6.0	5.62	3.16	2.93	3.82	4.30	3.86
4.81	2.86	5.02	5.2	4.02	5.44	4.65	3.89	4.00	2.99
4.57	3.59	4.57	6.1	2.88	5.03	5.46	3.87	6.81	4.91

①试用 SPSS 做一张茎叶图；②试用 SPSS 做直方图。

3. 打开数据文件“CH3 例 3.10 茎叶直方箱”，用 SPSS①画出此数据的直方图；②求集中趋势的两种度量——中位数、均值；③求 Q_1 和 Q_3；④求 P_{15} 和 P_{12}；⑤求离散趋势的 3 种度量——范围(极差)、分割点(5 相等组)、标准偏差。并写出③和④的计算过程。

4. 某医院眼科门诊看病者的年龄如下：

组 1：	21	33	25	58	30	61	22	32	45
组 2：	19	19	22	23	24	36	46	47	58
组 3：	29	30	19	26	39	60	20	80	71
组 4：	63	33	45	26	16	38	19	20	30
组 5：	20	32	43	44	45	35	26	67	59

求：①用 SPSS 制作这些年龄的一张不分组的频率分布表；②用 SPSS 制作这些数据不分组的频率条形图；③用 SPSS 制作同一组数据的茎叶图和箱形图；④用 SPSS 制作这些数据不分组的累积频率条形图。

5. 如果计算出下四分位数位置左边的样本值是 18.9，四分位数位置右边的样本值是 23，且下四分位数的位置是 12.25，求下四分位数的值。

6. 某网络参数测试中 3 个对照组的数据如下：

组 1：	69	68	61	62	95	87	68	63	84	77	64	82	95	100	96	72	88	63	78
组 2：	90	75	93	50	52	82	50	88	66	76	55	94	52	85	69	85	77	85	54
组 3：	78	56	85	76	95	70	88	58	54	72	75	80	80	75	86	96	54	79	70

试用 SPSS 软件分别做出 3 个组及全部数据的直方图、茎叶图、箱形图，并说明直方图、茎叶图及箱形图的不同。

第 4 章

分布与参数估计

随后 5 章将讲述推断统计。

前面我们讨论了对数据进行初步整理的方法，本章将从**描述统计学**往**推断统计学**过渡，也就是说将研究样本数据的抽样分布，以及怎样使用样本的结果来估计整个总体的特征。

如第 2 章所述，所研究对象的全体称为总体。我们先研究只有一个特征（指标或变量）的总体。如果某总体有两个以上的指标，那么可以一个一个指标地进行研究，也可以将其作为指标向量或者变量向量进行研究。

推断也可以称为决策和预测，在我们的生活中起着非常重要的作用。我们每个人都面临着日常的个人决策、对未来的预测等问题。一个投资顾问想知道未来的 6 个月是否要发生通货膨胀。冶金学家意欲根据一个试验的结果决定一种新型的轻合金是否具有制造汽车所必需的强度。兽医欲了解一种新的化学药物的效力，将其用于杀死狗身上的寄生虫。这些人们在生活中、工作上遇见的问题，都是根据相关的数据来做出推断，我们称应用于这些问题的统计学为**推断统计学**。

总体的特征是用数字进行描述的，称这种特征为**参数**。典型的总体参数有均值 μ、中位数 M、标准差 σ 和某一比例 π。**大多数推断问题可以归结为对总体的一个或多个参数进行推断。**例如，某个城市的教育部门想做一项调研，来研究小学阶段孩子的阅读能力。总体是由这个城市所有小学各年级孩子参加标准阅读考试所得分数构成的一个整体。我们想要估计总体的平均分 μ 和在一定测量度前提下的区间范围，如果某个学生的分数不在这个范围，则表明这个学生需要一些帮助措施。

参数估计主要包括下面两种情况：①估计（预测）总体参数的值；②对参数值进行检验。虽然参数估计的这两种统计应用和假设检验的方法与步骤不同，但它们都回答了参数的两个主要问题，即“总体参数的值是多少？在给定的某个准确度下，参数取值的区间是什么？”和“在一定的测度下，总体参数是否能认为等于某个给定的值？”

下面，我们先来介绍统计量与统计量的分布，然后结合 SPSS 一起学习推断统计部分的参数估计。

4.1 统计量与统计量的分布

我们先在正态总体的前提下，讨论几个重要的统计量的分布。那么什么是统计量？

4.1.1　统计量的定义

随机样本 $X_1,X_2,\cdots,X_n$ 的不含未知参数的函数 $f(X_1,X_2,\cdots,X_n)$ 称为**统计量**。对于正态总体，统计量通常是用来估计总体的期望和方差的，如分别在 3.2.2 节和 3.3.2 节中介绍过的样本均值 $\bar{x}=\sum_{i=1}^{n}x_i/n$ 和样本方差 $s^2=\sum_{i=1}^{n}(x_i-\bar{x})^2/(n-1)$。

4.1.2　基于标准正态分布的几个重要统计量的分布

1. $\chi^2(n)$ 分布

设 $X_1,X_2,\cdots,X_n$ 是来自正态总体 $N(0,1)$ 的一个随机样本，则

$$X_1^2+X_2^2+\cdots+X_n^2=\sum_{i=1}^{n}X_i^2\sim\chi^2(n) \tag{4.1}$$

即 n 个相互独立的标准正态分布的随机变量的平方和服从 n 个自由度的 $\chi^2(n)$ 分布，其概率密度函数图形如图 4.1 所示。

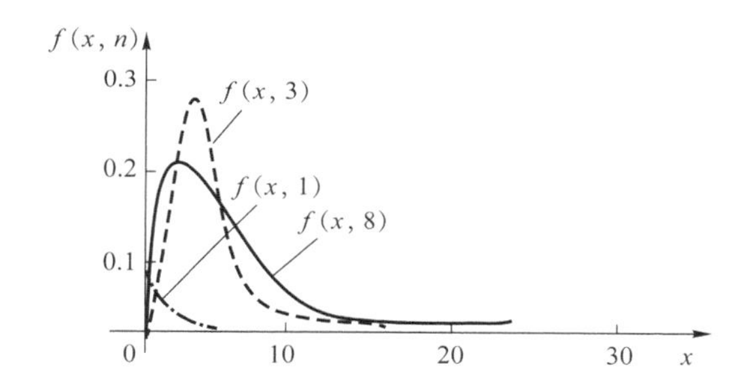

图 4.1　$\chi^2(n)$ 分布的概率密度函数曲线

2. t 分布

设 $X\sim N(0,1)$，$Y\sim\chi^2(n)$，且 X 与 Y 相互独立，则

$$\frac{X}{\sqrt{Y/n}}\sim t(n) \tag{4.2}$$

即自由度为 n 的 t 分布是由 $N(0,1)$ 和 $\chi^2(n)$ 分布组成的，如图 4.2 所示。t 分布的概率密度函数图形和正态分布的图形有些像，可以证明，当 n 充分大时，t 分布近似于标准正态分布 $N(0,1)$。

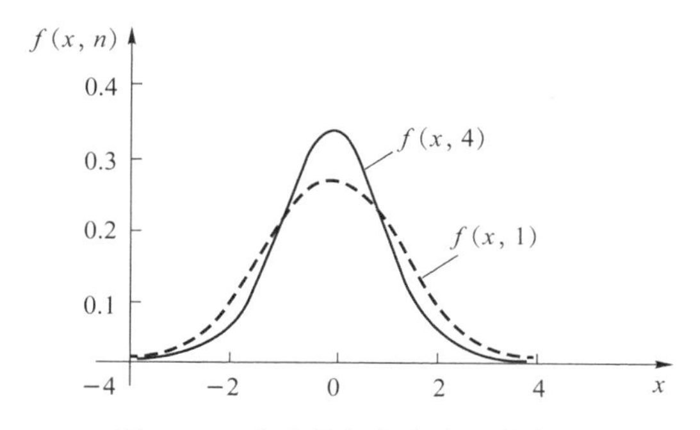

图 4.2　t 分布的概率密度函数曲线

3. F 分布

设$U\sim\chi^2(n)$，$V\sim\chi^2(m)$，则

$$\frac{U/n}{V/m}\sim F(n,m) \tag{4.3}$$

F 分布的概率密度函数图形如图 4.3 所示。

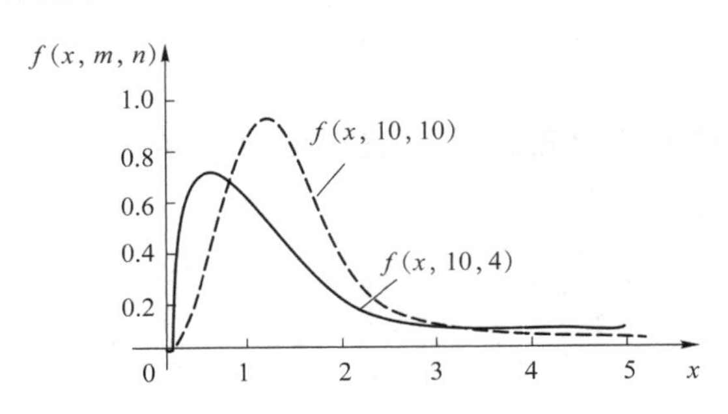

图 4.3　F 分布的概率密度函数曲线

4.1.3　基于一般正态分布的几个重要统计量的分布

设 $X_1,X_2,\cdots,X_n$ 是正态总体 $N(\mu,\sigma^2)$ 的一个随机样本，则样本均值函数和样本方差函数满足如下性质。

① 性质 1：

$$Y=\sum_{i=1}^{n}a_iX_i$$

其中 a_i 不全为 0，则

$$Y\sim N\left(\sum_{i=1}^{n}a_i\mu_i,\sum_{i=1}^{n}a_i^2\sigma_i^2\right) \tag{4.4}$$

由于样本彼此之间独立且和总体的分布一致，而正态分布的随机变量之和仍然服从正态分布，因此样本的线性函数 $Y=\sum\limits_{i=1}^{n}a_iX_i$ 仍然服从正态分布，而正态分布随机变量 Y 的数学期望和方差可以通过概率论里数学期望和方差的性质求得。

② 性质 2：

$$\frac{\bar{X}-\mu}{\sigma/\sqrt{n}}\sim N(0,1) \tag{4.5}$$

这个结论是为了解决这样的问题：当总体服从正态分布时，样本均值也服从正态分布，甚至当总体是任意分布时，根据中心极限定理，在大样本的情况下，$\bar{X}=\left(\sum\limits_{i=1}^{n}X_i\right)/n$ 也近似服从正态分布，因此可查正态分布表来确定$\dfrac{\bar{X}-\mu}{\sigma/\sqrt{n}}$落在各个区间里的概率。

③ 性质 3：

$$\frac{(n-1)S^2}{\sigma^2}\sim\chi^2(n-1) \tag{4.6}$$

这个结论的用处是，通常都用 S^2 来估计总体的方差 σ^2，而既然知道了 $\frac{(n-1)S^2}{\sigma^2} \sim \chi^2(n-1)$，就可以通过查 χ^2 分布表，求 σ^2 落在某些区域内的概率。

④ 性质 4：

$$T=\frac{\bar{X}-\mu}{S/\sqrt{n}} \sim t(n-1) \tag{4.7}$$

此结论的意义在于，当总体为正态总体 $N(\mu,\sigma^2)$ 时，由于 $\bar{X} \sim N(\mu,\sigma^2/n)$，这样我们希望在用公式 $\frac{\bar{X}-\mu}{\sigma/\sqrt{n}}$ 将其转换为标准正态分布后查标准正态分布表来求解概率问题，但在实际情况下，总体方差 σ^2 经常是未知的，因此就可以利用这个定理，用样本方差 S^2 来代替总体方差 σ^2，查 t 分布表来确定 T 落在一些区域内的概率。

⑤ 性质 5：

$$F=\frac{S_1^2/\sigma_1^2}{S_2^2/\sigma_2^2} \sim F(n_1-1,n_2-1) \tag{4.8}$$

其中，S_1^2 是容量为 n_1 的总体 X 的样本方差，S_2^2 是容量为 n_2 的总体 Y 的样本方差。此结论的意义在于，当我们需要比较两个总体的方差时，此时无论是否已知两个总体的均值，都可以借助于这个定理计算样本方差、查 F 分布表，从而确定上面的 F 统计量落在一些区域内的概率。

4.2　参数估计：点估计

许多统计推断问题都可以归为以下 3 类：点估计、区间估计和假设检验。实际工作中，人们经常遇到的问题是如何选取样本以及如何根据样本来对总体的种种统计特征做出判断。对于碰到的随机变量（总体），我们往往大致知道其分布类型，但并不知道其确切的形式，即总体的参数未知。要求出总体的分布函数 $F(x)$〔或概率密度函数 $f(x)$〕，就等于要根据样本估计出总体的参数。这类问题称为**参数估计**，参数估计包括点估计和区间估计。这一节我们先来讨论参数估计中的点估计。

4.2.1　SPSS 的点估计示例

单击【分析】→【描述统计】→【频率】，就可以进入到频率分析模块。这个模块在第 3 章中已经详细介绍过了，如可以输出样本均值、样本方差和样本标准差。在这一章，我们看看还有什么新的理解。

例 4.1　某高校从近 15 年的报告会中随机抽查了 32 次关于考研或就业的报告会，听众人数见数据文件“CH4 例 4.1 报告会”。求该校报告会的平均听众人数。

1. 频率分析模块的 SPSS 操作示例

① 在调入数据后，按照前面的介绍，单击【分析】→【描述统计】→【频率】，进入频率分析模块。

② 在频率分析模块的对话框中,选择默认的左下角的"显示频率表格"复选框,然后把"听众人数"变量送入分析对话框,单击对话框右上角的【Statistics】按钮。系统弹出频率分析模块的"频率:统计"对话框(如图 4.4 所示),选择"平均值""标准偏差"和"方差"。

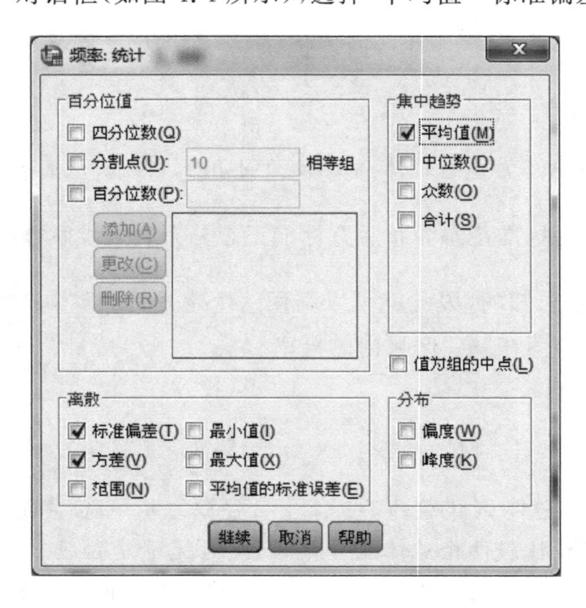

图 4.4　频率分析模块的点估计选项

③ 单击【继续】按钮,然后单击【确定】按钮,系统输出结果,如表 4.1 所示。

表 4.1　听众人数均值、方差的估计

N	有效	32
	缺失	0
平均值		173.4063
标准偏差		7.83647
方差		61.410

2. 描述统计模块的 SPSS 操作示例

① 在调入数据后,按照前面的介绍,单击【分析】→【描述统计】→【描述】,进入描述统计模块。

② 在描述统计模块的对话框中,用箭头把"听众人数"变量送入分析对话框,单击右上角的【选项】按钮。系统弹出"描述:选项"对话框,选择"平均值""标准偏差"和"方差",如图 4.5 所示。

③ 单击【继续】按钮,然后单击【确定】按钮,系统输出结果,如表 4.2 所示。

表 4.2　听众人数平均值、标准偏差、方差的估计值

	数字	平均值	标准偏差	方差
听众人数	32	173.41	7.836	61.410
有效 N(成列)	32			

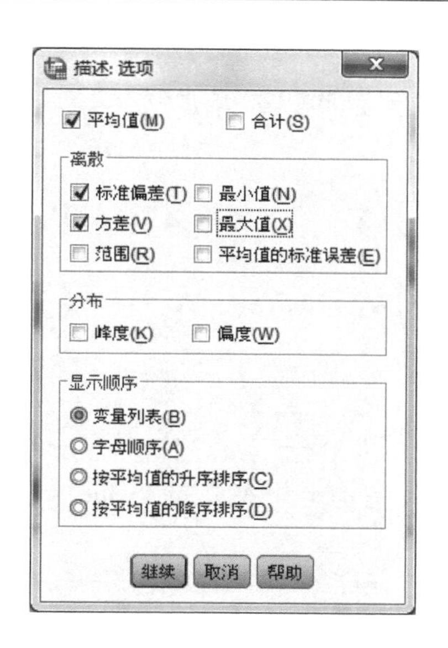

图 4.5　"描述:选项"对话框

上面这个例子可以看为把全校所有报告的听众人数视为总体,而所面对的数据可以理解为从该校的报告中抽样的结果,样本均值和样本方差可以作为总体均值和总体方差来对待。

4.2.2　点估计与判断点估计的优劣标准

1. 点估计的概念

设待估计的参数为 θ,如总体分布中的均值、方差等,现在从总体中得到一个随机样本 $X_1,X_2,\cdots,X_n$,如何根据样本信息估计 θ?

记估计 θ 的统计量为 $\hat{\theta}(X_1,X_2,\cdots,X_n)$,它是关于样本 $X_1,X_2,\cdots,X_n$ 的函数,简记为 $\hat{\theta}$,我们称 $\hat{\theta}(X_1,X_2,\cdots,X_n)$ 为 θ 的**估计量**。

若得到一组样本观察值 $x_1,x_2,\cdots,x_n$,就可以得出 θ 的**估计值** $\hat{\theta}(x_1,x_2,\cdots,x_n)$。

总体分布参数 θ 的点估计就是求出 θ 的估计值 $\hat{\theta}(x_1,x_2,\cdots,x_n)$。

2. 统计量的优劣标准

由样本观察值出发,利用点估计的方法可以获得若干个 θ 的估计值,那么哪个估计值更好一些?这就需要用一些恰当的标准来判别。

(1) 无偏估计

根据样本推得的估计值与真值可能不同,然而,如果由一系列抽样构成各个估计,很合理地会要求这些估计的期望值与未知参数的真值相等,它的直观意义是样本估计值在未知参数的真值周围摆动,而无系统误差。

定义 4.1　如果 $E(\hat{\theta})=\theta$ 成立,则称估计值 $\hat{\theta}$ 为参数 θ 的无偏估计。

例 4.2　从总体 X 中抽取样本 $X_1,X_2,\cdots,X_n$,$E(X)=\mu$,$D(X)=\sigma^2$。试证明 $\bar{X}$ 及 S^2

分别是 μ 及 δ^2 的无偏估计量。

证明:由数学期望和方差的性质,可以证得 $E(\bar{X})=\mu, D(\bar{X})=\sigma^2/n$。$\bar{X}$ 是 μ 的无偏估计量。而

$$E\left(\sum_{i=1}^{n}(X_i-\bar{X})^2\right)=E\left(\sum_{i=1}^{n}(X_i^2-2X_i\bar{X}+\bar{X}^2)\right)=E\left(\sum_{i=1}^{n}X_i^2-2\bar{X}\sum_{i=1}^{n}X_i+n\bar{X}^2\right)$$
$$=E\left(\sum_{i=1}^{n}X_i^2-2n\bar{X}^2+n\bar{X}^2\right)=E\left(\sum_{i=1}^{n}X_i^2-n\bar{X}^2\right) \tag{4.9}$$

即

$$E\left(\sum_{i=1}^{n}(X_i-\bar{X})^2\right)=E\left(\sum_{i=1}^{n}X_i^2-n\bar{X}^2\right)=\sum_{i=1}^{n}E(X_i^2)-nE(\bar{X}^2)$$
$$=n(\sigma^2+\mu^2)-\sigma^2-n\mu^2=(n-1)\sigma^2 \tag{4.10}$$

其中

$$E(X_i^2)=D(X_i)+(E(X_i))^2=\sigma^2+\mu^2 \tag{4.11}$$

$$E(\bar{X}^2)=D(\bar{X})+(E(\bar{X}))^2=\frac{\sigma^2}{n}+\mu^2 \tag{4.12}$$

因此

$$E(S^2)=E\left[\frac{1}{n-1}\sum_{i=1}^{n}(X_i-\bar{X})^2\right]=\frac{1}{n-1}E\left[\sum_{i=1}^{n}(X_i-\bar{X})^2\right]=\frac{1}{n-1}(n-1)\sigma^2=\sigma^2 \tag{4.13}$$

所以,S^2 为 σ^2 的无偏估计。

(2) 有效估计

定义 4.2 设 $\hat{\theta}_1$ 和 $\hat{\theta}_2$ 都是 θ 的无偏估计,若它们的样本容量均为 n,而 $\hat{\theta}_1$ 的方差小于 $\hat{\theta}_2$ 的方差,则称 $\hat{\theta}_1$ 是比 $\hat{\theta}_2$ 有效的估计量。

(3) 一致估计

在一般情况下,统计量 $\hat{\theta}\neq\theta$,但希望当 $n\to\infty$ 时,$\hat{\theta}\xrightarrow{P}\theta$。这就是说,希望当样本容量 n 无限增大时,估计值 $\hat{\theta}$ 在真值附近的概率趋近于 1。

定义 4.3 如果当 $n\to\infty$ 时,$\hat{\theta}$ 依概率收敛于 θ,即对任意给定的 $\varepsilon>0$,$\lim\limits_{n\to\infty}P(|\hat{\theta}-\theta|<\varepsilon)=1$,则称统计量 $\hat{\theta}$ 为参数 θ 的一致估计。

3. 获得点估计量的极大似然估计法

根据从总体 X 中抽到的样本 $X_1,X_2,\cdots,X_n$,对总体分布中的未知参数 θ 进行估计。极大似然估计法是要选取这样的值,当它作为 θ 的估计值时,使观察结果出现的可能性最大。在一般情况下,可以利用**极大似然估计法**估计离散型总体的概率函数中的参数 θ,和连续型总体的概率密度函数中的参数 θ。

定义 4.4 设 X 为离散型随机变量,有概率函数 $P(X=x_i)=p(x_i;\theta)$,$\theta\in\Theta$ 为待估参数,则似然函数

$$L(x_1,x_2,\cdots,x_n;\theta)=\prod_{i=1}^{n}p(x_i;\theta),\theta\in\Theta \tag{4.14}$$

对每一取定的常数样本值 $x_1, x_2, \cdots, x_n$，L 是参数 θ 的函数，则称 L 为样本的似然函数（如果 θ 是一个向量，则 L 是多元函数）。

定义 4.5　设 X 的概率密度是 $f(x,\theta)$，其中 θ 是未知参数，可以是一个值，也可以是一个向量，由于样本的独立性，则样本 $x_1, x_2, \cdots, x_n$ 的联合概率密度函数是

$$L(x_1, x_2, \cdots, x_n; \theta) = \prod_{i=1}^{n} f(x_i; \theta), \theta \in \Theta \tag{4.15}$$

定义 4.6　如果 $L(x_1, x_2, \cdots, x_n; \theta)$ 在 $\hat{\theta}$ 处达到最大值，则 $\hat{\theta}$ 是 θ 的极大似然估计值。

由 R. A. 费希尔（R. A. Fisher）引进的极大似然法的原理是：对于出现的样本观察值 $x_1, x_2, \cdots, x_n$，在 θ 取值的可能范围 Θ 内挑选使似然函数 $L(x_1, x_2, \cdots, x_n; \theta)$ 达到最大的参数值 $\hat{\theta}$，将其作为参数 θ 的估计值。极大似然估计值 $\hat{\theta} = \theta(x_1, x_2, \cdots, x_n)$ 与样本有关，是样本的函数。由于 $\ln L(x_1, x_2, \cdots, x_n; \theta)$ 与 $L(x_1, x_2, \cdots, x_n; \theta)$ 同时达到最大值，所以为了计算方便，只求 $\ln L(x_1, x_2, \cdots, x_n; \theta)$ 的最大值。即计算 $\frac{\partial \ln L}{\partial \theta} = 0$，解出 θ 的估计值 $\hat{\theta}$。

如果待估计的参数 θ 是一个向量，即 $\boldsymbol{\theta} = (\theta_1, \theta_2, \cdots, \theta_m)$，则解如下的方程组，求出 $\hat{\theta} = (\hat{\theta}_1, \hat{\theta}_2, \cdots, \hat{\theta}_m)$。

$$\begin{cases} \dfrac{\partial \ln L}{\partial \theta_1} = 0 \\ \dfrac{\partial \ln L}{\partial \theta_2} = 0 \\ \vdots \\ \dfrac{\partial \ln L}{\partial \theta_m} = 0 \end{cases} \tag{4.16}$$

例 4.3　某电子管的使用寿命（从开始使用到初次失效为止）服从指数分布，其概率密度函数如下：

$$X \sim f(x;\theta) = \begin{cases} \dfrac{1}{\theta} e^{-\frac{x}{\theta}}, & x > 0, \theta > 0 \\ 0, & 其他 \end{cases}$$

$x_1, x_2, \cdots, x_n$ 为 X 的一组样本观察值，今抽取一组样本，其具体数据（单位为 h）如下：16、29、50、68、100、130、140、270、280、340、410、450、520、620、190、210、800、1 100。问如何求 θ 的极大似然估计值？

解：似然函数

$$L(x_1, x_2, \cdots, x_n; \theta) = \prod_{i=1}^{n} \frac{1}{\theta} e^{-\frac{x_i}{\theta}}$$

求得

$$\ln L(x_1, x_2, \cdots, x_n; \theta) = -n \ln \theta - \frac{1}{\theta} \sum_{i=1}^{n} x_i$$

由

$$\frac{\partial \ln L}{\partial \theta} = -\frac{n}{\theta} + \frac{1}{\theta^2} \sum_{i=1}^{n} x_i = 0$$

解得

$$\hat{\theta}=\frac{1}{n}\sum_{i=1}^{n}x_i=\bar{x}$$

$\bar{x}$ 就是 θ 的极大似然估计。因此参数 θ 的估计值为

$$\hat{\theta}=\frac{1}{18}(16+29+\cdots+800+1\ 100)=318\ \text{h}$$

4.3 参数估计:区间估计

这一节我们继续讨论参数估计中的区间估计。

4.3.1 SPSS 的区间估计示例

单击【分析】→【描述统计】→【频率】,有时候样本无法给出足够正确的结果。前面讲到如何用点估计量估计总体均值、方差或一定比例的精确值。问题在于,我们怎么能肯定自己的估计完全正确?毕竟,我们仅仅依靠一个样本对总体做出假设,如果这个样本出现问题怎么办?本节将介绍一种估计总体统计量的方法,即一种考虑了不确定性的方法。

例 4.4 仍以例 4.1 的样本值为例,根据随机选取出来的 32 场报告会的听众人数数据,估计覆盖全校多年来 500 场报告会的平均听众人数的 95%的置信区间。数据文件见"CH4 例 4.1 报告会"。

频率分析模块的 SPSS 操作示例如下。

① 在调入数据后,按照前面的介绍,单击【分析】→【描述统计】→【探索】,进入探索分析模块。

② 用箭头把"听众人数"变量,送入"因变量列表"对话框(可同时分析多个变量)。图 4.6中,左下角的输出小框的默认值是"两者都",即同时输出统计量和图形。我们可以接受它,也可以改变它。本例选择输出"统计量"。

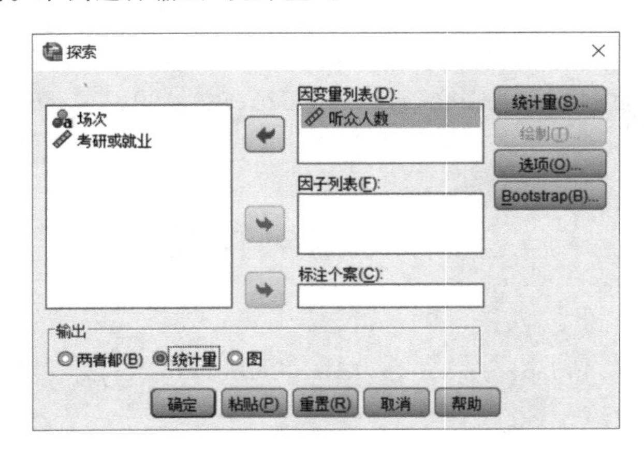

图 4.6 探索分析模块的选择对话框

③ 单击右上角的【统计量】按钮,系统弹出一个对话框("探索:统计"对话框),如图 4.7

所示。该对话框的系统默认值正是输出均值的 95%的置信区间，我们可以接受它，也可以改变它为 99%的置信区间，或其他百分点的置信区间。

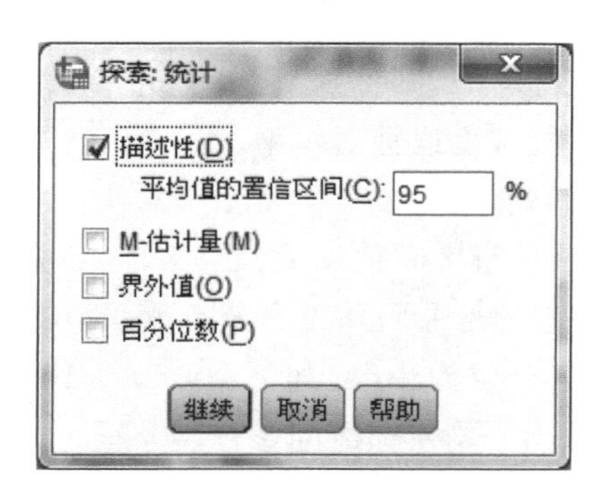

图 4.7　"探索:统计"对话框

④ 单击【继续】按钮，返回探索分析模块的选择对话框。然后单击【确定】按钮，输出结果，如表 4.3 所示。从表 4.3 可以读出，均值的估计值为 173.406 3 cm，覆盖总体均值的 95%随机区间的一个观察区间是(170.580 9，176.231 6)。从表 4.3 还可以读出总体方差和总体标准差的估计值，这对应 4.2 节讲的极大似然估计法。

表 4.3　听众人数均值的 95%的置信区间

			统计	标准错误
听众人数	平均值		173.4063	1.38531
	平均值的 95% 置信区间	下限	170.5809	
		上限	176.2316	
	5% 截尾平均值		173.4236	
	中位数		174.0000	
	方差		61.410	
	标准偏差		7.83647	
	偏度		—.081	.414
	峰度		—.201	.809

4.3.2　区间估计的理论分析

用点估计来估计总体参数，即使是无偏、有效的估计量，也会由于样本的随机性，从一个样本算得估计量的值偏离所要估计的参数真值。而且，即使二者真正相等，由于参数值本身是未知的，因此也无从肯定这种相等。到底二者相差多少？这个问题换一种提法就是，根据估计量的分布，在一定的可靠程度下，指出被估计的总体参数所在的可能数值范围。这就是参数的区间估计问题。

区间估计的具体做法是，找两个统计量

$$\hat{\beta}_1(X_1,X_2,\cdots,X_n)\leqslant\hat{\beta}_2(X_1,X_2,\cdots,X_n) \tag{4.17}$$

使

$$P(\hat{\beta}_1 \leqslant \beta \leqslant \hat{\beta}_2) = 1-\alpha$$

其中，$0<\alpha<1$，α 一般取 0.05 或 0.01，则称随机区间$(\hat{\beta}_1,\hat{\beta}_2)$为 β 的 $100(1-\alpha)\%$的置信区间。百分数 $100(1-\alpha)\%$称为**置信度**或**置信水平**。

1. 正态总体均值 μ 的区间估计

(1) 方差已知，对总体均值进行区间估计

例 4.5 假设某节能灯灯泡的寿命服从正态分布 $N(\mu,8)$，从中抽取了 10 个节能灯灯泡进行寿命试验，得到的数据(单位为小时)如下：1 050、1 100、1 080、1 120、1 200、1 250、1 040、1 130、1 300、1 200，试找出平均寿命区间($\alpha=0.05$)。

解：设样本$(X_1,X_2,\cdots,X_n)$来自正态总体 $N(\mu,\sigma^2)$，则

$$\bar{X} \sim N\left(\mu,\frac{\sigma^2}{n}\right)$$

选取含有已知变量最多的统计量来对未知参数进行区间估计，由于正态总体的方差已知，则根据式(4.5)，查表可求得 $z_{\alpha/2}$，使得

$$P\left(\left|\frac{\bar{X}-\mu}{\sigma/\sqrt{n}}\right| \leqslant z_{\alpha/2}\right)=1-\alpha \tag{4.18}$$

观察式(4.18)，我们可以通过左侧括号中的运算，求得 μ 的一个置信区间。那么这里变量 $z_{\alpha/2}$是未知的，怎样查表求得 $z_{\alpha/2}$？$z_{\alpha/2}$的下角标 $\alpha/2$ 有什么含义？

在式(4.18)左侧中，为了求得 μ 的区间范围，交换绝对值运算中分子上两项的位置

$$P\left(\left|\frac{\bar{X}-\mu}{\sigma/\sqrt{n}}\right| \leqslant z_{\alpha/2}\right)=P\left(\left|\frac{\mu-\bar{X}}{\sigma/\sqrt{n}}\right| \leqslant z_{\alpha/2}\right)=1-\alpha$$

展开绝对值，整理得

$$P\left(-z_{\alpha/2} \leqslant \frac{\mu-\bar{X}}{\sigma/\sqrt{n}} \leqslant z_{\alpha/2}\right)=1-\alpha$$

解得

$$P(\bar{X}-z_{\alpha/2}\sigma/\sqrt{n} \leqslant \mu \leqslant \bar{X}+z_{\alpha/2}\sigma/\sqrt{n})=1-\alpha$$

那么，$[\bar{X}-z_{\alpha/2}\sigma/\sqrt{n},\bar{X}+z_{\alpha/2}\sigma/\sqrt{n}]$就是总体均值 μ 的置信区间，而这里的 $z_{\alpha/2}$是未知的。在概率统计的命名规则中，在一般情况下以临界值右侧的概率作为该临界值的下角标，如图 4.8 所示，服从标准正态分布的随机变量$\dfrac{\bar{X}-\mu}{\sigma/\sqrt{n}}$的概率密度函数是关于 y 轴对称的，又因为

$$P\left(\frac{\bar{X}-\mu}{\sigma/\sqrt{n}} \geqslant z_{\alpha/2}\right)=\alpha/2$$

所以，这里用 $z_{\alpha/2}$来标记临界值点。

$z_{\alpha/2}$的求法可以通过查标准正态分布的概率分布表获得，还可以用 SPSS 求得，后者是本书中所用的方法，下面会对其进行介绍。由图 4.8 可见，标准正态分布的分布函数在 $z_{\alpha/2}$的值为

$$\Phi(z_{\alpha/2})=1-\frac{\alpha}{2}$$

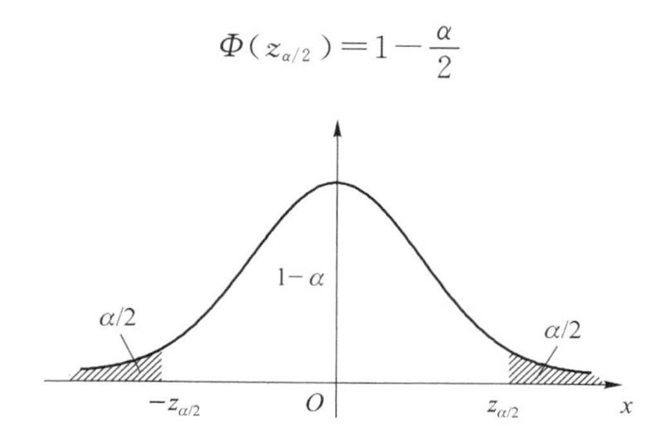

图 4.8　$z_{\alpha/2}$求解示意图

因此 μ 的置信度为 $1-\alpha$ 的置信区间是$[\bar{X}-z_{\alpha/2}\sigma/\sqrt{n},\bar{X}+z_{\alpha/2}\sigma/\sqrt{n}]$。在这里，只有 $z_{\alpha/2}$ 是未知的，怎么求 $z_{\alpha/2}$？ $z_{\alpha/2}$ 由公式 $\Phi(z_{\alpha/2})=1-\frac{\alpha}{2}$查表可获得。在本例中 $\alpha=0.05$，可查表求得 $z_{\alpha/2}=1.96$（若 $\alpha=0.01$，可查表求得 $z_{\alpha/2}=2.58$）。又由 $n=10$，$\sigma=2.8284$，可算出 $\bar{x}=1147$，则进一步计算可得

$$P(1\,147-2.828\,4\times1.96/\sqrt{10}\leqslant\mu\leqslant1\,147+2.828\,4\times1.96/\sqrt{10})=0.95$$

即 μ 的置信区间为(1 145.25，1 148.75)。

(2) 用 SPSS 从 x 查 $p=P(X\leqslant x)$和从 p 查 x

下面我们来看怎样由已知概率 $1-\alpha/2$ 用 SPSS 求临界值 $z_{\alpha/2}$，以及怎样由 $z_{\alpha/2}$ 求概率值。

任意打开一个数据文件，在数据视图窗口中，单击【转换】→【计算变量】，系统弹出“计算变量”对话框，如图 4.9 所示。在这个对话框的右边，有一个“函数组”框，在这个框中有很多函数组，从中选出你所需要的函数组，完成相应的计算。例如，可以从随机变量 X 的取值边界 x，计算出概率值 p。也可以反过来，从概率值 p，计算出 x 的值。这样，就免去了查表的麻烦。

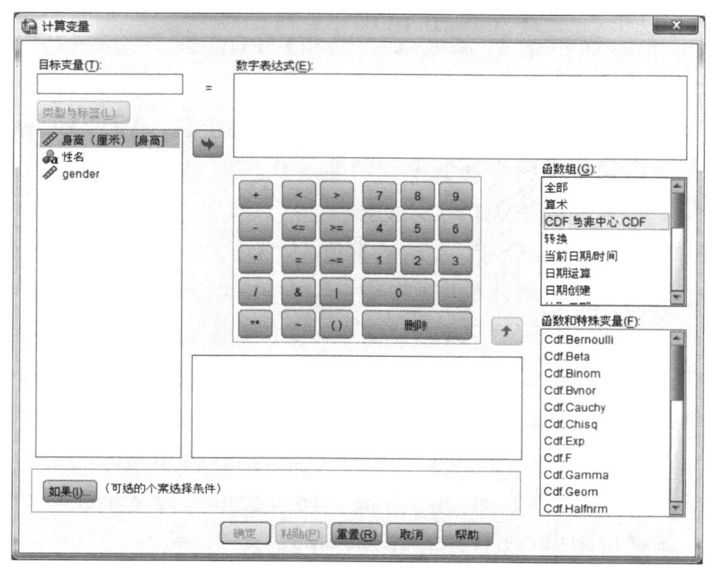

图 4.9　在“计算变量”对话框右侧选择“函数组”

例如，要计算服从 $N(0,1)$ 分布的 $x=1.96$ 的概率值 $P(X\leqslant 1.96)$，就在图 4.9 所示的对话框中的“函数组”框中，选中函数组“CDF 与非中心 CDF”（累积密度函数）。此时，该对话框右下方的“函数与特殊变量”框中就会出现大量的可供选择的累积概率密度函数，如图 4.9 所示。

在这个“函数与特殊变量”框中选择“Cdf. Normal”函数，这时，这个框左侧的框中出现对这个函数的解释。用向上的箭头把这个函数送到上面的“数字表达式”框中。此时，“数字表达式”框中，出现函数 CDF. NORMAL(?,?,?)，这两步操作的结果如图 4.10 所示。

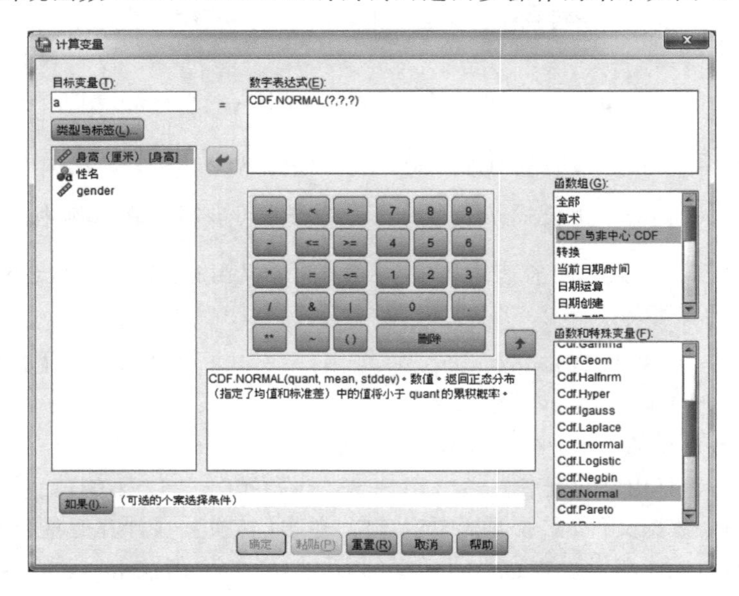

图 4.10 在“计算变量”对话框右下框选择函数

按照图 4.10 中的文字解释，在“数字表达式”框中把函数 CDF. NORMAL(?,?,?)的第一个问号改为 1.96（即 x 的值），第二个问号改为 0（即标准正态分布的均值），第三个问号改为 1（标准正态分布的标准差），即将 CDF. NORMAL(?,?,?) 改为 CDF. NORMAL(1.96,0,1)。

在图 4.10 左上角的“目标变量”框中，输入你希望的变量名，如 a、b、aa 等。本例输入 a，单击【确定】按钮，数据视图窗口中就出现变量 a 的值是 0.975，也就是 $P(X\leqslant 1.96)=0.975$。

从概率值反求 x 的操作方法类似上述过程。

例如，假设 X 服从 $N(0,1)$ 分布，已知概率值 $P(X\leqslant x)=0.975$，要计算 x 的值，就可以按类似于上述的过程操作。在刚才的“计算变量”对话框中，单击【重置】按钮，清空刚才的操作。然后，在图 4.9 所示对话框的“函数组”框中，选中函数组“逆 DF”。

此时，该对话框右下方的“函数和特殊变量”框中出现大量的可供选择的反概率密度函数。选中正态分布的反函数“Idf. Normal”，并用向上的箭头把这个函数送到上面的“数字表达式”框中。并把该框中的函数 IDF. NORMAL(?,?,?)改为 IDF. NORMAL(0.975,0,1)。然后，在图 4.10 左上角的“目标变量”框中，输入你希望的变量名，如 b、ab 等，本例输入 b。单击【确定】按钮。数据视图窗口中就出现变量 b 的值是 1.96。

同样，也可以计算其他分布函数（如 t 分布）的概率值和反函数的概率值。这样可以省去查表的工作了。

(3) 方差未知,对总体均值进行区间估计

例 4.6　假定初生婴儿(男孩)的体重服从正态分布,随机抽取 12 名婴儿,测得其体重分别(单位为 g)为 3 100、2 520、3 000、3 000、3 600、3 160、3 560、3 320、2 880、2 600、3 400、2 540。试以 95%的置信水平估计新生男婴儿的平均体重区间。

解:设样本$(X_1,X_2,\cdots,X_n)$来自正态总体 $N(\mu,\sigma^2)$,由于 σ^2 未知,且

$$T=\frac{\bar{X}-\mu}{s/\sqrt{n}}\sim t(n-1)$$

查表可求得 $t_{\alpha/2}(n-1)$,使得

$$P(|T|\leqslant t_{\alpha/2}(n-1))=1-\alpha$$

则

$$P\left(\left|\frac{\bar{X}-\mu}{S/\sqrt{n}}\right|\leqslant t_{\alpha/2}(n-1)\right)=P\left(\left|\frac{\mu-\bar{X}}{S/\sqrt{n}}\right|\leqslant t_{\alpha/2}(n-1)\right)=1-\alpha$$

即

$$P\left(-t_{\alpha/2}(n-1)\leqslant\frac{\mu-\bar{X}}{S/\sqrt{n}}\leqslant t_{\alpha/2}(n-1)\right)=1-\alpha$$

解得

$$P(\bar{X}-t_{\alpha/2}(n-1)S/\sqrt{n}\leqslant\mu\leqslant\bar{X}+t_{\alpha/2}(n-1)S/\sqrt{n})=1-\alpha$$

所以,在这道例题中,设新生男婴儿体重为 X,由于 X 服从正态分布,方差 σ^2 未知,因此借助于 t 分布。对于 $a=0.05$,因样本数 $n=12$,则用上面讲过的 SPSS 求值法,或者查自由度为 11 的 t 分布表,得 $t_{\alpha/2}(11)=2.201$。再计算

$$\bar{x}=\frac{1}{12}(3\,100+\cdots+2\,540)\approx 3\,057$$

$$s=\sqrt{\frac{1}{11}\sum_{i=1}^{12}(x_i-3\,057)^2}\approx 375.3$$

因此,新生男婴儿的平均体重 μ 的 95%的置信区间为

$$[3\,057-2.201\times375.3/\sqrt{12},3\,057+2.201\times375.3/\sqrt{12}]$$

即

$$[2\,818,3\,259]$$

例 4.7　结合 4.3.1 节讲的 SPSS 操作的例 4.4,再从公式计算的角度分析,根据随机选取出来的 32 场报告会的听众人数数据,估计覆盖全校 500 场报告会的平均听众人数的 95%的置信区间。数据文件见“CH4 例 4.1 报告会”。

解:设 32 场报告会听众人数的数据,即样本$(X_1,X_2,\cdots,X_n)$,来自正态总体 $N(\mu,\sigma^2)$,由于 σ^2 未知,则利用

$$P(\bar{X}-t_{\alpha/2}(n-1)S/\sqrt{n}<\mu<\bar{X}+t_{\alpha/2}(n-1)S/\sqrt{n})=1-\alpha$$

可求出置信区间。其中样本观察值可由表 4.3 读出,$\bar{x}=173.406\,3$,$s=7.836\,47$,$t_{\alpha/2}(n-1)$可利用 SPSS 求出,即单击【转换】→【计算变量】→【逆 DF】→【IDF. T(0.975,31)】,得出

$t_{\alpha/2}(31)\approx 2.04$,将其代入区间的计算公式,四舍五入,保留两位小数,可得

$$P(170.58\leqslant\mu\leqslant 176.23)=95\%$$

这样,我们从理论计算和 SPSS 软件操作两方面都能求出置信区间了。

(4) 一般总体大样本下总体均值的区间估计

根据中心极限定理,对于不是正态分布的一般总体,当样本容量相当大时,$\bar{X}$ 渐近地服从正态分布,故在大样本情况下,对于一般总体仍可用正态总体的办法对总体均值进行较精确的区间估计。

在 $n=30$ 时,就可把总体看作近似服从正态分布 $N(\mu,\sigma^2)$,当然 n 越大越好。

2. 未知总体均值,正态总体方差 σ^2 的区间估计

例 4.8 假定初生男婴儿的体重服从正态分布,随机抽取 12 名婴儿,测得其体重(单位为 g)分别为 3 100、2 520、3 000、3 000、3 600、3 160、3 560、3 320、2 880、2 600、3 400、2 540,对婴儿体重的方差进行区间估计($\alpha=0.05$)。

解:设样本$(X_1,X_2,\cdots,X_n)$来自正态总体 $N(\mu,\sigma^2)$,此例中,服从正态分布的婴儿的体重均值 μ 未知。由 4.1.3 节知

$$\frac{(n-1)S^2}{\sigma^2}\sim\chi^2(n-1)$$

对于给定的 α,查表可以确定 $\chi^2_{1-\alpha/2}(n-1)$及 $\chi^2_{\alpha/2}(n-1)$,使得

$$P\left(\chi^2_{1-\alpha/2}(n-1)\leqslant\frac{(n-1)S^2}{\sigma^2}\leqslant\chi^2_{\alpha/2}(n-1)\right)=1-\alpha$$

其中,$\chi^2_{1-\alpha/2}(n-1)$表示的是服从 $\chi^2(n-1)$分布的随机变量在点 $\chi^2_{1-\alpha/2}(n-1)$右侧的概率是 $1-\alpha/2$。

$$P\left(\frac{(n-1)S^2}{\chi^2_{\alpha/2}(n-1)}\leqslant\sigma^2\leqslant\frac{(n-1)S^2}{\chi^2_{1-\alpha/2}(n-1)}\right)=1-\alpha$$

由题意得到 12 个样本值 3 100、2 520、3 000、3 000、3 600、3 160、3 560、3 320、2 880、2 600、3 400、2 540,则可以把上式的 S^2 替换为 s^2,计算出具体的区间。s^2 和 $\chi^2_{\alpha/2}(n-1)$、$\chi^2_{1-\alpha/2}(n-1)$都可以利用前面的方法借助于 SPSS 求出。

计算可得$(n-1)s^2\approx 1\,549\,467$,$\alpha=0.05$,$n-1=11$,$\chi^2_{1-\alpha/2}(n-1)=3.82$,$\chi^2_{\alpha/2}(n-1)=21.9$。其中,$\chi^2_{\alpha/2}(n-1)$、$\chi^2_{1-\alpha/2}(n-1)$满足

$$P(\chi^2\geqslant\chi^2_{\alpha/2}(n-1))=0.025$$

$$P(\chi^2\leqslant\chi^2_{1-\alpha/2}(n-1))=0.025$$

因此得 σ^2 的置信区间为

$$\left[\frac{1\,549\,467}{21.9},\frac{1\,549\,467}{3.82}\right]$$

即

$$[70\,752,405\,620]$$

如图 4.11 所示,在确定 $\chi^2_{\alpha/2}(n-1)$、$\chi^2_{1-\alpha/2}(n-1)$时,一般是取

$$P(\chi^2\leqslant\chi^2_{1-\alpha/2}(n-1))=P(\chi^2\geqslant\chi^2_{\alpha/2}(n-1))=\frac{\alpha}{2}$$

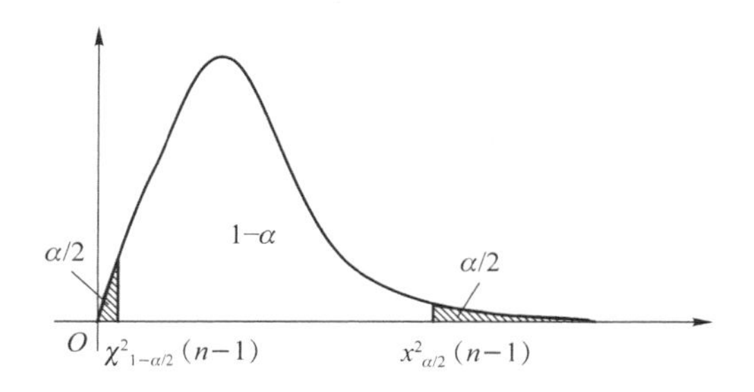

图 4.11　$\chi^2(n)$分布区间估计求解示意图

4.4　样本容量的确定

用样本均值 $\bar{X}$ 来推断总体均值 μ 时，样本容量 n 应当多大，才能保证误差不超过设定值 δ?

由 4.3 节可知

$$P\left(\left|\frac{\bar{X}-\mu}{S/\sqrt{n}}\right| \leqslant t_{\alpha/2}(n-1)\right)=1-\alpha$$

设 $|\bar{X}-\mu|$ 的最大值（也就是用样本均值估计总体均值的最大误差）为 δ，则

$$P\left(\frac{\delta}{S/\sqrt{n}}=t_{\alpha/2}(n-1)\right)=1-\alpha \tag{4.19}$$

将式(4.19)左侧括号里的公式进一步运算得

$$P\left(n=\left(t_{\alpha/2}(n-1)\times\frac{S}{\delta}\right)^2\right)=1-\alpha \tag{4.20}$$

即如果按照式(4.20)计算出来的样本容量 n 随机抽样，所得到的样本均值 $\bar{X}$ 与总体均值 μ 的误差，不超过 δ 的概率为 $1-\alpha$。

由于当样本容量 n 充分大时，t 分布近似于标准正态分布 $N(0,1)$，所以 n 的计算公式可以改为

$$n=\left(z_{\alpha/2}\times\frac{s}{\delta}\right)^2 \tag{4.21}$$

虽然上述分析是基于 4.3 节 X 服从正态分布的前提，但是中心极限定理的存在使得上述估算样本容量的方法有着广泛的应用。例如，对于选举的民意调查，要调查多少民众才能使得对各党派的支持率的推断误差不超过某个设定值 δ（如 3%），就可以用式(4.21)计算。

读者可能会有疑惑，对各党派的支持率的问题是 1 个 0-1 分布问题（对多党派的支持率的问题可以转化为多个 0-1 分布问题），如何能够使用基于正态分布所得到的结果？原因就在于，当 n 足够大（如在 30 以上）时，任意分布的均值函数 $\bar{X}$ 近似地服从正态分布，因此能够用上述公式计算所需要的样本量。

例 4.9　为调查学校图书馆 60 天的读者借书数，希望预测的误差不超过 3%，已知上一年的调查样本方差为 0.18，试计算在 95%的置信水平上本次调查所需要的样本量。

解:由题目知,$\delta=0.03$,所以 $\delta^2=0.0009$,$s^2=0.18$,于是样本容量为

$$n=\left(z_{\alpha/2}\times\frac{s}{\delta}\right)^2=(z_{0.025})^2\times\frac{0.18}{0.0009}=1.96^2\times200=768.32$$

即样本容量至少应为 769 人。

如果对上一年调查的样本方差 $s^2=0.18$ 不确定,可以依据本次调查的样本方差做调整。当然也可以进行多次调整。

习　题　4

1. 请选用恰当的数据文件,用 SPSS 的如下模块计算数据集合的样本均值、样本方差、并做区间估计:

①频率分析模块;②统计模块;③探索模块。

2. 用 SPSS 完成如下计算:

① 已知 $X\sim N(0,1)$,求 $z_{0.025}$,也就是求 x,满足 $P(X>x)=2.5\%$;

② 已知 $X\sim\chi^2(15)$,求 $\chi^2_{0.05}$,也就是求 x,满足 $P(X>x)=5\%$;

③ 已知 $X\sim F(6,9)$,求 $f_{0.05}$,也就是求 x,满足 $P(X>x)=5\%$;

④ 已知 $X\sim t(13)$,求 $t_{0.025}$,也就是求 x,满足 $P(X>x)=2.5\%$。

3. 用 SPSS 完成如下计算:

① 已知 $X\sim N(0,1)$,求 $P(X\leqslant1.75)$;

② 已知 $X\sim\chi^2(18)$,求 $P(X\leqslant9.39)$;

③ 已知 $X\sim F(6,8)$,求 $P(X\leqslant2.67)$;

④ 已知 $X\sim t(18)$,求 $P(X\leqslant2.1009)$;

⑤ 已知 $X\sim b(10,0.25)$,求 $P(X=0)$,$P(X\leqslant1)$,$P(X=1)$。

4. 抽取 18 袋袋装面粉,每袋袋装面粉重量的样本均值是 9.87 kg,样本标准差是 0.27 kg,假设袋装面粉的重量服从正态分布。求:①这种袋装面粉的真实平均重量的 95% 的置信区间;②这种袋装面粉每袋的真实平均重量的 99%的置信区间;③置信区间的增加对置信区间的宽度有什么影响?为什么?

5. 随机地取 9 发某种炮弹做试验,得炮口速度的样本标准差为 $s=11$ m/s。设炮口速度服从正态分布。求这种炮弹的炮口速度的方差 δ^2 的置信度为 0.95 的置信区间。

6. 根据观众投票,推选观众最喜欢的最佳女主角。某机构希望预测的误差不超过 3%,在正式民意调查前,小规模抽样调查对 3 位女主角的支持的样本方差均近似于 0.36,试计算在 95%的置信水平上,本次调查所需要的样本量。

7. 设总体 $X\sim N(\mu,0.9^2)$,当样本容量 $n=9$ 时,测得 $\bar{x}=5$,求未知参数 μ 的置信度为 0.95 的置信区间。

8. 某厂生产的零件质量 $X\sim N(\mu,\sigma^2)$,今从这批零件中随机抽取 9 个,测得其质量(单位为 g)为 21.1、21.3、21.4、21.5、21.3、21.7、21.4、21.3、21.6,求未知参数 μ 和 σ^2 的置信度为 0.95 的置信区间。

9. 为估计一件物体的重量 μ,将其称了 10 次,得到的重量(单位为 kg)为 10.1、10.0、

9.8、10.5、9.7、10.1、9.9、10.2、10.3、9.9。假设所称出的物体重量服从 $N(\mu,\sigma^2)$，求该物体 μ 的置信度为 0.95 的置信区间。

10. 一纯净水生产厂家为了解某城区居民纯净水的消费使用情况，决定进行一次市场抽样调查。方案中规定比例估计的误差不超过 2 个百分点，问：①假设调查的样本方差为 0.16，计算在 95%的置信水平上，所需要的样本量；②如果经过初步的调查后发现，使用纯净水的居民的比例为 30%，那么在同样的置信水平下，需要抽取多少样本？

11. 从某城市中抽取的 22 个商店中，调查出某种商品的价格数据如下：12.00、11.60、11.50、12.10、12.30、12.60、12.60、12.03、11.20、11.03、12.01、12.80、12.30、11.68、11.56、10.98、12.30、11.89、12.00、11.58、12.20、11.88，试计算总体均值、方差的点估计。

12. 从某系一年级学生中随机抽取 24 名学生，调查所得学生的基本信息如题表 4.1 所示。

题表 4.1

年龄	18	19	18	18	17	17	18	19	18	20	21	21
身高/m	1.60	1.75	1.62	1.52	1.56	1.62	1.71	1.68	1.56	1.62	1.51	1.56
性别	男	男	男	女	女	男	男	女	男	女	女	女
年龄	20	17	18	19	19	18	17	20	19	21	18	19
身高/m	1.60	1.58	1.59	1.70	1.78	1.69	1.58	1.62	1.71	1.78	1.80	1.60
性别	男	女	女	男	男	女	女	男	男	男	男	男

试求该系一年级学生平均年龄 95%的置信区间，以及女学生平均身高 90%的置信区间和男学生平均身高 90%的置信区间。

第 5 章

参数假设检验

随后三章将继续讲**推断统计**。**假设检验**是后三章的基础，是推断统计方法的基石。

如果你参与过研究生的科研工作，那么你可能已经在导师的课程中听到**“假设”**这个词了。科研人员经常会对课题所做的研究建立假设，然后在理论或试验上去证实或证伪它，可能对**假设**是什么已经有了很清晰的认识。对于不熟悉这个词的人来说，假设基本上是“学术猜测”。假设最重要的角色是表示对某个问题的猜想，对猜想的验证是最初促使人们去探索研究的原因。

花费时间和精力去建立一个简要清晰的**研究问题**是非常重要的，研究问题是建立假设的指导，而相应的**假设**会决定我们用于检验假设以及回答最初提出问题的技术。

因此，一个好的**假设**会将问题陈述清晰并将研究问题转换为更适合于检验的形式，我们将在后文讨论如何才能建立一个好的假设。在这之前，我们的注意力会转向研究样本和总体的差异。这有重要的研究意义，因为假设检验是先用样本得出结论，然后才将所得结论一般化到更大的总体。最后我们将注意力转向假设的两个主要方法（**临界值法**和 **p 值检验法**）。

5.1 基本概念

假设检验分为参数检验和非参数检验。

原假设一般用 H_0 表示，通常是设定总体参数等于某值，或服从某个分布函数等；**备择假设**是与原假设互相排斥的假设，原假设与备择假设不可能同时成立。所谓**假设检验**实质上就是要判断 H_0 是否正确，若拒绝原假设 H_0，则意味着接受备择假设 H_1。

设总体 $X\sim N(\mu,\sigma^2)$，$Y\sim N(\mu',\sigma'^2)$。关于一个正态总体参数 μ、σ^2 的假设检验问题，5.1～5.3 节将介绍，其对应下列情况一、二、三；关于两个正态总体参数 μ、σ^2 和 μ'、σ'^2 的假设检验问题，5.4～5.5 节将介绍，其对应下列情况四、五、六、七、八。

情况一：已知方差 σ^2，检验原假设 $H_0:\mu=\mu_0$，备择假设 $H_1:\mu\neq\mu_0$；或原假设 $H_0:\mu\geqslant\mu_0$，备择假设 $H_1:\mu<\mu_0$；或原假设 $H_0:\mu\leqslant\mu_0$，备择假设 $H_1:\mu>\mu_0$。

情况二：未知方差 σ^2，检验原假设 $H_0:\mu=\mu_0$，备择假设 $H_1:\mu\neq\mu_0$；或原假设 $H_0:\mu\geqslant\mu_0$，备择假设 $H_1:\mu<\mu_0$；或原假设 $H_0:\mu\leqslant\mu_0$，备择假设 $H_1:\mu>\mu_0$。

情况三：未知期望 μ，检验原假设 $H_0:\sigma^2=\sigma_0^2$，备择假设 $H_1:\sigma^2\neq\sigma_0^2$；或原假设 $H_0:\sigma^2\geqslant\sigma_0^2$，

备择假设 $H_1:\sigma^2<\sigma_0^2$；或原假设 $H_0:\sigma^2\leqslant\sigma_0^2$，备择假设 $H_1:\sigma^2>\sigma_0^2$；其中 μ_0,σ_0^2 都是已知数。

情况四：未知两个总体的均值 μ、μ'，检验原假设 $H_0:\sigma^2=\sigma'^2$（方差齐性的检验），备择假设 $H_1:\sigma^2\neq\sigma'^2$；或原假设 $H_0:\sigma^2\geqslant\sigma'^2$，备择假设 $H_1:\sigma^2<\sigma'^2$；或原假设 $H_0:\sigma^2\leqslant\sigma'^2$，备择假设 $H_1:\sigma^2>\sigma'^2$。

情况五：未知两个总体的方差 σ^2、σ'^2，但知道 $\sigma^2=\sigma'^2$（方差齐性），检验原假设 $H_0:\mu-\mu'=0$，备择假设 $H_1:\mu-\mu'\neq0$；或原假设 $H_0:\mu-\mu'\geqslant0$，备择假设 $H_1:\mu-\mu'<0$；或原假设 $H_0:\mu-\mu'\leqslant0$，备择假设 $H_1:\mu-\mu'>0$。

情况六：未知两个总体的方差 σ^2、σ'^2，但知道 $\sigma^2\neq\sigma'^2$（方差非齐性），检验原假设 $H_0:\mu-\mu'=0$，备择假设 $H_1:\mu-\mu'\neq0$；或原假设 $H_0:\mu-\mu'\geqslant0$，备择假设 $H_1:\mu-\mu'<0$；或原假设 $H_0:\mu-\mu'\leqslant0$，备择假设 $H_1:\mu-\mu'>0$。

情况七：已知两个总体的方差 σ^2、σ'^2，检验原假设 $H_0:\mu-\mu'=0$，备择假设 $H_1:\mu-\mu'\neq0$；或原假设 $H_0:\mu-\mu'\geqslant0$，备择假设 $H_1:\mu-\mu'<0$；或原假设 $H_0:\mu-\mu'\leqslant0$，备择假设 $H_1:\mu-\mu'>0$。

情况八：在配对样本、大样本、0-1 总体情况下，对总体均值的检验。

5.1.1　假设检验的研究问题

任何一个有关随机变量未知分布的假设称为**统计假设**，简称**假设**。这里所说的假设只是一个设想，至于它是否成立，在建立假设时并不知道，还需进行考察。对一个样本进行考察，从而决定它能否合理地被认为与假设相符，这一过程叫作**假设检验**。一个仅牵涉随机变量分布中几个未知参数的假设称为**参数假设**，而判别参数假设的检验称为**参数检验**。检验是一种决定规则，通过一定的程序做出是与否的判断。

例 5.1　抛掷一枚硬币 100 次，硬币正面出现了 40 次，问这枚硬币是否匀称？

若用 X 描述抛掷一枚硬币出现正反面的试验，用“$X=1$”及“$X=0$”分别表示“出现正面”和“出现反面”，上述问题就是要用样本值检验 X 是否服从 $p=1/2$ 的 0-1 分布？

例 5.2　某甜品店为判断牛奶供应商所供应的鲜牛奶是否被兑水，随机抽样检查了 30 个牛奶样品，测得其平均冰点为 −0.538 9℃，而根据过去统计资料，鲜牛奶的冰点为 −0.545 ℃，问供应商的牛奶是否被兑水（假设冰点服从正态分布）？若把所有牛奶供应商供应的鲜牛奶视为一个总体 X，那么问题就是判断 X 的均值 $\mu=-0.545$ 是否成立？

例 5.3　在 10 个相同的地块上对甲、乙两种玉米的产量（单位为 kg）进行对比试验，得如下资料：

甲的产量	951	966	1 008	1 082	983
乙的产量	730	864	742	774	990

从直观上看，二者差异显著。但是一方面由于抽样的随机性，我们不能只对个别值进行比较就得出结论；另一方面直观的标准可能因人而异，因此这实际上需要比较两个正态总体的期望值是否相等。

这种作为检验对象的假设称为**原假设**，通常用 H_0 表示。

例如：例 5.1 的原假设是 $H_0:X\sim b(1,0.5)$；例 5.2 的原假设是 $H_0:\mu(X)=-0.545$；例 5.3 的原假设是 $H_0:\mu(X)=\mu(Y)$（X 与 Y 是两种玉米的产量）。

假设检验的任务是：如何根据样本的信息来判断关于总体分布的某个设想是否成立，也就是检验原假设 H_0 成立与否。

5.1.2 假设检验的思路

1. 假设检验的步骤

首先设想 H_0 是真的成立，然后考虑在 H_0 的条件下，已经观测到的样本信息出现的概率。如果这个概率很小，就表明一个概率很小的事件在一次试验中发生了。而小概率原理认为，概率很小的事件在一次试验中是几乎不可能发生的。这表明事先的设想 H_0 是不正确的，因此拒绝原假设 H_0，否则，不能拒绝原假设 H_0。

至于什么算"概率很小"，在检验之前都事先指定，如概率为 5%、1%等，一般将其记作 α，α 是一个事先指定的小的正数，称为**显著性水平**或**检验水平**。

一个完整的假设检验过程包括以下几个步骤：

① 提出假设；

② 构造适当的检验统计量，并根据样本计算统计量的具体数值；

③ 规定显著性水平，建立检验规则；

④ 做出判断。

2. 两类错误

由于人们做出判断的依据是样本，也就是由部分来推断整体，因而假设检验不可能绝对准确，它可能犯错误。其犯错误的可能性大小也是以统计规律性为依据的，所可能犯的错误有以下两类。

第一类错误：原假设 H_0 符合实际情况，而检验结果把它否定了，这称为**弃真错误**。

第二类错误：原假设 H_0 不符合实际情况，而检验结果把它肯定下来了，这称为**取伪错误**。

3. 双尾检验和单尾检验

若拒绝原假设 H_0，那么就相当于备择假设 H_1 可能发生。如果备择假设是 $H_1:\mu\neq\mu_0$，那么此时称为**双尾检验**；如果备择假设是 $H_1:\mu>\mu_0$ 或 $H_1:\mu<\mu_0$，那么此时称为**单尾检验**，拒绝域在单侧。若取 $\alpha=0.05$，则 $z_{\alpha/2}=z_{0.025}$，α 称为**显著性水平**，也称**检验水平**，也是犯**弃真错误**的概率。当然，也可以取 $\alpha=0.01$ 或其他值(通常在 0 与 0.1 之间)，它反映出犯**弃真错误**的不同概率。双尾检验、单尾检验的拒绝域如图 5.1 中的阴影区域所示。

单、双尾检验与原假设和备择假设的对应关系可参看表 5.1。

表 5.1 单、双尾检验与原假设和备择假设的对应关系

拒绝域位置	单侧拒绝域	原假设	备择假设
双尾	$a/2$	$H_0:\mu=\mu_0$	$H_1:\mu\neq\mu_0$
左侧单尾	α	$H_0:\mu\geqslant\mu_0$	$H_1:\mu<\mu_0$
右侧单尾	α	$H_0:\mu\leqslant\mu_0$	$H_1:\mu>\mu_0$

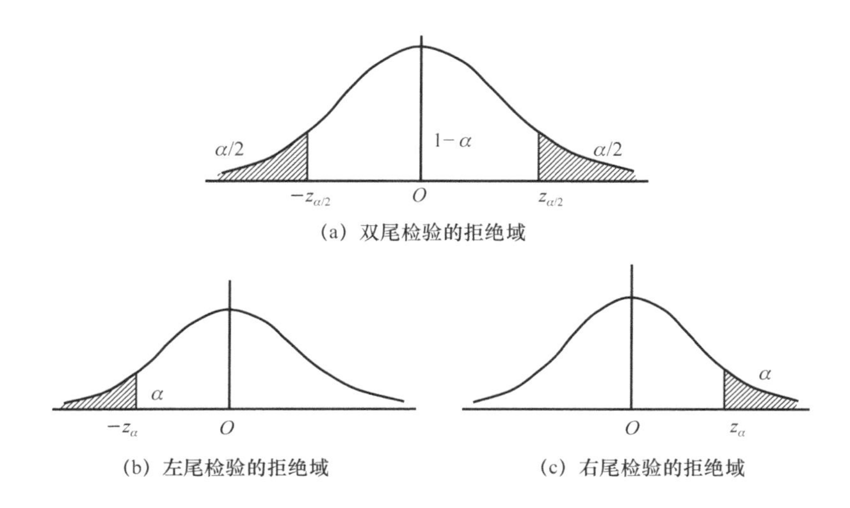

(a) 双尾检验的拒绝域

(b) 左尾检验的拒绝域　　(c) 右尾检验的拒绝域

图 5.1　双尾检验、单尾检验的拒绝域

4. 检验规则

对假设检验问题做出判断可依据两种规则：一是临界值规则；二是 p 值规则。

在假设检验的步骤中，当确定了原假设和检验水平后，就要利用样本数据计算统计量的值，确定临界值、接受域、拒绝域。

(1) 临界值规则

假设检验中，根据所提出的显著性水平标准（它是概率密度曲线的尾部面积）查表得到相应的检验统计量的数值，其称作**临界值**，直接用检验统计量的观测值与临界值作比较，如果观测值落在临界值所划定的尾部（称之为**拒绝域**）内，便拒绝原假设；如果观测值落在临界值所划定的尾部之外（称之为不能拒绝域）的范围内，则认为拒绝原假设的证据不足。

(2) p 值规则

根据样本信息算出统计量的值后，可以借由分布，求出具体样本观测值绝对值的右侧概率的 2 倍（单尾检验时为 1 倍），这个概率值被称为 p 值，然后通过比较 p 值和检验水平 α 的大小，来得出结论。如果 p 值小于所给定的检验水平，则认为原假设不太可能成立；如果 p 值大于所给定的检验水平，则认为没有充分的证据否定原假设。

显然，p 值规则和临界值规则是等价的。在做检验的时候，只用其中一个规则即可。

p 值规则较之临界值规则具有更明显的优点：第一，它更加简捷；第二，在 p 值规则的检验结论中，对于犯第一类错误的概率的表述更加明确。因此，推荐使用 p 值规则，SPSS 做假设检验的算法中用的就是 p 值规则。

5. 显著性水平（检验水平）

小概率事件在单独一次的试验中基本上不会发生，可以不予考虑。

在假设检验中，我们做出判断时所依据的逻辑是：如果在原假设正确的前提下，检验统计量的样本观测值的出现属于小概率事件，那么可以认为原假设不可信，从而否定它，转而接受备择假设。

至于小概率的标准是多大，这要根据实际问题而定。假设检验中，称这一标准为**显著性水平**，用 α 来表示，在应用中，通常取 $\alpha=0.01$、$\alpha=0.05$。一般来说，犯第一类错误可能造成的损失越大，α 的取值应当越小。本书中显著性检验的原则是控制犯第一类错误的概率不超过 α。

5.2 情况一:单样本 Z 检验

5.2.1 双尾单样本 Z 检验

设总体 $X \sim N(\mu, \sigma^2)$,本节介绍有关 μ 的参数假设检验。先来看情况一:已知方差 σ^2,检验原假设 $H_0: \mu = \mu_0$,备择假设 $H_1: \mu \neq \mu_0$;或原假设 $H_0: \mu \geqslant \mu_0$,备择假设 $H_1: \mu < \mu_0$;或原假设 $H_0: \mu \leqslant \mu_0$,备择假设 $H_1: \mu > \mu_0$。

下面我们先看一个例子。

例 5.4 根据长期经验和对资料的分析,某袋装糖果的重量 X 服从正态分布,方差 $\sigma^2 = 1.21$。随机抽取 6 袋该袋装糖果,测得其重量(单位为 g)如下:32.56、29.66、31.64、30.00、31.87、31.03,检验这批袋装糖果的平均重量为 32.50 g 是否成立($\alpha = 0.05$)?

解:步骤 1:从题意出发,判定是双尾检验还是单尾检验,写出原假设和备择假设。

由题可知,1 袋袋装糖果的重量大于 32.5 g,或者小于 32.5 g 都不好,所以是双尾检验,假设 $H_0: \mu = 32.5$,$H_1: \mu \neq 32.5$。

步骤 2:选取一个合适的统计量,计算出这个统计量的值。

选取的统计量一般要满足如下条件:

① 已知其分布和参数(从而可以得出水平轴上任何一点右侧的概率);

② 在题目的条件下,能够算出这个统计量的值。具体而言,这个统计量应当包含所要检验的参数 μ(代入假设值后为 μ_0)和与之对应的 $\bar{x}$,以及已知的 σ^2 或 σ,以便由样本观察值计算出这个统计量的值来。

由第 4 章的定理可知

$$Z = \frac{\bar{X} - \mu}{\sigma / \sqrt{n}} \sim N(0, 1) \tag{5.1}$$

Z 就满足上面的①、②两个条件。

代入题目中的已知条件,求得 $\bar{x} = 31.13$,$\sigma = 1.1$,因为主要遵循**使犯弃真错误的概率足够小**的原则,所以在假设 $H_0: \mu = 32.50$ 成立的条件下先计算出 $z = \dfrac{31.13 - 32.5}{1.1/\sqrt{6}} \approx -3.05$。

步骤 3:建立检验规则。建立原则是令犯弃真错误的概率很小,为 α。

如果 H_0 正确,则样本 $X_1, X_2, \cdots, X_6$ 来自正态总体 $X \sim N(32.5, 1.21)$。

方法 1:临界值法。

根据检验水平 α,查表确定临界值 $z_{\alpha/2}$,使

$$P(|Z| \geqslant z_{\alpha/2}) = P\left(\left| \frac{\bar{X} - \mu}{\sigma / \sqrt{n}} \right| \geqslant z_{\alpha/2} \right) = \alpha \tag{5.2}$$

整体判断思路是使犯弃真错误的概率很小。如果 H_0 是正确的,那我们在什么情况下会“弃真”?“弃真”也就是拒绝总体均值是 32.5 的假设。当然在由样本反映出来的样本均值 $\bar{x}$ 偏离 32.5 太多的时候,我们会更倾向于认为总体均值也偏离 32.5 太多。那怎样判

断？判断依据就是上面的式(5.2)。在 H_0 为真的前提下，使拒绝 H_0 事件的概率很小，即 $P(|Z|\geqslant z_{\alpha/2})=\alpha$，也就是使犯弃真错误的概率很小，为 α。

现在的问题是如何确定临界值 $z_{\alpha/2}$？有以下两种方法。

① 查概率统计类教科书后面的附表。在附表中，$z_{\alpha/2}$ 对应的是累积概率为 0.975 的标准正态分布的临界点。

② 用 SPSS 计算。打开任意一个数据文件，然后单击【转换】→【计算变量】→【逆 DF】→【IDF. NORMAL(0.975,0,1)】，如图 5.2 所示，可以得出 $z_{\alpha/2}\approx 1.96$。

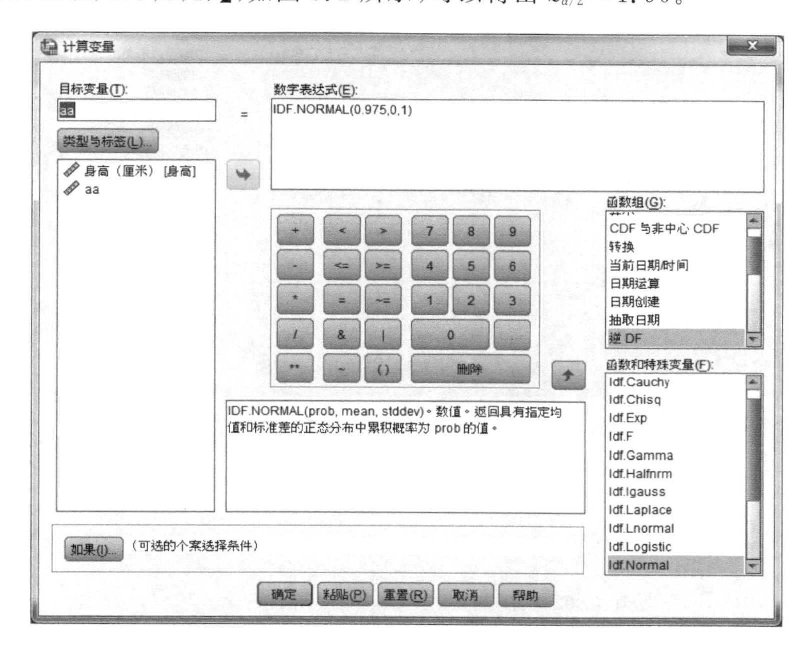

图 5.2　用 SPSS 求临界值

为什么临界植标识为 $z_{\alpha/2}$？因为在概率统计学里大多遵循这样的规则，即使用临界值右侧的概率值作为这个临界值变量的右下角标。

方法 2：*p* 值法。

根据步骤 2 中求出的 $z\approx -3.05$，它左边的概率的 2 倍就是对应的 p 值。利用 SPSS 计算，过程如下：打开任意一个数据文件，然后单击【转换】→【计算变量】→【CDF 与非中心 CDF】→【2* CDF. NORMAL(-3.05,0,1)】，如图 5.3 所示。可以得出 z 的 p 值约为 0.002 3。

步骤 4：做出判断。

由临界值法可知，$z\approx -3.05$，$z_{\alpha/2}\approx 1.96$，$P(|z|\geqslant z_{\alpha/2})=\alpha$ 成立，小概率事件发生，最后下结论否定 H_0，即不能认为这批糖果的平均袋装重量是 32.50 g。

由 p 值法(如图 5.4 所示)可知，如果 $\alpha=0.05$，由 Z 服从 $N(0,1)$分布的图形很容易知道，$z_{\alpha/2}$ 右侧的面积(概率)应当为 0.025，$-z_{\alpha/2}$ 左侧的面积(概率)也应当为 0.025，当 z 在 $z_{\alpha/2}$ 的右侧或在 $-z_{\alpha/2}$ 的左侧时，在 z 的密度函数 $N(0,1)$ 图上，z 就远离 32.50，所以拒绝 $\mu=32.50$ 的假设。

显然此时，若 $\mu=32.50$ 正确，我们拒绝它的概率只有 0.05。由上一步知，z 的 p 约为 0.002 3，这和$(|z|\geqslant z_{\alpha/2})$是一致的。因此，由 p 值$\approx 0.0023<0.05$，得结论否定 H_0，即不

能认为这批糖果的平均袋装重量是 32.50 g。

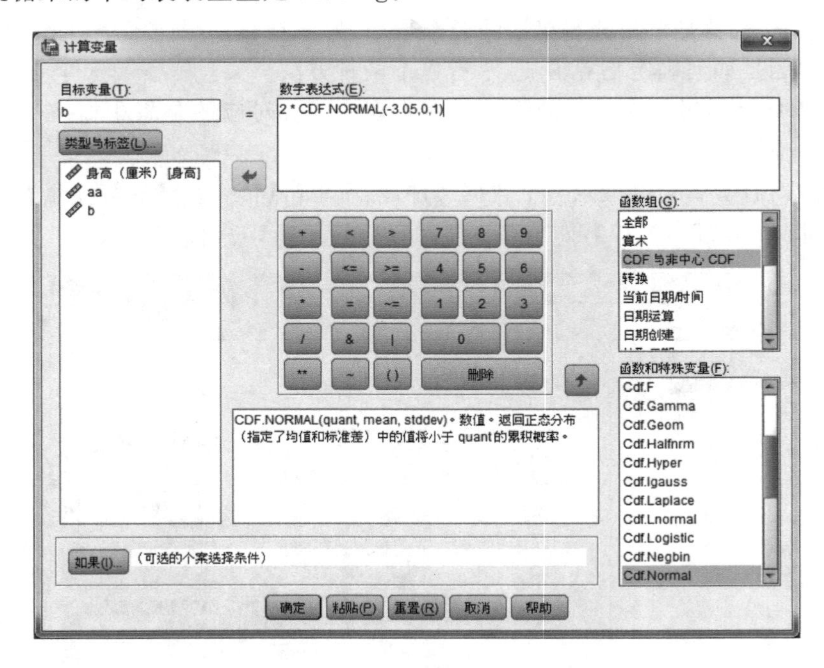

图 5.3　用 SPSS 求 p 值

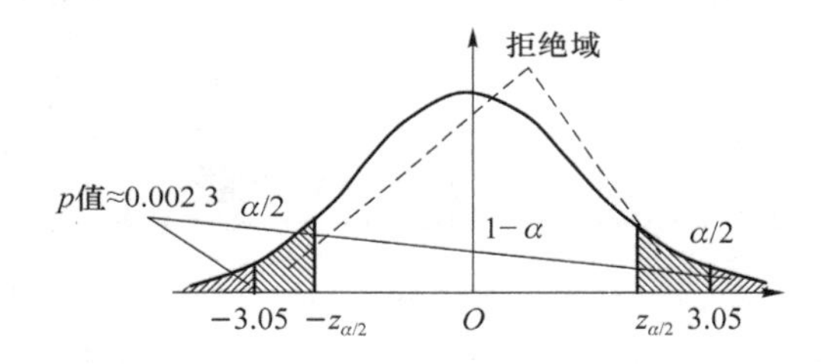

图 5.4　例 5.4 的 p 值法图示

5.2.2　单尾单样本 Z 检验

在假设检验中，对于单尾检验的情况，一般是因为已经先验地得知 μ 与 μ_0 的关系，如 $\mu>\mu_0$ 或 $\mu<\mu_0$，因此，在图 5.4 中就不必考虑另一半的情形。例如，在例 5.4 中，当先验地得知这批袋装糖果的平均袋装重量大于 32.50 g 时，就不必考虑左半边情况(小于 32.50 g 的一半图形)；或者当先验地得知这批袋装糖果的平均袋装重量小于 32.50 g 时，就不必考虑右半边情况(大于 32.50 g 的一半图形)。因此，显著性水平 α 也就不需要分成“两半”。例如，在例 5.4 中，拒绝 H_0 的概率表达式是

$$P(z\geqslant z_\alpha)=\alpha \tag{5.3}$$

这里的显著性水平 α 就没有被分成“两半”。因此，在单尾检验的情形下，统计量值的 p 值就是该统计值“**外**”侧的概率。

① 对于双尾检验而言，统计值的显著性概率 p 值定义为

$$p\text{ 值}=2\times(1-P(\text{相应统计量}\leqslant|\text{该统计值}|)) \tag{5.4}$$

② 对于单尾检验而言，统计值的显著性概率 p 值定义为

$$p\text{ 值}=1-P(\text{相应统计量}\leqslant|\text{该统计值}|) \tag{5.5}$$

也就是说，对于同一个统计值，如例 5.4 的 $z=\dfrac{31.13-32.5}{1.1/\sqrt{6}}\approx-3.05$，双尾情况下的 p 值是单尾情况下的 2 倍。在 SPSS 中，也是先算出统计量值，再求出 p 值，最后由用户自行选择检测标准 α，进行取舍判断。

检验方法：若 p 值$<\alpha$，则表明统计量值落在由 α 所决定的临界值的外侧，应当拒绝 H_0，接受 H_1。若 p 值$>\alpha$，则表明统计量值落在由 α 所决定的临界值的内侧，应当接受 H_0。

5.3 情况二和情况三：单样本 t 检验、方差的检验

设总体 $X\sim N(\mu,\sigma^2)$，本节介绍有关 μ 与 σ^2 的参数假设检验。下面我们先看一个例子。

5.3.1 SPSS 的单尾单样本 t 检验示例

在 SPSS 中单样本 t 检验模块的主要功能是解决对总体均值的检验问题的，它借由一组样本，检验相应的总体均值是不是某个值或是否大于(或小于)某个值。

本节要求小样本的总体服从正态分布，大样本可以不要这个前提。

例 5.5 现在有一组 36 名初中男生身高的样本观察值(单位为 cm)：170.00、168.00、145.00、148.00、157.00、173.00、170.00、149.00、155.00、176.00、153.00、170.00、146.00、159.00、186.00、143.00、158.00、167.00、173.00、176.00、145.00、166.00、167.00、176.00、169.00、147.00、156.00、175.00、166.00、174.00、150.00、176.00、181.00、156.00、173.00、148.00。检验零假设 H_0：初中男生平均身高小于或等于 160 cm，备择假设 H_1：初中男生平均身高超过 160 cm。数据文件见“CH5 例 5.5 男生身高.sav”。

1. 单样本 t 检验模块的 SPSS 操作示例

① 启动 SPSS，输入数据后，单击【分析】→【比较均值】→【单样本 T 检验】。此时屏幕上弹出一个对话框，从左框中选取要分析的变量“身高”，单击箭头，将其放入右框中，如图 5.5 所示。

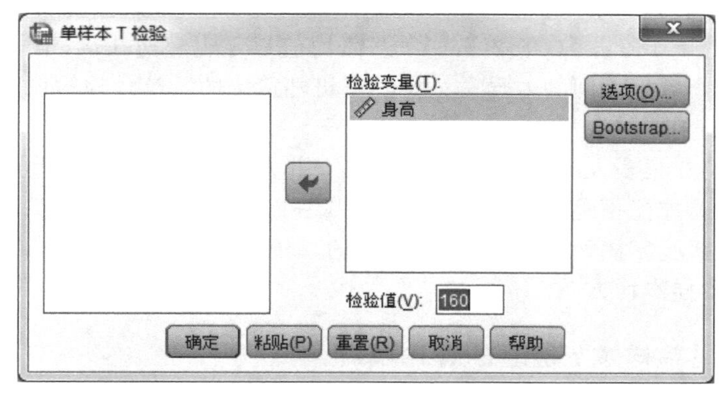

图 5.5 单样本 t 检验对话框

② 在图 5.5 中右框下方的"检验值"框中，输入总体均值假设的 μ_0 值，本例为 160。

③ 单击图 5.5 右上方的【选项】按钮，弹出一个对话框，如图 5.6 所示。

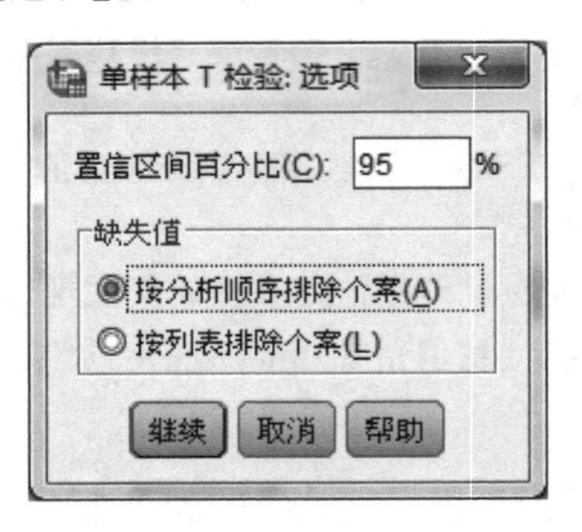

图 5.6 选择置信区间的显著性水平对话框

④ 单击【确定】按钮，系统输出结果，如表 5.2 和表 5.3 所示。

表 5.2 单样本统计结果

	数字	平均值(E)	标准偏差	标准误差平均值
身高	36	162.9722	12.07000	2.01167

表 5.3 单样本检验的结果

	检验值＝160					
	t	自由度	显著性（双尾）	平均差	差值的 95% 置信区间	
					下限	上限
身高	1.477	35	.148	2.97222	－1.1117	7.0561

2. 单样本 t 检验模块的 SPSS 操作的结果说明

在表 5.3 中，在"显著性（双尾）"名称下的值是 0.148，是 t 统计值的显著性概率 p 值〔即 t 统计值的外侧概率的 2 倍 $2\times(1-P(\text{统计量 } t\leqslant|\text{该统计值}|))$〕。因为本例是单尾检验，所以 p 值＝0.148/2＝0.074＞0.05，表明统计值 t 落在 $t_{0.05}$ 的内侧，在 5% 的显著性水平上，不能拒绝假设 H_0，该校的初中男生平均身高小于或等于 160 cm。

这个例子能看出统计的有趣之处，由样本计算出来的初中男生平均身高为 162.9722 cm，而用于比较的男生身高的平均值为 160 cm，很多没学过统计的人会说"样本计算出来的初中男生平均身高都比 160 cm 高了 2 cm 多，总体均值肯定也超过 160 cm 了"。但这样的判断是错误的，这两个数字之间的差异是抽样的随机性造成的。统计检验说明，该校初中男生的平均身高仍不足 160 cm。

例 5.5 的结论在很多人的意料之外，总引起一些人怀疑。有人提出问题：究竟抽样计算的平均身高要多高，才能拒绝零假设（认为初中男生的身高变化了）？其实，这个问题的提法不对，是拒绝还是接受零假设，不仅要看单样本的均值与检测值有多大差异，还要看样本数据的结构或者说看样本均方差。

5.3.2 单尾单样本 t 检验的理论解释

设总体 $X\sim N(\mu,\sigma^2)$。关于总体参数 μ、σ^2 的假设检验问题，本节介绍本章开篇提到的情况二的单尾检验情况。由题意可知，例 5.5 就属于这种情况：未知方差 σ^2，检验原假设 $H_0:\mu\leqslant\mu_0$，备择假设 $H_1:\mu>\mu_0$。

解：设 $H_0:\mu\leqslant 160$，$H_1:\mu>160$。由于对 μ 进行假设检验且 σ^2 未知，所以选取样本 X_1，X_2，…，X_n 的统计量

$$T=\frac{\bar{X}-\mu}{S/\sqrt{n}}\sim t(n-1) \tag{5.6}$$

在 H_0 下，由于只知道总体的均值 $\mu\leqslant 160$，不知道 μ 的具体值，不妨先考虑 $\mu=160$ 的情形，将其带入样本值计算出统计量的值为

$$t=\frac{\bar{x}-160}{s/\sqrt{36}}=\frac{162.972\,2-160}{2.011\,67}\approx 1.48$$

并且可知

$$T_0=\frac{\bar{X}-160}{S/\sqrt{n}}\leqslant T=\frac{\bar{X}-\mu}{S/\sqrt{n}} \tag{5.7}$$

那么，在什么情况下否定 H_0 也就是**弃真**？当由样本信息算出的 $\bar{x}$ 较 160 大很多时（此时 T_0 取值较大，T 取值更大），我们通常认为总体均值 $\mu>160$，即备择假设 H_1 发生，否定 H_0。

方法一：临界值法。

设检验水平 $\alpha=0.05$，需查出 t 分布的临界值 $t_\alpha(n-1)$，使得

$$P(T_0\geqslant t_\alpha(n-1))=P\left(\frac{\bar{X}-\mu_0}{S/\sqrt{n}}\geqslant t_\alpha(n-1)\right)\leqslant P\left(\frac{\bar{X}-\mu}{S/\sqrt{n}}\geqslant t_\alpha(n-1)\right)=P(T\geqslant t_\alpha(n-1))=\alpha \tag{5.8}$$

判断 $t=1.48$ 是不是落在拒绝域内。具体做法如下。

① 打开 SPSS，单击【转换】→【计算变量】→【逆 DF】，如图 5.7 所示，在对话框中录入图 5.7中的数据，单击【确定】按钮，这样可以求出自由度为 35 的 t 分布的 $1-\alpha=0.95$ 的累积概率对应的临界值为 1.689 6。或者查概率统计类教材后的附表，找到 t 分布表，对应自由度为 35，确定 $1-\alpha=0.95$ 的累积概率对应的临界值 $t_{0.05}(35)$ 为 1.689 6。

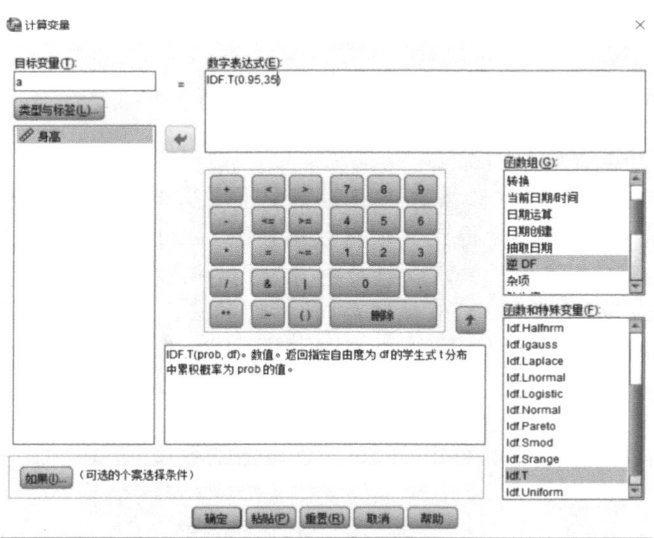

图 5.7　计算 t 分布的临界值

② 因为 1.48<1.689 6，所以，由样本值计算出统计量的值没有落在拒绝域内，因此接受 H_0，即该校初中男生的平均身高小于或等于 160 cm。

方法二：p 值法。

由 $t=1.48$，借助于 SPSS 查出 t 值外侧的概率，这个值就是 p 值，然后比较 p 值和检验水平 $\alpha=0.05$ 的大小。具体做法如下。

① 可以打开 SPSS，单击【转换】→【计算变量】→【CDF 与非中心 CDF】→【Cdf. T】，如图 5.8所示，在“计算变量”对话框中录入图 5.8 中的数据，单击【确定】按钮，也可以查概率统计类教材后附带的 t 分布表，求出自由度为 35 的 1.48 的值对应的累积概率。

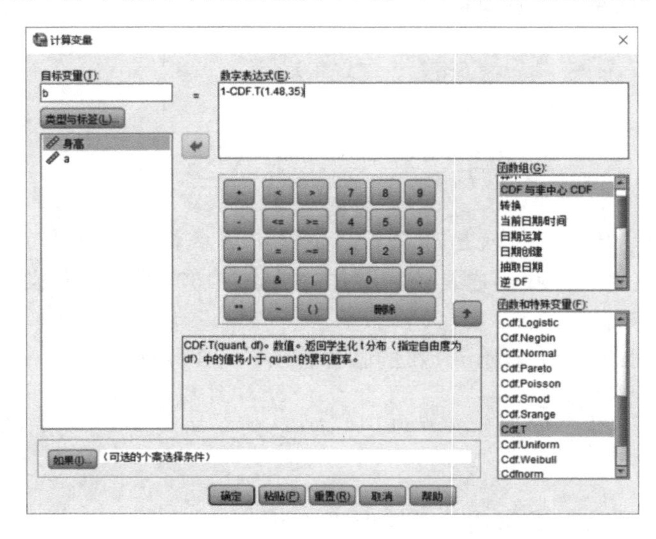

图 5.8　计算统计值的 p 值

② 查出 p 值为 0.073 9。

③ 因为 0.073 9>0.05，所以由样本值计算出的统计量值右侧概率大于检验水平，这就意味着样本统计量的值没有落在拒绝域内，因此接受 H_0，即该校初中男生的平均身高小于或等于 160 cm。

5.3.3　期望未知对正态总体方差的假设检验

本节介绍本章开篇提到的情况三。

例 5.6　某炼铁厂的铁水含碳量 X 在正常情况下服从正态分布。现对操作工艺进行了某些改进，从中抽取 5 炉铁水，测得其含碳量数据如下：4.412、4.052、4.357、4.287、4.683，据此是否可以认为新工艺炼出的铁水含碳量的方差仍为0.108^2（$\alpha=0.05$）。

解：建立待检假设 $H_0:\sigma^2=0.108^2$；$H_1:\sigma^2\neq 0.108^2$。在 H_0 成立时，样本来自总体 $N(\mu, 0.108^2)$。这时

$$\chi^2=\frac{(n-1)S^2}{0.108^2}\sim\chi^2(n-1) \tag{5.9}$$

对于给定检验水平 $\alpha=0.05$，可用 SPSS 计算确定临界值 $\chi^2_{\alpha/2}(n-1)$ 和 $\chi^2_{1-\alpha/2}(n-1)$，如图 5.9 所示，使得

$$P\left(\frac{(n-1)S^2}{0.108^2}\leqslant\chi^2_{1-\alpha/2}(4)\right)=P\left(\frac{(n-1)S^2}{0.108^2}\geqslant\chi^2_{\alpha/2}(4)\right)=\frac{\alpha}{2} \tag{5.10}$$

也可以选取参数 k，使得

$$P\left(\frac{(n-1)S^2}{0.108^2}\leqslant\chi^2_{1-k}(4)\right)=k \text{ 且 } P\left(\frac{(n-1)S^2}{0.108^2}\geqslant\chi^2_l(4)\right)=\alpha-k \tag{5.11}$$

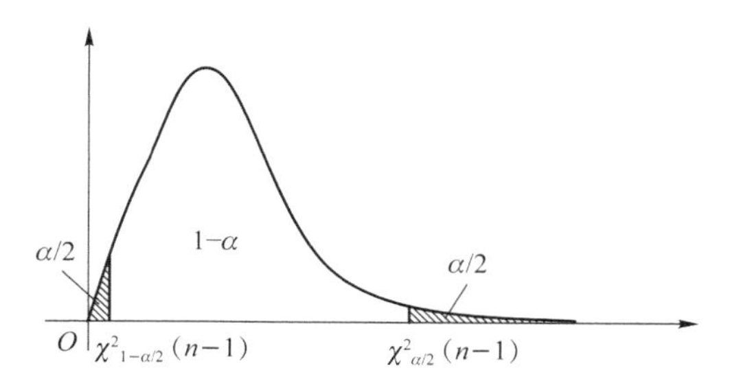

图 5.9 例 5.6 的临界值法图示

将样本信息 4.412、4.052、4.357、4.287、4.683 代入式(3.10)（或在 SPSS 中通过单击【分析】→【描述统计】→【频率】计算）可以算出

$$s^2=\frac{1}{n-1}\sum_{i=1}^{n}(x_i-\bar{x})^2\approx 0.052$$

因此

$$\chi^2=\frac{(n-1)s^2}{0.108^2}\approx 17.833$$

方法一：临界值法。

由 SPSS 查表求出 $\chi^2_{1-\alpha/2}(4)=0.484$ 和 $\chi^2_{\alpha/2}(4)=11.143$。因为

$$\chi^2=17.833>\chi^2_{\alpha/2}(4)=11.143$$

因此应拒绝 H_0，接收 H_1，即新工艺炼出的铁水含碳量的方差不能认为是 0.108^2。

方法二：p 值法。

由 $\chi^2=17.833$，用 SPSS（如图 5.10 所示）求出其右侧概率的 2 倍，并将其和检验水平 $\alpha=0.05$ 作比较。

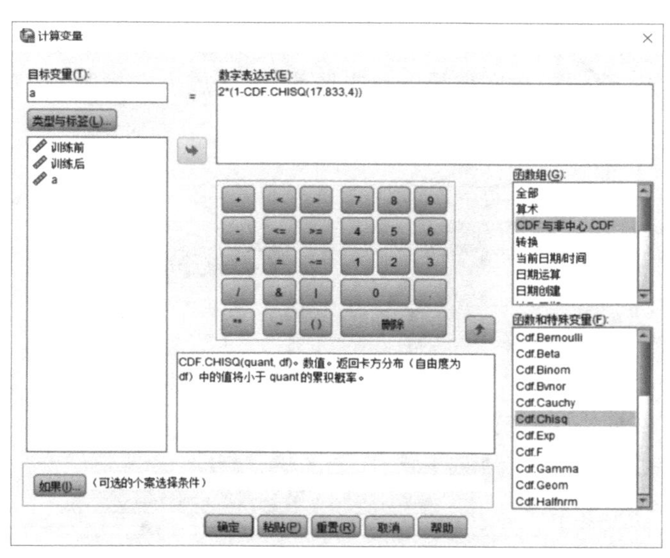

图 5.10 计算统计值的 p 值

p 值为 $0.00266<\alpha=0.05$，因此拒绝原假设 H_0，接收 H_1，即新工艺炼出的铁水含碳量的方差不能认为是 0.108^2。

课堂练习 分析例 5.6 中单尾检验的情况，即检验 $H_0:\sigma^2\leqslant 0.108^2$，$H_1:\sigma^2>0.108^2$，$\alpha=0.05$。

5.4 情况四～情况七：独立样本 t 检验

相互独立的两组样本是指，样本 $x_1,x_2,\cdots,x_n$ 和样本 $y_1,y_2,\cdots,y_m$ 可以颠倒顺序，而不对问题产生影响。例如，调查对象是某单位的职工，一组样本是男职工的工资，另一组样本是女职工的工资，你可以任意颠倒职工的顺序而不对问题产生影响。

5.4.1 SPSS 的独立样本 t 检验示例

1. 两个总体进行均值差异性比较

(1) 独立样本 t 检验的 SPSS 操作

例 5.7 用两种激励方法（A 与 B）对同样工种的 A、B 两个班组进行激励，每个班组 7 个人（但实际上即使两个班组的人数不同，也不妨碍对两种激励方法的效果的考察），测得激励后业绩增长（%）如表 5.4 所示，数据见文件“CH5 例 5.7 独立检验激励试验齐”。问：两种激励方法的平均激励效果有无显著差异？

表 5.4 独立样本的均值检验

激励方法 A 所获得的业绩增长/%	16.10	17.00	16.80	16.50	17.50	18.00	17.20
激励方法 B 所获得的业绩增长/%	17.00	16.40	15.80	16.40	16.00	17.10	16.90

① 启动 SPSS，输入数据后（注意录入数据的时候，增加一个分类变量表示不同的激励方法），单击【分析】→【比较平均值】→【独立样本 T 检验】。屏幕上弹出一个对话框，从左框中选取要分析的变量“两法的激励效果”，单击箭头，将其放入右框“检验变量”中，如图 5.11 所示。

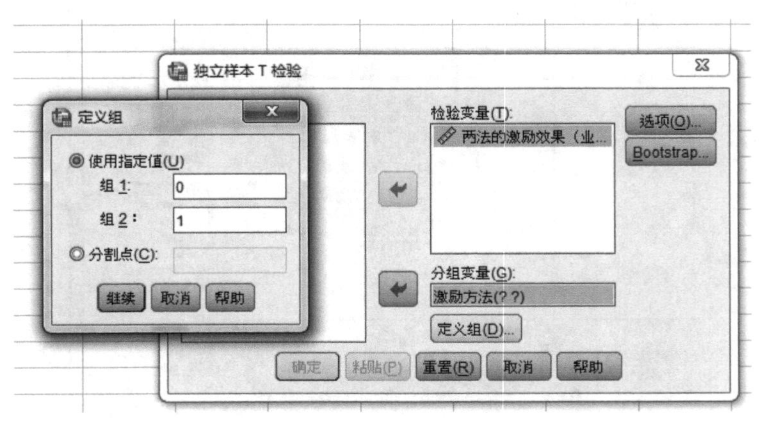

图 5.11 “独立样本 T 检验”对话框

② 在图 5.11 右框下方的“分组变量”框中，用箭头放入“激励方法”变量，并单击【定义组】按钮，在“使用指定值”下面的选项框里，分别输入在 SPSS 录入数据时就分组的变量值，如本例为“组 1:0;组 2:1”，如图 5.11 所示。

③ 单击【继续】按钮，回到“独立样本 T 检验”对话框。

④ 单击【确定】按钮，系统输出结果，如表 5.5 和表 5.6 所示。

表 5.5　两种激励方法的组统计

	激励方法	数字	平均值 (E)	标准偏差	标准误差平均值 $s/\sqrt{n}$
激励效果(业绩增长%)	A 法	7	17.0143	.63095	.23848
	B 法	7	16.5143	.50474	.19077

表 5.6　独立样本 t 检验的结果

	列文方差相等性检验		平均值相等性的 t 检验						
	F	显著性	t	自由度	显著性（双尾）	平均差	标准误差差值	差值的 95% 置信区间	
								下限	上限
已假设方差齐性	.121	.734	1.637	12	.128	.5000	.30539	−.16540	1.16540
未假设方差齐性			1.637	11.448	.129	.5000	.30539	−.16897	1.16897

(2) 例 5.7 独立样本 t 检验模块的 SPSS 操作的结果说明

在表 5.6 中，设“列文方差相等性检验”的显著性水平为 0.05，由于“列文方差相等性检验”的显著性概率为 0.734，$0.734>0.05$，所以两种激励方法的效果的方差没有显著性差异。

因此，观察 t 检验的值应该用已假设方差齐性这一行的结果，此时，t 统计量的显著性(双尾)概率 $p=0.128>0.05$，即 t 假设检验 $\bar{x}-\bar{y}=0$ 通过，两种激励方法的效果无显著性差异。

那么为什么是这样分析？我们将在 5.4.2 节中学习算法的原理。

2. 多个总体分为两组进行均值差异性比较

(1) 独立样本 t 检验的 SPSS 操作

例 5.8　某证券公司从某城市某区有关营业点的抽样调查得到散户股民买进、卖出和投资的有关数据(见数据文件“CH5 例 5.8 证券投资额与依据”)。问：不同文化程度(受教育程度)的人的投资证券市场总资金、证券市场以外年收入和入市年份(的平均值)有无显著差异？

① 启动 SPSS，读入数据后(注意在窗口左下方的“变量视图”中可以看到变量值的定义〔例如，“文化程度”的变量值定义为：1＝初中及以下，2＝高中，3＝大专，4＝本科，5＝硕士，

6＝博士)〕,单击【分析】→【比较平均值】→【独立样本 T 检验】。

② 从“独立样本 T 检验”对话框的左框变量名中选出变量“证券市场以年收入”“投资证券市场总资金”和“入市年份”,用箭头将其放入右边的“检验变量”框中。

③ 从左框变量名中选出“文化程度”变量,用箭头将其放入右边的“分组变量”框中,此时,该框下面的【定义组】按钮被激活。

④ 单击【定义组】按钮,系统弹出 1 个小对话框,要求输入两个组的变量值或分组变量的“分割点”值,在本例中,选择“分割点”项,输入“3”,如图 5.12 所示。选择文化程度的“3”作为分界点,意味着把大专(用“3”表示)及以上的文化程度的投资者分为一组,把高中(用“2”表示)及以下文化程度分为一组。单击【继续】按钮,返回分析主窗口。

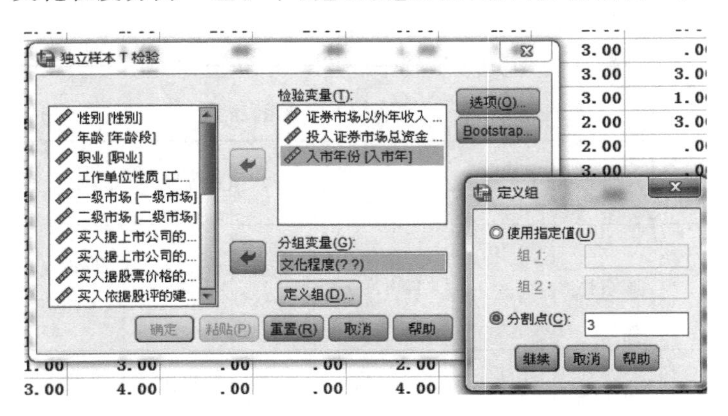

图 5.12　输入分组变量的分割点

⑤ 单击【选项】按钮,弹出一个对话框,如图 5.13 所示。在此对话框的第一行,你可选择 $1-\alpha$ 的值,如 95%、99%等。在此对话框下部的“缺失值”区块中,有如下两项选择。

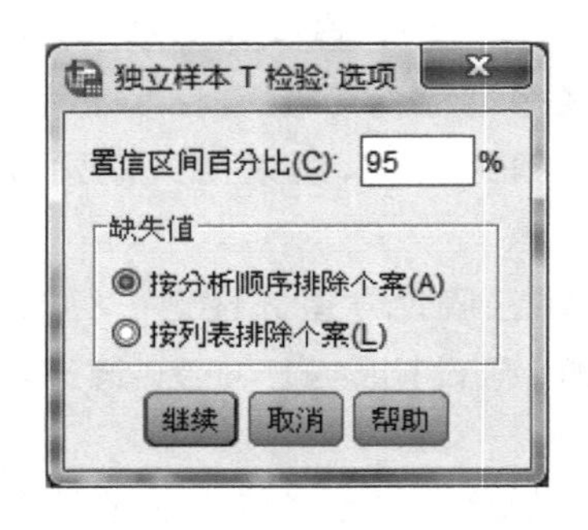

图 5.13　选择置信区间百分比和缺失值处理方式

a. 选项“按分析顺序排除个案”(在 t 检验的过程中使用所有这样的个案:正在计算的这个变量中的数据是有效的,当要对多个变量作 t 检验时,在检验过程中,不同变量的有效样本容量是变化的)。这是系统的默认值,本例接受这个默认值。

b. 选项“按列表排除个案”(在 t 检验的过程中仅仅使用这样的个案:所有变量的数据都是有效数据,在此 t 检验过程中,有效样本容量是不变的)。

⑥ 单击【继续】按钮,结束“独立样本 T 检验:选项”对话框。

⑦ 单击【确定】按钮,输出结果如表 5.7 与表 5.8 所示。

表 5.7　不同文化程度组的组统计

	受教育程度	数字	平均值(E)	标准偏差	标准误差平均值
证券市场以外年收入	>= 3.00	262	4.7748	2.61276	.16142
	< 3.00	109	4.1835	2.59331	.24839
投入证券市场总资金	>= 3.00	261	5.3372	2.44189	.15115
	< 3.00	120	4.8583	3.00223	.27406
入市年份	>= 3.00	247	5.2065	2.41310	.15354
	< 3.00	117	4.4274	2.58749	.23921

表 5.8　独立样本检验

		列文方差相等性检验		平均值相等性的 t 检验						
		F	显著性	t	自由度	显著性（双尾）	平均差	标准误差差值	差值的 95% 置信区间	
									下限	上限
证券市场以外年收入	已假设方差齐性	.189	.664	1.990	369	.047	.59132	.29715	.00700	1.17565
	未假设方差齐性			1.996	203.461	.047	.59132	.29623	.00724	1.17541
投入证券市场总资金	已假设方差齐性	16.199	.000	1.650	379	.100	.47883	.29015	-.09168	1.04934
	未假设方差齐性			1.530	194.178	.128	.47883	.31298	-.13845	1.09611
入市年份	已假设方差齐性	1.256	.263	2.810	362	.005	.77913	.27724	.23392	1.32434
	未假设方差齐性			2.741	214.131	.007	.77913	.28425	.21884	1.33941

（2）例 5.8 独立样本 t 检验模块的 SPSS 操作的结果说明

① 对变量“证券市场外的年收入”而言，由表 5.8 中的数字可知：F 检验〔SPSS 对方差齐性的检验使用的检验称为 Levene 检验（列文检验），这个检验是 H. Levene 在 1960 年提出来的〕通过。f 的显著性概率 $p=0.664>0.05$，表明“大专以上组”与“高中以下组”的“证券市场外的年收入”的方差没有明显差异，接受 $\sigma^2=\sigma'^2$ 的假设。这一结果决定了观察 t 检验的值，要用已假设方差齐性这一行的结果，此时 t 统计量的显著性（双尾）概率 $p=0.047<0.05$，即 t 假设检验 $H_0:\mu=\mu'$ 未通过。“大专以上组”与“高中以下组”的证券市场外的年收入的平均值有明显差异。“差值的 95% 置信区间”表示的是置信区间的两个端点与 $\mu-\mu'$ 的距离。表 5.8 中显示的数字是(0.007 00，1.175 65)，这表明落在这个区间里的 $\mu-\mu'$ 不可能为 0。也就是说 $\mu\neq\mu'$。这与上面 t 检验的结果是一致的。

② 对变量“投入证券市场总资金”而言，从表 5.8 可见，F 检验（Levene 检验）通过，原因

是 f 的显著性概率 $p=0.000<0.05$，表明“大专以上组”与“高中以下组”的“证券投资总额”的方差存在显著性差异，拒绝 $\sigma^2=\sigma'^2$ 的假设。这一结果决定了观察 t 检验的值，要用未假设方差齐性这一行的结果，此时，t 统计量的显著性（双尾）概率 $p=0.128>0.05$，即 t 检验 $\mu=\mu'$ 通过，“大专以上组”与“高中以下组”的“投入证券市场总资金”的平均值没有明显差异。“差值的 95%置信区间”表示的是置信区间的两个端点与 $\mu-\mu'$ 的距离。表 5.8 中显示的数字是（$-0.138\ 45$，$1.096\ 11$），这表明落在这个区间里的 $\mu-\mu'$ 在统计意义上为 0。也就是说 $\mu=\mu'$。这与上面 t 检验的结果是一致的。

③ 对变量“入市年份”而言，由表 5.8（独立样本检验）知：F 检验（Levene 检验）通过（f 的显著性概率 $p=0.263>0.05$），表明“大专以上组”与“高中以下组”的“入市年份”的方差没有明显差异，接受 $\sigma^2=\sigma'^2$ 的假设。这一结果决定了观察 t 检验的值，要用已假设方差齐性这一行的结果，此时 t 统计量的显著性（双尾）概率 $p=0.005<0.05$，即 t 假设检验 H_0：$\mu=\mu'$ 未通过。从这个数字可以判断“大专以上组”与“高中以下组”的“入市年份”的平均值有明显差异。“差值的 95% 置信区间”表示的是置信区间的两个端点与 $\mu-\mu'$ 的距离。表 5.8 中显示的数字是（$0.233\ 92$，$1.324\ 34$）。这表明，落在这个区间里的 $\mu-\mu$ 不可能为 0。也就是说，$\mu\neq\mu'$。也就是说，“大专以上组”与“高中以下组”的“入市年份”的平均值有明显差异。这显示了区间估计在这一问题上的优越性。

5.4.2 两个正态总体的独立样本 t 检验的理论分析

借用例 5.7 的数据，假设两种激励方法 A、B 对应的两组数据服从正态分布。

1. 情况四的双尾情形：未知两个总体的均值 $\boldsymbol{\mu}$、$\boldsymbol{\mu}'$，检验假设 $\boldsymbol{H_0}$：总体方差 $\boldsymbol{\sigma_1^2=\sigma_2^2}$，备择假设 $\boldsymbol{H_1}$：$\boldsymbol{\sigma_1^2\neq\sigma_2^2}$（两个正态总体的方差齐性的 $\boldsymbol{F}$ 检验）

解：建立待检假设 H_0：$\sigma_1^2=\sigma_2^2$，选取统计量

$$F=\frac{S_1^2/\sigma_1^2}{S_2^2/\sigma_2^2}\sim F(n-1,m-1) \tag{5.12}$$

其中 n 和 m 分别是从两个总体抽取的样本容量。本例中，$n=m=7$。当 H_0 成立时，F 统计量可以简化为

$$F=\frac{S_1^2}{S_2^2}\sim F(n-1,m-1) \tag{5.13}$$

SPSS 对方差齐性的检验使用的检验称为 Levene 检验（列文检验），这个检验是 H. Levene在 1960 年提出来的。在进行 Levene 检验时，不要求两个样本的数据必须服从正态分布，同时做比较的各组样本量可以相等或不等。Levene 检验是一种更为稳健的检验方法。

备择假设选为 H_1：$\sigma_1^2\neq\sigma_2^2$，这是一个双尾检验，注意 F 分布是非对称的，但按学科普遍采用的一种处理方法，选择两侧尾端的概率相同，均为 $\alpha/2$。于是，对于给定检验水平 $\alpha=0.05$，可查表或者用 SPSS 计算确定临界值 $f_{1-\alpha/2}(n-1,m-1)$ 和 $f_{\alpha/2}(n-1,m-1)$，使得

$$P\left(\frac{S_1^2}{S_2^2}\leqslant f_{1-\alpha/2}(n-1,m-1)\right)=P\left(\frac{S_1^2}{S_2^2}\geqslant f_{\alpha/2}(n-1,m-1)\right)=\frac{\alpha}{2} \tag{5.14}$$

把表 5.4 中的样本信息代入式（5.15）（或用 SPSS 计算）可以算出

$$f=\frac{s_1^2}{s_2^2}\approx\frac{0.255}{0.398}\approx 0.641$$

或者

$$f'=\frac{s_2^2}{s_1^2}\approx\frac{0.398}{0.255}\approx 1.56$$

方法一：临界值法。

由 SPSS 求出 $f_{\alpha/2}(6,6)\approx 5.82$ 和 $f_{1-\alpha/2}(6,6)\approx 0.17$。注意 F 分布是非对称的，如图 5.14 所示。因为 $0.17<f=0.641$ 或 $f'=1.56<5.82$，而应接受 H_0，即两种激励方法的效果的方差没有显著性差异。

注：F 分布的一个重要性质是 $f_{1-\alpha/2}(n,m)\approx 1/f_{\alpha/2}(n,m)$。

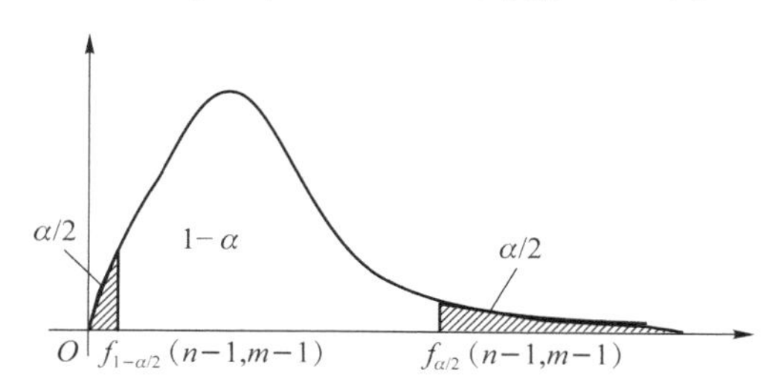

图 5.14　F 分布的临界值法图示

方法二：p 值法。

由于 $f=0.641$ 或 1.56，用 SPSS（如图 5.15 所示）求出其左侧或右侧概率的 2 倍，然后将其和检验水平 $\alpha=0.05$ 作比较。

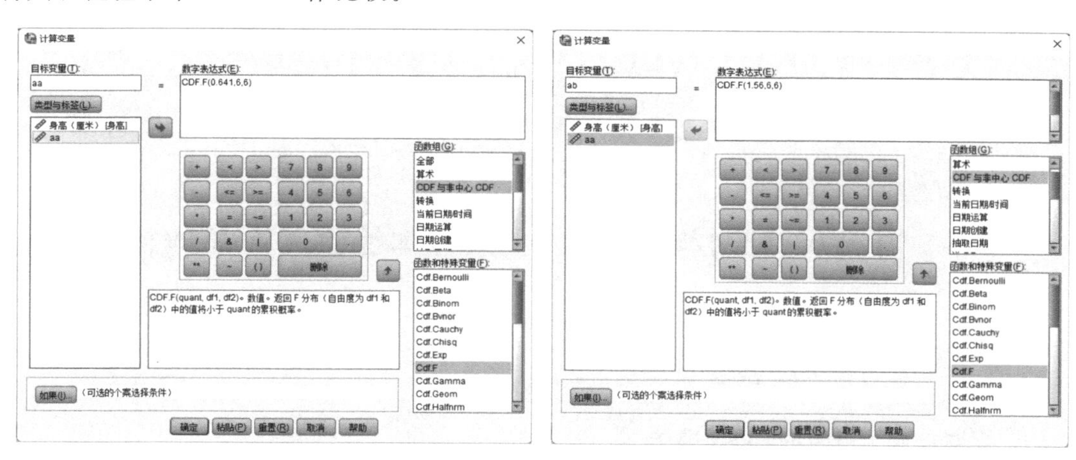

图 5.15　计算统计值的 p 值

由于 p 值

$$2\text{CDF.F}(0.641,6,6)=2\times 0.301=0.602>\alpha=0.05$$

或者 p 值

$$2(1-\text{CDF.F}(1.56,6,6))=2\times(1-0.699)=0.602>\alpha=0.05$$

因此接受原假设 H_0，即两种激励方法的效果的方差没有显著性差异。

2. 情况五：未知两个总体的方差 σ_1^2、σ_2^2，但知道 $\sigma_1^2=\sigma_2^2$（方差齐性），对两个总体均值 μ_1、μ_2 进行双尾检验或单尾检验

在例 5.7 接下来的步骤中，就要在方差齐性的基础上，对激励方法 A 和激励方法 B 的平均值进行假设检验了。

由于已知 $\sigma_1^2=\sigma_2^2$，要检验零假设 $H_0:\mu_1-\mu_2=0$，我们引入 T 统计量：

$$T=\frac{\bar{X}-\bar{Y}-(\mu_1-\mu_2)}{\sqrt{\frac{(n-1)S_1^2+(m-1)S_2^2}{n+m-2}}\sqrt{\frac{1}{n}+\frac{1}{m}}}\sim t(m+n-2) \tag{5.15}$$

3. 情况六：未知两个总体的方差 σ_1^2、σ_2^2，但知道 $\sigma_1^2\neq\sigma_2^2$(方差非齐性)，对两个总体均值 μ_1、μ_2 进行双尾检验或单尾检验

引入 T 统计量，SPSS 使用 T 统计量进行两个正态总体均值的检验：

$$T=\frac{\bar{X}-\bar{Y}-(\mu_1-\mu_2)}{\sqrt{\frac{S_1^2}{n}+\frac{S_2^2}{m}}}\sim t(v) \tag{5.16}$$

其中自由度 v 的计算公式为

$$v=\frac{\left(\frac{S_1^2}{n}+\frac{S_2^2}{m}\right)^2}{\frac{(S_1^2/n)^2}{n-1}+\frac{(S_2^2/m)^2}{m-1}} \tag{5.17}$$

在通常情况下，计算出的 v 为非整数，需四舍五入后再查表，其余检验过程同上。

4. 情况七：已知两个总体的方差 σ_1^2、σ_2^2，对两个总体均值 μ_1、μ_2 进行双尾检验或单尾检验

引入 Z 统计量，SPSS 使用 Z 统计量进行两个正态总体均值的检验：

$$Z=\frac{\bar{X}-\bar{Y}-(\mu_1-\mu_2)}{\sqrt{\frac{\sigma_1^2}{n}+\frac{\sigma_2^2}{m}}}\sim N(0,1) \tag{5.18}$$

5.5 情况八：配对样本 t 检验、大样本检验、0-1 总体检验

5.5.1 配对样本 t 检验

1. 配对样本 t 检验的 SPSS 操作

例 5.9 有人设计了一种提高记忆力的训练方法。为了评估这种训练方法的有效性，随机抽取了 20 余名学生，在做记忆力测试后，留下记忆力差异不大的 9 名学生参加试验(剔除了记忆力处于强、弱两端的学生)。训练完成后，再对两个组做记忆力测试。训练前、后的记忆力数据见表 5.9 和数据文件“CH5 例 5.9 配对记忆力”，问：在 $\alpha=0.01$ 的显著性水平上，该训练方法是有效的吗？

表 5.9 训练前、后的记忆力数据

训练前得分	23	22	20	21	23	18	17	20	23
训练后得分	28	29	26	23	31	25	22	26	26

① 启动 SPSS，输入数据后，单击【分析】→【比较平均值】→【配对样本 T 检验】，屏幕上弹出一个对话框，从该对话框的左框中选取要分析的变量“训练前”和“训练后”，单击箭头，将其分别放入右框“成对变量”中的“Variable1”和“Variable2”中，如图 5.16 所示。

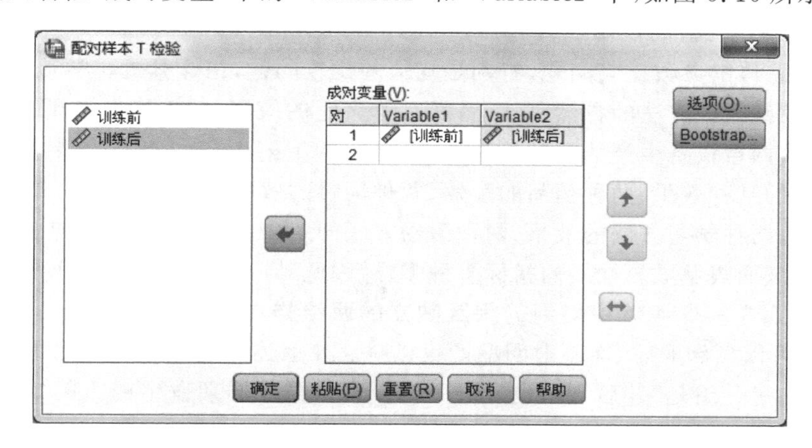

图 5.16　例 5.10 的“配对样本 T 检验”对话框

② 在图 5.16 所示的【选项】按钮框中，我们可以选择置信区间 $1-\alpha$ 的值，如 95%、99%等。

③ 单击【继续】按钮，回到“配对样本 T 检验”对话框。

④ 单击【确定】按钮，系统输出结果，如表 5.10 和表 5.11 所示。

表 5.10　配对样本统计

		平均值(E)	数字	标准偏差	标准误差平均值
配对 1	训练前	20.78	9	2.224	.741
	训练后	26.22	9	2.819	.940

表 5.11　配对样本检验

		配对差值					t	自由度	显著性（双尾）
		平均值（E）	标准偏差	标准误差平均值	差值的 95%置信区间				
					下限	上限			
配对 1	训练前-训练后	−5.444	1.944	.648	−6.938	−3.950	−8.403	8	.000

2. 配对样本 t 检验模块的 SPSS 操作的结果说明

在表 5.10 的结果中，“标准误差平均值”指的是“样本均值的标准差”，即 $S/\sqrt{n}$。

在表 5.11 中，观察 t 检验的最后结果，显著性(双尾)概率 $p=0.000<0.01$，在 SPSS 输出窗口中，双击此处的“.000”，即可显示完整数值，本例为 $p=0.000\,031$。由于是单尾检验，因此 p 值$=0.000\,031/2=0.000\,015\,5<0.000\,1<0.01$，即 t 假设检验 $\bar{x}-\bar{y}=0$ 未通过，训练前、后的效果存在显著性差异。

那么为什么单尾检验的显著性概率 p 值就是双尾检验的显著性概率 p 值的二分之一？检验水平选取 $\alpha=0.0001$ 或者选取 $\alpha=0.01$ 有什么含义吗？我们将在接下来的 5.5.3 节中讲解。

3. 配对样本 t 检验的说明

两个正态总体的参数比较问题，特别是均值的比较问题，在计算机科学乃至整个社会科学，以及所有用到统计方法的自然科学中，都有着广泛的应用，如电商平台下两种销售策略的某商品销量、两台设备生产的产品的某种性质、两种工艺生产的产品的某种性能、两批原料生产的产品的某种效果、两种药品的疗效、两种饲料的效果、两种治疗方法的效果、两种训练方法的效果、两种学习方法的效果、两种激励方法的效果、两种组织方法的效果、两种政策的效果等问题。而表示效果性质的指标多种多样，因此其应用面实际上是非常广泛的。

前面 5.2、5.3 和 5.4 节中提到的**相互独立的两组样本**是指样本 $x_1,x_2,\cdots,x_n$ 和样本 $y_1,y_2,\cdots,y_m$ 可以颠倒顺序，而不对问题产生影响。在上述两组样本的对比中，可以其中一组是“以前”的，另一组是“其后”的，也可以两个样本数据是同期发生的。例如，若调查对象是某单位的职工，则一组样本是男职工的工资，另一组样本是女职工的工资。

而如果是**配对的两组样本**，如在上述两组样本的对比中只考虑男职工，则其中一组是这些男职工“以前”的工资，另一组是这些男职工“其后”的工资，这样两组样本的个数就相同了。在例 5.9 中，也可以看到对参加测试的 9 名同学来说，训练前和训练后的数据都是配对的。

配对样本的检验可以转换为单样本 t 检验来处理。这时我们就不用比较两个总体的均值了，因为只需要设一个变量 $u_i=x_i-y_i(i=1,2,\cdots,n)$，此时 $m=n$。然后用 5.2、5.3 节中的单样本检验方法，检验 u_i 的均值和 0 有无显著性差异，从而得出两组样本的均值有无显著性差异。这种检验方法称为**配对样本 t 检验**。

例 5.10 某农业科学院的攻坚课题组设计了一种药材的改良方案，将该方案应用于试验田进行试种。衡量该药材品种的好坏有一项重要的指标是药材的植株高度，为了检验该方案的有效性，在 7 块试验田里做了测量植株高度的试验。记录该方案实施前植株的高度与方案实施后植株的高度，数据如表 5.12 所示假设方案实施前、后总体均服从正态分布。根据这些数据，请判断该方案是否有效？数据见文件“CH5 例 5.10 配对改良”($\alpha=0.05$)。

表 5.12 方案实施前、后药材的植株高度

方案实施以前/cm	17	19	18	16	17	19	18
方案实施以后/cm	21	19	18	19	20	19	20

解：设 μ_1 和 μ_2 分别表示方案实施前植株的高度总体 X_1 和方案实施后植株的高度总体 X_2 的均值，建立待检假设 $H_0:\mu_1-\mu_2\geqslant 0$；备择假设 $H_1:\mu_1-\mu_2<0$。因为样本是配对的，所以可以转化为单样本 t 检验来处理。设 $Y=X_1-X_2$，设 μ 表示总体 Y 的均值，则问题转变为 $H_0:\mu\geqslant 0$，$H_1:\mu<0$。

(1) SPSS 的操作

① 启动 SPSS，输入数据后，单击【分析】→【比较平均值】→【配对样本 T 检验】，屏幕上弹出一个对话框，从对话框的左框中选取要分析的变量“以前”和“以后”，单击箭头，将其分别放入右框“成对变量”中的“Variable1”和“Variable2”中，如图 5.17 所示。

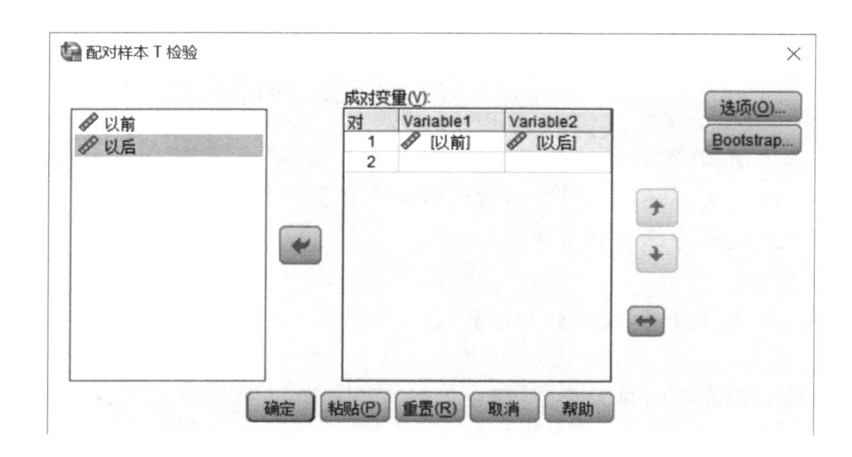

图 5.17 例 5.10 的"配对样本 T 检验"对话框

② 在图 5.17 中右框上方的【选项】按钮框中，我们可以选择置信区间 $1-\alpha$ 的值，如 95%、99%等。

③ 单击【继续】按钮，回到"配对 T 检验"对话框。

④ 单击【确定】按钮，系统输出结果，如表 5.13 和表 5.14 所示。

表 5.13 配对样本统计

		平均值(E)	数字	标准偏差	标准误差平均值
配对 1	以前	17.71	7	1.113	.421
	以后	19.43	7	.976	.369

表 5.14 配对样本检验

		配对差值					t	自由度	显著性（双尾）
		平均值（E）	标准偏差	标准误差平均值	差值的 95% 置信区间				
					下限	上限			
配对 1	以前-以后	−1.714	1.704	.644	−3.291	−.138	−2.661	6	0.037

得 p 值$=0.037$，因为本题是单尾检验，因此 p 值$=0.037/2=0.0185<0.05$，即 t 检验假设"以前−以后=0"未通过，故方案实施前、后植株的高度存在显著性差异。说明该方案是有效的。

(2) 理论分析

建立待检假设 $H_0:\mu\geqslant 0$；$H_1:\mu<0$，选取合适的统计量：

$$T=\frac{\bar{Y}-\mu}{S/\sqrt{n}}\sim t(6) \tag{5.19}$$

其中 S 表示总体 Y 的样本标准差，代入样本值后计算出统计量的值为

$$t=\frac{\bar{Y}-0}{S/\sqrt{7}}=\frac{-1.714}{1.704/\sqrt{7}}\approx -2.661 \tag{5.20}$$

方法一:临界值法。

$$P(t\leqslant t_{1-\alpha}(6))=P\left(\frac{\bar{Y}-0}{S/\sqrt{7}}\leqslant t_{1-\alpha}(6)\right)=\alpha \tag{5.21}$$

打开 SPSS,单击【转换】→【计算变量】→【逆 DF】,输入“a=IDF. T(0.05,6)”,得到临界值 a 为-1.94。因为$-2.661<-1.94$,所以由样本计算出统计量的值落在拒绝域内,因此拒绝 H_0,即方案实施后植株的高度有明显改善。

方法二:*p* 值法。

打开 SPSS,单击【转换】→【计算变量】→【CDF 与非中心 CDF】→【选择“Cdf. T”】,输入“b=CDF. T(-2.661,6)”,得到单尾 p 值为 0.018 7。因为 $0.0187<0.05$,因此拒绝 H_0,即方案实施后植株的高度有明显改善。

5.5.2 大样本检验

大样本的两个总体均值的比较问题也可以运用中心极限定理,将其转化为两个正态总体的均值的比较问题。

设相互独立地从两个总体中随机抽取数量足够多的样本,来自总体 1 的样本为 X_1,X_2,…,X_n,来自总体 2 的样本为 Y_1,Y_2,…,Y_m。则近似地

$$\bar{X}\sim N(\mu_1,\sigma_1^2/n) \tag{5.22}$$

$$\bar{Y}\sim N(\mu_2,\sigma_2^2/m) \tag{5.23}$$

于是,统计量 $\bar{X}-\bar{Y}$ 的分布具有如下性质。

① 均值:

$$E(\bar{X}-\bar{Y})=\mu_1-\mu_2 \tag{5.24}$$

② 方差:

$$D(\bar{X}-\bar{Y})=D(\bar{X})+D(\bar{Y})=\sigma_1^2/n+\sigma_2^2/m \tag{5.25}$$

③ 分布形式,近似有

$$(\bar{X}-\bar{Y})\sim N(\mu_1-\mu_2,\sigma_1^2/n+\sigma_2^2/m) \tag{5.26}$$

于是,在已知 σ_1^2、σ_2^2 的情况下,用

$$Z=\frac{(\bar{X}-\bar{Y})-(\mu_1-\mu_2)}{\sqrt{\sigma_1^2/n+\sigma_2^2/m}}\sim N(0,1) \tag{5.27}$$

检验零假设 $H_0:\mu_1-\mu_2=0$。

在未知 σ_1^2、σ_2^2 的情况下,用 S_1^2、S_2^2 代替 σ_1^2、σ_2^2 即可。此时检验 $H_0:\mu_1-\mu_2=0$ 的统计量为

$$Z=\frac{(\bar{X}-\bar{Y})-(\mu_1-\mu_2)}{\sqrt{S_1^2/n+S_2^2/m}}\sim N(0,1) \tag{5.28}$$

注意:在小样本下,式(5.28)为 t 分布,在大样本下,t 分布近似于正态分布。

5.5.3 0-1 总体检验

在对问卷获得的数据进行编码时,会将某些特征(如性别、考试成绩、产品的质量等)设

置为二值定类级变量，如男=0，女=1；及格=0，不及格=1；正品=0，废品=1；等等。在抽样的过程中，这些变量都是随机变量，若其中一个值出现的概率为 p，则另一个值出现的概率就为 $q=1-p$，而且这些二值定类级变量都服从二项分布。

在对调查数据进行分析时，往往采用二项式检验的方法，通过样本来检验总体中每类所占的比例（如男、女生人数的比例、及格与不及格人数的比例、正品与废品的比例等）是否与认定的比例 p_0 一致。二项式检验针对这类问题通过样本数据检验它所属的总体是否服从指定概率 p_0 的二项分布，因此二项式检验属于**非参数检验**。

1. 小样本 0-1 总体参数值检验 SPSS 计算

例 5.11　现在有 10 道题，每题都是 4 选 1，数据见“CH5 例 5.11 考试及格问题”，请检验这个人的答题概率是否高于 0.25？

① 读入数据后，单击【分析】→【非参数检验】→【旧对话框】→【二项式】，屏幕上弹出一个对话框，如图 5.18 所示。

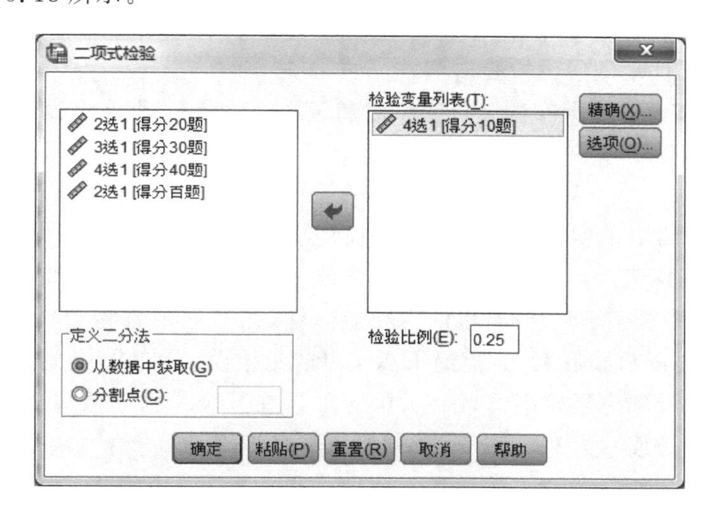

图 5.18　“二项式检验”对话框

② 从图 5.18 的左框中选取要分析的变量，本例选“4 选 1[得分 10 题]”，单击箭头，将其分别放入右框中，并在图 5.18 的右下方的“检验比例”框中输入 0.25，如图 5.18 所示。

③ 单击【确定】按钮，系统输出结果，如表 5.15 所示。

表 5.15　10 题的二项式检验结果

		类别	数字	观测到的比例	检验比例	精确显著性水平(单尾)
4 选 1	组 1	答对	6	.60	.25	.020
	组 2	答错	4	.40		
	总计		10	1.00		

结果分析：由于表 5.14 的最后一列“精确显著性水平(单尾)”给出的显著性概率是 0.020<0.05，因此在 0.05 的检验水平下，认为这个人的答题水平和 $H_0: p=0.25$ 有显著性差异，答题概率高于 0.25。

2. 小样本 0-1 总体参数值检验的模型解释

例 5.11 可以看成非常常见的招聘测试问题。如果应聘者答对的问题比较少，如只答对 2、3 道题，则很可能是猜到的。这样的样本所反映的总体的正确比例(应聘者的答题正确概率)比 0.25 小，或者与 0.25 没有太大差异，通俗地说，应聘者答题靠猜。只有答对的题数多了，样本所反映的总体的正确比例才可能大于 0.25，即应聘者依据知识选择答案，而不是随机猜答案。

于是，问题就转化为：

$H_0: p \leqslant 0.25$(应聘者随机猜答案，不聘)

$H_1: p > 0.25$(应聘者依据知识选择答案，聘)

这是一个单尾检验的问题。

应聘者回答 10 个问题，相当于获得 0-1 分布的样本 $X_1, X_2, \cdots, X_{10}$，进而得到均值函数 $\bar{X}$，尽管我们知道 $\bar{X}$ 的均值和方差，即 $E(\bar{X})=p, D(\bar{X})=p(1-p)/n$，但 $\bar{X}$ 的分布未知，因此不能用 $\bar{X}$ 构造统计量做假设检验。

但是，我们却知道 0-1 分布的随机变量之和服从二项分布，即在假设 $H_0': p=0.25$ 正确的前提下，统计量

$$Y = X_1 + X_2 + \cdots + X_{10} \sim b(10, 0.25) \tag{5.29}$$

代入样本值后算出的 Y 的实际值，就是某个应聘者在 $p=0.25$ 的情况下答对题目的个数。

设 y 是 Y 的观察值。当正确回答题目的个数 y 大于或等于阈值 k 时，就拒绝 H_0'(那么拒绝 H_0'是不是也就意味着拒绝 H_0)，认为相应总体(某个应聘者答题)的正确的比例大于 0.25(即应聘者不是随机猜答案)。拒绝 H_0'，也可能犯错误。在 H_0'(猜对的比例为 0.25)的假设下，拒绝 H_0'的概率应当较小，如 $\alpha=0.05$。如果在某个 y 大于或等于 k 时拒绝 H_0'，那么在回答正确的题目数 y 为 $k+1, k+2, \cdots$时，也应当拒绝 H_0'，于是应有

$$\sum_{y \geqslant k, Y \sim b(n,p)} P(Y=y) \leqslant \alpha \tag{5.30}$$

其中，临界值 k 表示答对的最少题目数。

注：区别于临界值规则中判别式中的“＝”，如 5.2.1 节中的式(5.2)是 $P(|Z| \geqslant z_{\alpha/2})=\alpha$ 中的“＝”，此处式(5.30)用“≤”，是因为此处的二项分布不同于前面判定用的正态分布和 t 分布，是连续型随机变量的分布，对于离散型的二项分布而言，如果此处用等号，则求不出恰好的临界值来。并且用“≤”，也可以满足使犯弃真错误的概率不超过 α 的检验规则。

$$P(Y=y) = C_n^y p^y (1-p)^{n-y} \tag{5.31}$$

其中，n 为题目的个数，Y 表示答对题目个数的随机变量，y 为答对题目的个数，p 为答对题目的概率或答对题目数的总体的比例值。如果 p 变小，设 $p' \leqslant p$，因为当 y 取值较大时，$C_n^y p'^y (1-p')^{n-y} \leqslant C_n^y p^y (1-p)^{n-y}$，所以

$$\sum_{y \geqslant k, Y \sim b(n,p')} P(Y=y) \leqslant \sum_{y \geqslant k, Y \sim b(n,p)} P(Y=y) \leqslant \alpha \tag{5.32}$$

例 5.11 对应式(5.32)中 $p=0.25, p' \leqslant 0.25$，由式(5.32)可见拒绝 H_0'也就意味着拒绝 H_0 了。然后，求出二项分布的累积概率表，如表 5.16 所示。

表 5.16　二项分布的累积概率表

答对题目的个数 y	$P(Y=y)$	自下而上的累积概率
0	0.056 3	1.000 0
1	0.187 7	0.943 7
2	0.281 6	0.756 0
3	0.250 3	0.447 4
4	0.146 0	0.224 1
5	0.058 4	0.078 1
6	**0.016 2**	**0.019 7**
7	0.003 1	0.003 5
8	0.000 4	0.000 4
9	0.000 0	0.000 0
10	0.000 0	0.000 0

由表 5.15 可见，当 $y=6$ 时，由所有大于或等于 y 计算出的概率之和是 0.019 7。$0.0197<\alpha=0.05$，刚好满足拒绝的概率，也就是可能犯弃真错误的概率为 0.05 的要求。

不能取 $y=5$，因为由所有大于或等于 y 的事件计算出的概率之和 $0.078>\alpha$ 了。取 $y=7$ 也没有必要，此时对犯错误的概率控制太严格了。

精确一些说，不必取 $\alpha=0.05$，只要 $\alpha=0.02$ 就行了。此时，y 的外侧概率之和 $0.019\,7<\alpha=0.02$，所以，拒绝 H_0，认为应聘者是依据知识选择答案的。此时，犯弃真错误（应聘者本来是瞎猜的，结果也猜对了 6 道题）的概率只有 2%。这就是我们在考试中，要求 60 分及格的理由（假设题目的难度是 4 选 1）。

如果题目的难度变了，要求的及格分数也就变了。题目的难度越大，及格的分数也就越低。因为从表 5.15 可见，答对的概率越小，自下而上累积的概率也越小，对答对题数的要求也越低。题目的数量也会影响及格的分数，题目的数量越多，要求及格的分数越低。

对于上述结论，读者可以再结合前面例 5.10 的 SPSS 计算学习。

3. 大样本 0-1 总体参数值检验的 SPSS 计算

例 5.12　现在有 100 道题，题目难度都是 2 选 1，数据见“CH5 例 5.11 考试及格问题”，请检验这个人的答题概率是否高于 0.5?

① 读入数据后，单击【分析】→【非参数检验】→【旧对话框】→【二项式】，屏幕上弹出一个对话框，如图 5.19 所示。

② 从图 5.19 的左框中选取要分析的变量，本例选“2 选 1[得分百题]”，单击箭头，将其分别放入图 5.19 的右框中，并在右下方的“检验比例”框中输入 0.5，如图 5.19 所示。

③ 单击【确定】按钮，系统输出结果，如表 5.17 所示。

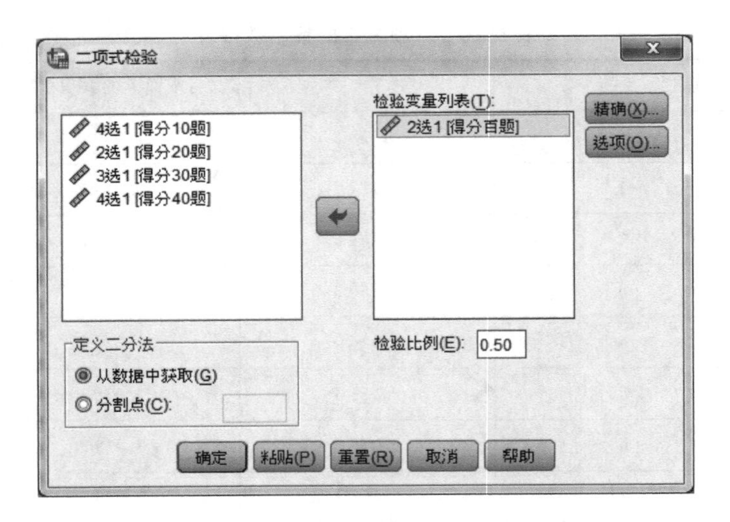

图 5.19　例 5.12 的"二项式检验"对话框

表 5.17　百题的二项式检验结果

		类别	数字	观测到的比例	检验比例	精确显著性水平(双尾)
2 选 1	组 1	答对	62	.62	.50	.021
	组 2	答错	38	.38		
	总计		100	1.00		

结果分析:由于表 5.16 的最后一列"精确显著性水平(双尾)"给出的显著性概率是 0.021,因此单尾的显著性概率 p 值为 0.010 5<0.05,所以,在 0.05 的检验水平下,认为这个人的答题水平和 $H_0:p=0.5$ 有显著性差异,答题概率高于 0.5。另外,为什么表 5.17 的最后一列是双尾?请看下面的分析。

4. 大样本 0-1 总体参数值检验的模型解释

假设某公司人力资源部要招聘若干名某专业领域的工程师,现在有 100 道题,每题都是 2 选 1,也就是说,一个人什么都不会的话猜对的概率是 0.5,问至少答对几道题,才能考虑录取?

与例 5.11 类似,上述问题可以转化为

$$H_0:p\leqslant 0.5\text{(应聘者随机猜答案,不聘)}$$

$$H_1:p>0.5\text{(应聘者依据知识选择答案,聘)}$$

这是一个单尾检验的问题。

应聘者回答 100 个问题,相当于获得 0-1 分布的样本 $X_1,X_2,\cdots,X_{100}$,当然还可以用例 5.10的方法,从 $Y=X_1+X_2+\cdots+X_{10}\sim b(100,0.5)$的角度考虑上述假设检验问题。但由于本例的 $n=100$ 较大,所以,我们可以考虑样本均值函数 $\bar{X}$,因为由中心极限定理知,独立同分布的多个随机变量之和近似地服从正态分布,而由 $\bar{X}$ 的定义可知,$\bar{X}$ 在大样本的情况下符合中心极限定理的条件,$\bar{X}$ 的均值和方差也易求得。

$$E(\bar{X})=p \tag{5.33}$$

$$D(\bar{X})=p(1-p)/n \tag{5.34}$$

于是,近似地有

$$\bar{X}\sim N(p,p(1-p)/n) \tag{5.35}$$

选取统计量

$$Z=\frac{\bar{X}-p}{\sqrt{p(1-p)/n}}\sim N(0,1) \tag{5.36}$$

在本例中,若应聘者答对题目数的均值(样本均值 $\bar{X}$)比 p 值大很多时,则拒绝 H_0,接受 H_1,认为应聘者与猜答案有显著性的差异。令犯弃真错误的概率很小,为 α,于是判别式如下:

$$P(Z\geqslant z_\alpha)=\alpha \tag{5.37}$$

在上面 SPSS 的计算中,采用的是 p 值法,对于大样本 0-1 总体的参数检验,SPSS 输出的是双尾检验的结果,这和 5.2 中单样本 Z 检验的处理方法类似,即由统计量 Z 的样本值计算出右侧概率的 2 倍为 0.021。实际问题中,也有 p 值太大或太小都不好的情况,如男、女比例的问题,那么这时候就需要参照双尾检验的结果了。而由本例分析可见,这是一个单尾检验的问题,也就是说招聘人员关心的是应聘者的答题概率是否大于 0.5,所以参与判断的显著性概率 p 值应该为 $0.010\,5<0.05$,所以,在 0.05 的检验水平下,认为这个人的答题水平和 $H_0:p=0.5$ 有显著性差异。

习　题　5

1. 对下面每个检验计算标准正态分布 z 统计值的显著性概率 p 值。

① $H_0:\mu\leqslant 10,H_1:\mu>10,z=1.48$。

② $H_0:\mu\geqslant 105,H_1:\mu<105,z=-0.85$。

③ $H_0:\mu=13.4,H_1:\mu\neq 13.4,z=1.17$。

④ $H_0:\mu\geqslant 8.56,H_1:\mu<8.56,z=-2.11$。

⑤ $H_0:\mu=110,H_1:\mu\neq 110,z=-0.93$。

2. 对下面每个检验计算标准正态分布 z 统计值。

① $H_0:\mu\leqslant 35,H_1:\mu>35,p=0.058\,2$。

② $H_0:\mu\geqslant 35,H_1:\mu<35,p=0.016\,6$。

③ $H_0:\mu=35,H_1:\mu\neq 35,p=0.004\,2$。

3. 已知 32 个地区体重超重比例在 15%～25%的人群中有心脏病比率(%)的数据如下:18.3、19.7、22.1、19.2、17.5、12.7、22.0、17.2、21.1、16.2、15.4、19.9、21.5、19.8、22.5、16.5、13.0、22.1、27.7、17.9、22.2、19.7、18.1、22.4、17.3、13.3、22.1、16.3、21.9、16.9、15.4、19.3。假定总体符合正态分布,设原假设为 $\mu\leqslant 18\%$,备择假设 $\mu>18\%$。问:在 0.01 的显著性水平下,原假设是否成立?写出临界值法和 p 值法的计算过程,并分别就两种方法画图,标出临界值法原理的统计量值、临界值、拒绝域、接受域和 p 值法原理的 p 值区域。

4. 有一家企业生产某产品,按照产品标准,成分 A 的平均含量 $\bar{x}$ 应当大于或等于

10%，该企业有一批产品，从中抽出 64 瓶，其化验结果是 $\bar{x}=10.19\%$，样本标准差是 0.8，问：这批产品在 0.01 的显著性水平下是否合格？

5. 从一批灯泡中随机抽取 25 个，算得样本平均使用寿命 $\bar{x}=1\ 950$ h，标准差为 500 h，设显著性水平 $\alpha=0.01$，问：这批灯泡是否还满足平均使用寿命为 2 000 h 以上的设计标准？

6. 请选用恰当的数据文件，用 SPSS 的单样本 t 检验模块，检验一个总体的均值与预定值是否相等？

7. 从某市某年所得税报表得知服装行业企业经理的平均收入为 15 万元，标准差为 0.975万元。今年从服装行业随机抽取 168 个人的样本，计算出这些人的平均收入为 14.5 万元。问：今年服装行业企业经理的平均收入与上年有显著差异吗(设显著性水平 $\alpha=0.05$)？

8. 5 年前某行业公司的平均雇员规模(人数)为 268.8 人。以后随着需求的增长，感觉许多公司的规模都在扩大，随机选取 36 个公司，计算出平均雇员规模为 330.6 人，标准差为 45.6 人。问：该行业公司的平均规模扩大了吗(设显著性水平 $\alpha=0.05$)？

9. 请选用恰当的数据文件，用 SPSS 的独立样本 t 检验模块，做两均值是否相同的假设检验。

10. 某汽车销售商设计了一个促进汽车销售的方案，并在 10 个城市做了降价测试试验。记录了促销方案实施前一个月的销售量，及促销方案实施后一个月的销售量，如题表 5.1 所示。根据这些数据，你是否能判断销售量有明显的改善(设显著性水平 $\alpha=0.05$)？提示：这道题是配对样本 t 检验吗？注意分清是单尾检验还是双尾检验。

题表 5.1

促销方案实施前一个月的销售量	28	23	25	30	27	24	31	46	38	29
促销方案实施后一个月的销售量	30	27	26	35	33	35	32	54	51	43

11. 有人设计了一种提高记忆力的训练方法。为了评估这种训练方法的有效性，随机抽取了 20 余名学生，在做记忆力测试后，留下记忆力差异不大的 9 名学生参加试验(剔除了记忆力处于强、弱两端的学生)。训练完成后，再对两个组做记忆力测试。训练前、后的记忆力数据如题表 5.2 所示，问：该训练方法是有效的吗(设显著性水平 $\alpha=0.05$)？

题表 5.2

学生编号	1	2	3	4	5	6	7	8	9
训练前的记忆力	23	22	20	21	23	18	17	20	23
训练后的记忆力	28	29	26	23	31	25	22	26	26

12. 某咨询公司根据过去资料分析了国内旅游者的旅游费，发现参加 10 日游的旅客旅游费用(包括车费、住宿费、膳食费以及购买纪念品的费用等，以下简称旅费)服从均值为 1 010元，标准差为 205 元的正态分布，今年 400 位这类旅客的调查结果显示，平均每位旅客的旅费是 1 250 元，设显著性水平 $\alpha=0.05$，问：与过去比较，今年这类旅客的旅费是否有显著的变化？

13. 某汽车轮胎制造商声称，他们生产的某一等级的轮胎平均寿命在一定的汽车重量和正常行驶条件下大于 50 000 km。现对这一等级的 120 个轮胎组成的随机样本进行测试，测得平均每一个轮胎的寿命为 51 000 km，样本标准差是 5 000 km。已知这种轮胎寿命服从正态分布，试根据抽样数据判断该产品是否与制造商说的标准相符合（设显著性水平 $\alpha=0.05$）。

14. 某机器加工的 B 型钢管长度服从标准差为 2.4 cm 的正态分布，现从一批新生产的 B 型钢管中随机选取 25 根，测得样本标准差为 2.7 cm。试判断该批钢管长度的变异性与标准差 2.4 cm 相比较是否有明显变化（设显著性水平 $\alpha=0.01$）。

15. 在某工艺中，要考察温度对某种针织品断裂强力的影响，在 500 ℃和 600 ℃下分别重复了 8 次试验，测得断裂强力数据如题表 5.3 所示。

题表 5.3

500 ℃下的断裂强力数据/kg	20.5	18.5	19.5	20.9	21.5	19.5	21.0	21.2
600 ℃下的断裂强力数据/kg	17.7	20.3	20.0	18.8	19.0	20.1	20.2	19.1

假定断裂强力服从正态分布，试问在这两种温度下，针织品的断裂强力有无显著差异（设显著性水平 $\alpha=0.01$）？

16. 为了解甲、乙两县农户拥有中小型农业机械的比例有无差异，现从甲县随机抽查 1 500户，其中拥有中小型农业机械的农户为 300 户；从乙县随机抽查 1 800 户，其中拥有中小型农业机械的农户为 320 户，试检验两县农户拥有中小型农业机械的比率是否有显著性差异（设显著性水平 $\alpha=0.05$）。

第6章

方差分析

在第5章的假设检验中，我们研究了一个总体的均值与假设的总体均值的差异是否显著的问题，也研究了两个总体均值的差异是否显著的问题。但是如果需要检验两个以上总体的均值是否相等，用第5章所介绍的方法就容易出现错误，这类方法不再适用这类问题了，这时需要用**方差分析**(Analysis of Variance,ANOVA)的方法。

在科学试验、生产和社会生活中，反映现象特征变量的影响因素是很多的。同样，在工程管理中，有时需要考察不同施工工艺是否对工程成本、质量和进度产生显著的影响，或需要判别不同建筑材料的性能是否存在显著性的差异等。工程管理中往往有必要找出对工程成本、质量、进度等有显著影响的可控因素，并比较各因素产生影响的大小。方差分析就是解决这类问题的有效方法。

方差分析主要用来检验两个以上总体均值差异的显著程度，由此判断样本究竟是否抽自具有同一均值的总体，或不同总体间的均值是否有显著性差异。方差分析对于比较在不同生产工艺或设备条件下产品产量、质量的差异，分析不同计划方案效果的好坏和比较不同地区、不同人员有关的数量指标差异是否显著，是非常有用的。

6.1 单因素方差分析

进行方差分析的基本思路：首先通过试验(试验或调查)，取得在不同因素、不同水平条件下被考察的随机变量的样本，然后利用样本构造统计量，检验不同条件下的几个不同总体的参数是否相等，如果参数相等的假设成立，则说明因素及水平对该变量影响不显著，反之则影响显著。

6.1.1 单因素方差分析问题引入

在参数假设检验中，我们经常检验两个总体分布的均值是否相同，如果有多个总体，则必须两两比较检验，十分烦琐。而方差分析可以一次完成对多个总体的均值是否相同的检验：

$$H_0:\mu_1=\mu_2=\cdots=\mu_s \tag{6.1}$$

方差分析本质上是研究分类型自变量对数值型因变量的影响。在分析均值之间是否有差异时，需要借助于对方差(数据误差来源)的分析，所以叫方差分析。

1. 相关概念

单因素方差分析的基本思想是，用方案之间的方差(服从 χ^2 分布)和所有方案内部的方差之和(也服从 χ^2 分布)的比值(服从 F 分布)与 f_α 的比较，来判别 s 个方案的均值是否相同。

设有 s 个方案，各方案的试验效果如表 6.1 所示，问怎样判断这 s 个方案的效果是否有显著区别(即在一定的显著性水平下判断这 s 个总体均值是否相同)?

表 6.1 单因素方差分析模型表

方案	试验效果				样本均值	方案的均值
方案 1	X_{11}	X_{12}	…	X_{1n1}	$\bar{X}_1.$	μ_1
方案 2	X_{21}	X_{22}	…	X_{2n2}	$\bar{X}_2.$	μ_2
…	…	…	…	…	…	…
方案 s	X_{s1}	X_{s2}	…	X_{sns}	$\bar{X}_s.$	μ_s

这 s 个方案可以是 s 项政策，其中 X_{ij} 是被访问人 j 对政策 i 起作用大小的评分；也可以是 s 个阶层的人对同一个问题的评分，其中 X_{ij} 是第 i 层中的第 j 个人对该问题的评分；还可以是 s 台设备、s 种药品、s 种饲料、s 种工艺、s 种材料等的效果。

显然，这里不同方案的数据是相互独立的。

所谓单因素，就是指只有“方案”这个变量(因素)。不同方案就是“方案”这个变量的不同取值。

单因素方差分析的目的，就是一次性地检验各个方案的均值是否相同：

$$H_0: \mu_1 = \mu_2 = \cdots = \mu_s$$

单因素方差分析所使用的统计量是 F 统计量。

例 6.1 已知在一组给定的条件下种植油菜所得亩产量(单位为斤)服从正态分布。某农场欲检验 4 块试验田对油菜亩产量的影响是否不相同(假定经过检验表明不同试验田下的油菜产量方差相等)。为此，某农场将 4 组初始条件完全相同的油菜种子，在完全相同的其他种植条件下，分别在 4 块试验田种植。所得到的亩产量数据如表 6.2 所示。试分析不同试验田下的油菜亩产量是否存在显著性差异($\alpha=0.05$)?

表 6.2 4 块不同试验田的油菜亩产量情况

试验田	1	2	3	4	5	6
试验田 1	370	420	450	490		
试验田 2	490	380	400	390	500	410
试验田 3	330	340	400	380	470	
试验田 4	410	480	400	420	380	410

通常，在方差分析中，我们把对试验结果发生影响和起作用的自变量称为**因素**。如果方差分析研究的是一个因素对于试验结果的影响和作用，就称为**单因素方差分析**。在本例中，因素就是可能影响油菜亩产量的不同试验田。因素的不同选择方案称为**因素的水平**。本例中试验田有 4 种不同的选择，也就是说因素有 4 个水平。因素的水平实际上就是因素的取值或者因素的分组。例如，在施肥量、光照时间、灌溉时长、商品包装、质量、价格和产地等方

面取不同的值或将其分为不同的组，就表示因素选了不同的水平。**方差分析要检验的问题就是因素选不同的水平，对结果有无显著的影响。**若无显著影响，则随便选择哪一种方案都无所谓；否则就要选择最终油菜亩产量最多的一种试验田方案。

① 试验。在工程管理或科学研究中，试验是为了解因素对工程质量或科研指标的影响而进行的，试验的目的是取得样本数据。例如，工程质量管理中，进行混凝土浇筑强度试验、机械碾压土强度试验、路基抽样试验等。也可以通过试验观测或调查的方法进行试验数据，如定位时间、测距误差、尺寸观测、调查登记等，即此处的试验为广义的试验。

② 因素。因素指试验中考察的对象，如浇注方案、填土方案、机械性能、水泥掺量、碎石掺量等，或网络节点定位问题中的时间误差、角度、深度、某参数等。

③ 水平。考察一个因素对试验的影响时，通常将其控制在几个不同的状态或等级上，这些不同的状态或等级称为水平，如 A 因素的 $A_1, A_2, \cdots, A_n$ 水平，以及 B 因素的 $B_1, B_2, \cdots, B_m$ 水平。

④ 指标。通常把生产实践与科学试验中的结果，如产品的性能、产量等，统称为指标。

2. 比较均值模块的 SPSS 操作示例

我们接下来看看例 6.1 用 SPSS 怎么解答，打开数据文件“CH6 例 6.1 试验田”。

① 在打开数据文件“CH6 例 6.1 试验田”后，单击【分析】→【比较平均值】→【单因素 ANOVA】，进入单因素方差分析模块。

② 在单因素方差分析模块（如图 6.1 所示）中，选中左框的变量“亩产量”放入右边的“因变量列表”框中。

③ 选中图 6.1 中左框的变量“试验田”放入右下部的“因子”框中，如图 6.1 所示。

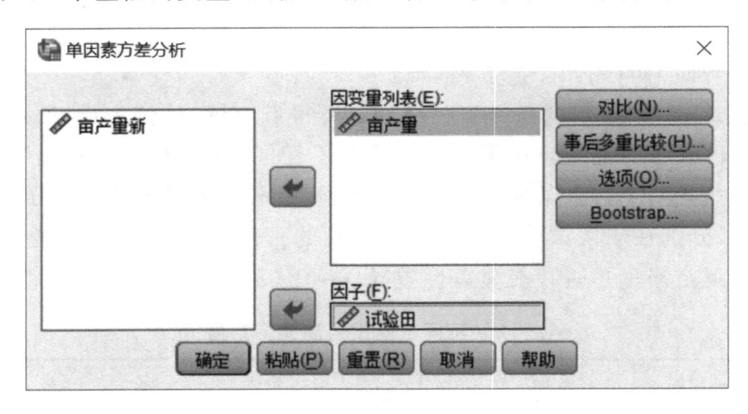

图 6.1 单因素方差分析模块

④ 单击【确定】按钮，系统输出结果，如表 6.3 所示。

表 6.3 方差分析表

	平方和	df	均方	F	显著性
组之间	7112.143	3	2370.714	1.012	.412
组内	39811.667	17	2341.863		
总计	46923.810	20			

⑤ 结果说明：表6.3的第一列是**方差来源**，说明是来源于组间的，还是组内的。表6.3的第二列是**变差**(样本与均值的离差平方和)，第二行第二列的组之间变差也就是对应于ε_{ij}(即$X_{ij}-\mu_i$)的误差项平方和。第三列是**自由度**($s-1=3,n-s=17,n-1=20$)。表6.3的第四列是**均方**，是变差除以相应的自由度，即离差平方和的均值。表6.3的第五列是统计量F的值f，是组间方差与组内方差之比，组内方差反映的是线性模型$X_{ij}=\mu_i+\varepsilon_{ij}$的误差项的状况。表6.3的第六列是$f$统计值的**显著性概率**(外侧概率$p$)，用于显著性检验。此处，$p=0.412>\alpha=0.05$，所以，在0.05的检验水平下，认为不同试验田下的油菜亩产量不存在显著性差异。

6.1.2　单因素方差分析的原理

方差分析所分析的并非方差，而是数据间的变异，即在可比较的数组中，把总的变异按各自指定的变异来源进行分解的一种技巧。可以说，对变异的度量唯一有效的方法是偏差平方和。方差分析方法则是从总偏差平方和中分解出可追溯到指定来源的部分偏差平方和。

方差分析的基本思想：若被考察的因素对试验结果没有显著的影响，即各正态总体的均值相等，则试验数据的波动完全由随机误差引起；若被考察的因素对试验结果有显著的影响，即各正态总体均值不全部相等，则表明试验数据的波动除了受随机误差的影响外，还受被考察效应的影响。据此需要寻找一个适当的统计量，来表示数据的波动程度。并且设法将这个统计量分解为两部分：一部分是由纯随机误差造成的影响；另一部分是来自因素效应的影响。然后将这两部分进行比较，如果后者明显比前者大，就说明因素效应是显著的。

在分析某数值型随机变量的可控影响因素时，如果我们只对一种因素的不同状态是否显著影响指标变量作分析，则可称之为单因素方差分析；如果对若干因素的影响作分析，则可称之为多因素方差分析，本章只针对两个因素的影响分析(即双因素方差分析)进行讨论。

假设在单因素方差分析中因素A具有s个水平，对每个水平可以独立进行相等次数或不相等次数的重复试验，设在第i个水平下的试验次数为n_i，我们可以将试验数据看作来自第i个水平下总体的一组样本，相应的样本记为$X_{i1},X_{i2},\cdots,X_{in_i}(i=1,2,\cdots,s)$。

1. 数学模型

方差分析的基本假定：每个总体都服从正态分布；各个总体的方差相同(SPSS操作时s个水平下的总体方差可不等，先进行“方差齐性检验”)；不同水平下的样本之间是相互独立的。

现设单因素A的s个水平下的总体均服从正态分布$N(\mu_i,\sigma^2)$，均值分别为$\mu_1,\mu_2,\cdots,\mu_s$，μ_i与σ^2未知，对μ_i进行估计和检验，需要重复试验。为了分析因素A的第i个水平，对X_{ij}进行两次分解。

第一次，将X_{ij}分解成两部分：

$$X_{ij}=\mu_i+\varepsilon_{ij} \tag{6.2}$$

其中 μ_i 为因素 A 的第 i 个水平下的总体均值，试验误差 ε_{ij} 之间相互独立且 $\varepsilon_{ij} \sim N(0,\sigma^2)$，是因为

$$X_{ij} \sim N(\mu_i,\sigma^2) \tag{6.3}$$

$$E(\varepsilon_{ij})=E(\mu_i+\varepsilon_{ij})-E(\mu_i)=E(X_{ij})-E(\mu_i)=\mu_i-\mu_i=0 \tag{6.4}$$

$$D(\varepsilon_{ij})=D(\mu_i+\varepsilon_{ij})-D(\mu_i)=D(X_{ij})-0=\sigma^2 \tag{6.5}$$

在因素 A 的第 i 个水平下重复 n_i 次试验，得观测值 $x_{i1},x_{i2},\cdots,x_{in_i}$。有 s 个水平时，就有 s 个容量为 $n_i(i=1,2,\cdots,s)$ 的样本，意味着从总体 $X_{ij} \sim N(\mu_i,\sigma^2)$ 中随机抽取一个容量为 n 的样本，$n=\sum_{i=1}^{s} n_i$。

第二次，再对 μ_i 进行分解：

$$\mu_i=\mu+\alpha_i,i=1,2,\cdots,s \tag{6.6}$$

其中 $\mu=\frac{1}{n}\sum_{i=1}^{s} n_i\mu_i$，$\sum_{i=1}^{s} n_i\alpha_i=0$，$\mu$ 称为总平均，α_i 表示因素 A 的第 i 个水平 A_i 下的总体平均值与总平均的差异，习惯上将 α_i 称为水平 A_i 的**效应**。

由两次分解得到单因素方差分析数学模型：

$$\begin{cases} X_{ij}=\mu+\alpha_i+\varepsilon_{ij}, \\ \varepsilon_{ij} \sim N(0,\sigma^2), \end{cases} i=1,2,\cdots,s,j=1,2,\cdots,n_i \tag{6.7}$$

2. 方差分析检验

单因素方差分析的基本思想是，用方案之间的方差（服从 χ^2 分布）和所有方案内部的方差之和（也服从 χ^2 分布）的比值（服从 F 分布），与 f_α 的比较，来判别 s 个方案的均值是否相同。

① 设 $H_0:\mu_1=\mu_2=\cdots=\mu_s=\mu,H_1:H_0$ 不成立。

② 求各方案之间的变差 S_A（用各方案的均值 $\bar{X}_{i\cdot}$ 对所有数据的总均值 $\bar{X}$ 的离差平方和来表达）：

$$S_A=\sum_{i=1}^{s}[(\bar{X}_{i\cdot}-\bar{X})^2 n_i] \tag{6.8}$$

其中，$\bar{X}$ 为所有数据的总平均值，$\bar{X}=\frac{1}{n}\sum_{i=1}^{s}\sum_{j=1}^{n_i}X_{ij}$，$n=\sum_{i=1}^{s}n_i$，$\bar{X}_{i\cdot}=\frac{1}{n_i}\sum_{j=1}^{n_i}X_{ij}$ 对应于第 i 个方案的样本均值，S_A 的自由度是 $s-1$。

③ 求所有方案的内部变差 S_E（方案 i 的内部变差是该方案的试验数据 X_{ij} 对该方案试验数据均值 $\bar{X}_{i\cdot}$ 的变差），在假设 H_0 成立的条件下，

$$S_E=\sum_{i=1}^{s}\sum_{j=1}^{n_i}(X_{ij}-\bar{X}_{i\cdot})^2=\sum_{i=1}^{s}\sum_{j=1}^{n_i}(X_{ij}-\mu-\alpha_i)^2 \tag{6.9}$$

S_E 与误差项 ε_{ij} 相对应，S_E 的自由度是 $n-s$。

④ 计算方案间的方差与所有方案内的方差之比：

$$F=\frac{S_A/(s-1)}{S_E/(n-s)} \tag{6.10}$$

若 $\mu_1=\mu_2=\cdots=\mu_s$，则 $S_A/\sigma^2 \sim \chi^2(s-1)$，$S_E/\sigma^2 \sim \chi^2(n-s)$，所以

$$F \sim F(s-1, n-s) \tag{6.11}$$

在上面的计算中,如果把 X_{ij} 换成 x_{ij},就得到统计量 F 对应的值 f。

从临界值的角度考虑,若 $f > f_\alpha(s-1, n-s)$,则表明 s_A 较大,$\bar{x}_{i\cdot} - \bar{x}$ 的平方和较大,对应的总体参数是 $\mu_i - \mu$ 的绝对值较大,所以如果以 α 的概率(或在 α 水平上)拒绝 H_0,则至少有两个方案之间的平均效果(均值)的差异足够大,方案之内的差异相对小。反之,若接受 H_0,则不同方案之间的平均效果(均值)没有显著差异。

从 p 值法的角度考虑,在 SPSS 中,F 检验的判别和 t 检验的判别类似,也可以通过比较统计值 f 的外侧概率 p(显著性概率)与 α 的大小,来判别接受还是拒绝 H_0。而常规的数理统计学,是通过比较统计值(如 z、t、f、χ^2 等)与统计值的阈值(如 $z_{\alpha/2}$、z_α、$t_{\alpha/2}$、f_α、χ^2_α 等)的大小,来判别接受还是拒绝 H_0。

而由图 6.2 可知,从统计值 f 与 α 所决定的阈值 $f_\alpha(s-1, n-s)$ 的角度看,若 $f > f_\alpha(s-1, n-s)$,则表明 s_A 较大,$\bar{x}_{i\cdot} - \bar{x}$ 的平方和较大,对应的 $\mu_i - \mu$ 的绝对值较大,即 $\mu_i \neq \mu$。所以拒绝 H_0,即至少有两个方案之间的平均效果(均值)的差异足够大,方案之内的差异相对小。反之,接受 H_0,即不同方案之间的平均效果(均值)没有显著差异。

由图 6.2 可知,$f > f_\alpha(s-1, n-s)$ 与 f 的右侧概率 $p \leqslant \alpha$ 是等价的,这就是 SPSS 的检验判别方法。因此,若计算出来的统计值 f 的右侧概率 $p \leqslant \alpha$,就应该拒绝 H_0,即至少有两个方案之间的平均效果(均值)的差异足够大,方案之内的差异相对小。反之,接受 H_0,即不同方案之间的平均效果(均值)没有显著差异。

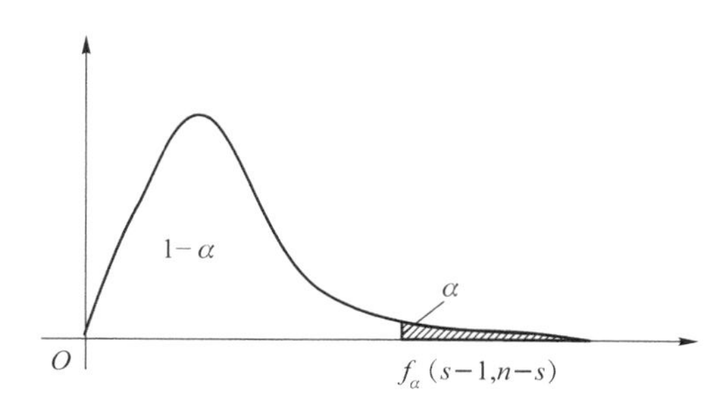

图 6.2 单因素方差分析 F 检验图

这里的 F 检验是单尾的,其直观解释是,若组间方差(即组均值 $\bar{X}_{i\cdot}$)对总均值 $\bar{X}$ 的差异程度比组内的方差大,就说明组总体均值 μ_i 之间不可能全部相等。同时,不可能把较小的 S_A(组间方差的较小差异)解释为组均值之间的较大差异。所以,这里的 f 检验只能是单尾的。

3. 说明

不必记住上述公式,重要的是:

① 弄清分析思路;

② 将理论联系其所适用于解决的实际问题;

③ 正确地使用 SPSS 计算并学会理论分析试验结果。

6.1.3 单因素方差分析的 SPSS 操作

1. 不同方案间存在显著性差异的情况

例 6.1 中不同试验田方案下的油菜亩产量不存在显著性差异。所以，接下来就不用再进一步分析了，也就是采取哪种试验田方案都可以。但是如果不同试验田方案存在显著性差异，那么接下来我们要做什么？

仍以例 6.1 为例，增加一列数据“亩产量新”，数据仍见“CH6 例 6.1 试验田”。

① 单击【分析】→【比较平均值】→【单因素 ANOVA】，进入单因素方差分析模块。

② 在单因素方差分析模块（如图 6.3 所示）中，选中左框的变量“亩产量新”放入右边的“因变量列表”框中。

③ 选中左框的变量“试验田”，将其放入右边的“因子”框中，如图 6.3 所示。

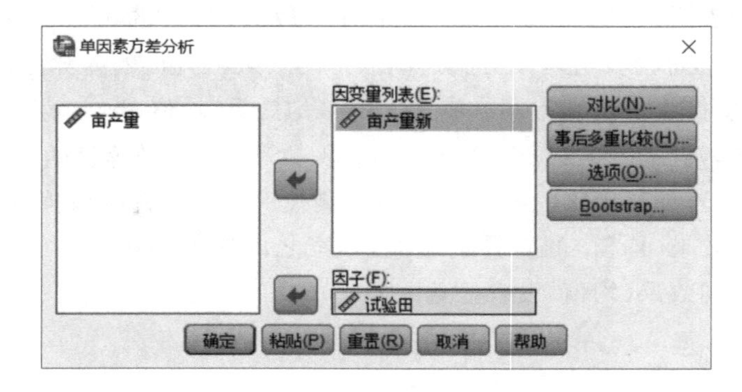

图 6.3 单因素方差分析模块

④ 单击【确定】按钮，系统输出结果，如表 6.4 所示。表 6.4 的第一列是方差来源，说明是来源于组间的，还是组内的。表 6.4 的第二列是变差（样本与均值的离差平方和），第二行第二列的“组之间变差”也就是对应于 ε_{ij}（即 $X_{ij}-\mu_i$）的误差项平方和。表 6.4 的第三列是自由度（$s-1=3, n-s=17$）。表 6.4 的第四列是均方，是变差除以相应的自由度，即离差平方和的均值。表 6.4 的第五列是统计量 F 的值 f，是组间方差与组内方差之比，组内方差反映的是线性模型 $X_{ij}=\mu_i+\varepsilon_{ij}$ 的误差项的状况。表 6.4 的第六列是 f 统计值的显著性概率（外侧概率 p），用于显著性检验。此处，$p=0.001<\alpha=0.05$，因此拒绝原假设 H_0，即不同试验田方案下的油菜亩产量存在显著性差异。那么接下来，我们关心的问题是，既然有显著性差异，那具体是哪两个或几个试验田间存在差异？

表 6.4 方差分析表

	平方和	df	均方	F	显著性
组之间	136921.667	3	45640.556	9.570	.001
组内	81078.333	17	4769.314		
总计	218000.000	20			

2. 使用选项两两比较

在前面的步骤③后增加选项操作。

① 单击【选项】按钮，系统弹出一个对话框，如图6.4所示。

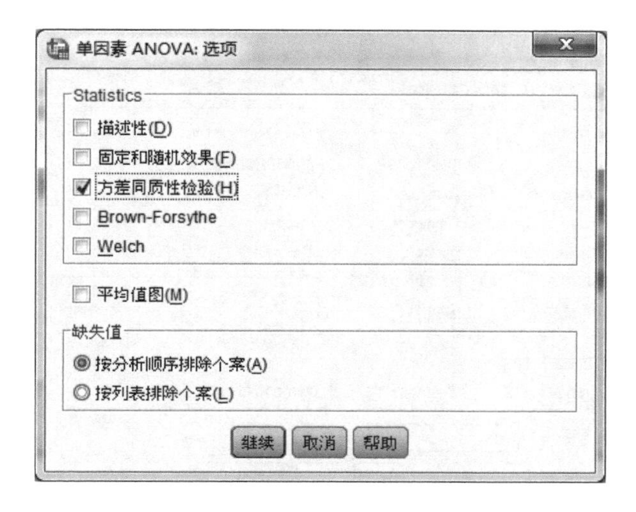

图6.4 “单因素 ANOVA:选项”对话框

a. 描述性:选择需要输出的统计量。

b. 方差同质性检验:如果选择该选项，表示要进行方差齐次性检验(Levene检验)，并输出检验结果。这一选择很重要，关系到“两两比较”对话框如何读取计算结果。本例选择此项。

c. 平均值图:表示输出各组均值分布图。

d. 缺失值:选择默认“按分析顺序排除个案”，只剔除正在分析的组内的缺失值。

② 单击【继续】按钮，在单因素方差分析模块中单击【事后多重比较】按钮，如图6.5所示。在该对话框的“假定方差齐性”区块中，有14个选项，这些选项大体上是按照敏感性排列的。所谓敏感，是指较容易拒绝零假设(所有行的总体均值都相等的假说)。其中的第一个选项LSD(Least-Significant Difference)表示:当具有方差齐性时，在方差检验拒绝零假设(至少有一个水平的主效应不为0)的情况下，用最小显著性差异方法的t统计量，两两检验各组均值是否有显著性差异，同时不调整两两比较误差，本例选择此项。在该对话框的“未假定方差齐性”区块中，有4个选项，其中Tamhane's T2(在方差不相等、没有正态分布的前提下)的两两t检验，要看“单因素 ANOVA:选项”对话框的“方差同质性 Levene”检验的结果。在不具有方差齐性时，关注Tamhane's T2的结果。本例题选择此选项。

③ 单击【继续】按钮，返回单因素方差分析模块(如图6.3所示)。

④ 如果不是任何两个分别两两比较，而是某两个比较或多个分组比较，则可以单击【对比】按钮，弹出对比对话框(如图6.6所示)。单击该对话框中的“多项式”选项，“度”被激活，单击“度”右边的小箭头，出现下拉菜单，有线性、二次项、立方、四次项、五次项的多项式模型可供选择，一般选择线性模型。在“系数”的方框中，输入各组均值的系数，确定所要比较的组均值的组合。例如，输入1，再输入0，单击【添加】按钮，再分别输入0和-1，单击【添加】

按钮，就完成了一个组合(1,0,0,−1)，表示要对照检验“1=试验田1”的平均亩产量与“4=试验田4”的平均亩产量有无显著性差异。单击【下一页】按钮，再输入(1,−1,−1,−1)，表示要对照检验“1=试验田1”的平均亩产量与“2=试验田2”“3=试验田3”“4=试验田4”之和的平均亩产量有无显著性差异。

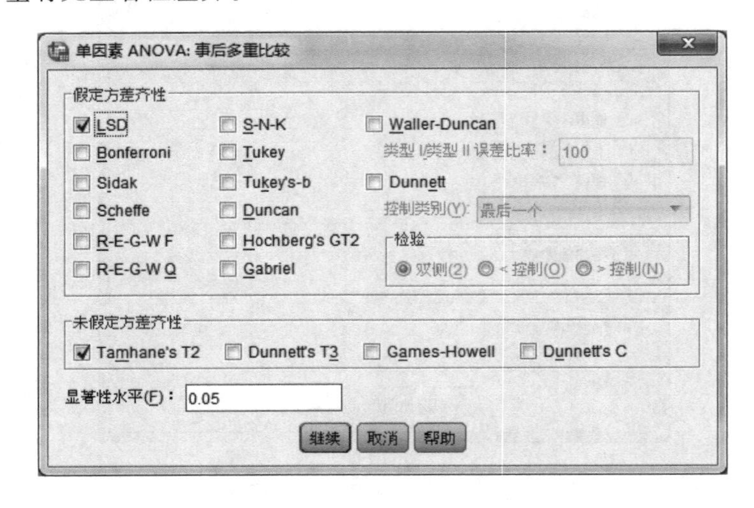

图6.5 “单因素 ANDVA:事后多重比较”对话框

图6.6 “对比”对话框

⑤ 单击【确定】按钮，输出结果如表6.5所示。

表6.5 方差同质性检验表

Levene 统计	df1	df2	显著性
4.717	3	17	.014

由于显著性概率$p=0.014<\alpha=0.05$，表示4个组的数据都不具有方差齐性。这里的方差同质性检验请参照5.4.2节的内容。由于在前面的检验中，得知4块试验田方案下的亩产量平均值存在显著性差异，所以，在进行方差同质性检验之后，下面的表6.6给出了两

两多重比较结果。

表 6.6　两两多重比较结果

	(I)试验田	(J)试验田	平均差(I—J)	标准错误	显著性	95% 置信区间	
						下限值	上限
LSD(L)	试验田 1	试验田 2	—152.500*	44.578	.003	—246.55	—58.45
		试验田 3	48.500	46.327	.310	—49.24	146.24
		试验田 4	15.833	44.578	.727	—78.22	109.89
	试验田 2	试验田 1	152.500*	44.578	.003	58.45	246.55
		试验田 3	201.000*	41.818	.000	112.77	289.23
		试验田 4	168.333*	39.872	.001	84.21	252.46
	试验田 3	试验田 1	—48.500	46.327	.310	—146.24	49.24
		试验田 2	—201.000*	41.818	.000	—289.23	—112.77
		试验田 4	—32.667	41.818	.445	—120.90	55.56
	试验田 4	试验田 1	—15.833	44.578	.727	—109.89	78.22
		试验田 2	—168.333*	39.872	.001	—252.46	—84.21
		试验田 3	32.667	41.818	.445	—55.56	120.90
Tamhane	试验田 1	试验田 2	—152.500	49.779	.096	—328.04	23.04
		试验田 3	48.500	35.575	.768	—81.38	178.38
		试验田 4	15.833	28.822	.996	—107.85	139.51
	试验田 2	试验田 1	152.500	49.779	.096	—23.04	328.04
		试验田 3	201.000*	49.642	.023	28.00	374.00
		试验田 4	168.333	45.049	.056	—4.52	341.18
	试验田 3	试验田 1	—48.500	35.575	.768	—178.38	81.38
		试验田 2	—201.000*	49.642	.023	—374.00	—28.00
		试验田 4	—32.667	28.585	.877	—140.07	74.73
	试验田 4	试验田 1	—15.833	28.822	.996	—139.51	107.85
		试验田 2	—168.333	45.049	.056	—341.18	4.52
		试验田 3	32.667	28.585	.877	—74.73	140.07

由于前面已经得出了 4 个组的数据都不具有方差齐性的结论，所以这里应当读取 Tamhane 的检验结果。假设 $\alpha=0.05$，则由于试验田 2 和试验田 3 之间 $p=0.023<\alpha=0.05$，所以试验田 2、3 之间存在显著性差异，该表格用 * 标出了两两均值之间存在显著性差异的情况。

接下来还可以按不同的组合进行单因素方差分析，结果如表 6.7 所示。

表 6.7　两两多重比较结果

对比			对比值	标准错误	t	df	显著性(双尾)
亩产量新	假定等方差	1	15.83	44.578	.355	17	.727
		2	−953.17[a]	61.123	−15.594	17	.000
	不假定等方差	1	15.83	28.822	.549	4.803	.607
		2	−953.17[a]	57.402	−16.605	11.833	.000

a. 对比系数之和不为零。

前面在判断 4 块试验田对应的总体方差是否齐性时，得出了其不具有方差齐性的结论，那么这里的两两多重比较也就是两个总体间方差的判断，是否还应读取“不假定等方差”的检验结果？我们不妨和第 5 章学的独立样本 t 检验的 SPSS 结果做一下对比，输出结果如表 6.8～表 6.11 所示。

表 6.8　组统计量 1

	试验田	N	均值	标准差	均值的标准误
亩产量新	试验田 1	4	432.50	50.580	25.290
	试验田 4	6	416.67	33.862	13.824

表 6.9　独立样本检验 1

	方差方程的 Levene 检验		均值方程的 t 检验						
	F	Sig.	t	df	Sig.(双侧)	均值差值	标准误差值	差分的 95%置信区间	
								下限	上限
亩产量新 假设方差相等	.930	.363	.599	8	.566	15.833	26.426	−45.106	76.773
亩产量新 假设方差不相等			.549	4.803	.607	15.833	28.822	−59.177	90.844

在表 6.9 中，第 1 个组合方差的 Levene 检验 $p=0.363>\alpha=0.05$，所以读取表 6.9 中的第一行结果，$p=0.566>\alpha=0.05$，表示其组合的均值之间没有显著性差异，即试验田 1 和试验田 4 对油菜亩产量的影响无显著性差异。结果的不同反映了 SPSS 内部核心算法的不同。

表 6.10　组统计量 2

	试验田	N	均值	标准差	均值的标准误
亩产量新	＞＝ 2	17	466.47	113.630	27.559
	＜ 2	4	432.50	50.580	25.290

在表6.11中，第2个组合方差的Levene检验 $p=0.208>\alpha=0.05$，所以读取表6.11中的第一行结果，$p=0.572>\alpha=0.05$，表示其组合的均值之间无显著性差异，即试验田1的均值和试验田2、3、4之和的均值对油菜亩产量的影响无显著性差异。

表6.11 独立样本检验2

		方差方程的Levene检验		均值方程的 t 检验						
		F	Sig.	t	df	Sig.（双侧）	均值差值	标准误差值	差分的95%置信区间	
									下限	上限
亩产量新	假设方差相等	1.703	.208	.576	19	.572	33.971	59.014	−89.546	157.488
	假设方差不相等			.908	11.354	.383	33.971	37.405	−48.044	115.986

6.2 无重复试验的双因素方差分析

在6.1节的例子中，我们只在一个方案的不同水平间进行差异性比较，如果有两个方案需要比较，怎么办？

双因素方差分析考虑 A、B 两个因素对某指标的影响，设因素 A 有 s 个水平 $A_1,A_2,\cdots,A_s$，因素 B 有 k 个水平 $B_1,B_2,\cdots,B_k$。在进行双因素分析时，如果已知两因素之间不存在交互作用或两因素之间的交互作用的影响很小，那么只要对因素 A、B 的每对组合 (A_i,B_j) 进行一次试验即可；如果需要检验两因素间的交互作用，则每对组合 (A_i,B_j) 应该进行重复试验，即试验次数必须大于1。因此，前者称为**无重复双因素方差分析**，后者称为**有重复双因素方差分析**。

6.2.1 无重复实验的双因素方差分析问题引入

为了理解双因素方差分析的基本思路，我们先举一个简单的例子。

例6.2 经由专家测评，3种教学方法在4个不同的学校的试验效果（数据见文件“CH6例6.2教学法”）如表6.12所示。

表6.12 3种教学方法在4个不同的学校的试验效果

方法种类	学校A	学校B	学校C	学校D
方法1	80	90	30	20
方法2	90	80	40	50
方法3	100	100	60	40

试分析不同学校的试验效果是否存在显著性差异？不同教学方法之间是否存在显著性差异？（$\alpha=0.05$）

所谓双因素，是指问题中有两个变量（反映条件或前提的变量）：变量 A 与变量 B。除了上述教学方法和学校的生源、环境等问题外，还有如下实际问题也可以概括为双因素方差分析问题：不同激励方法的效果与被激励者的素质（如所处的文化环境或具有的传统观念）有关；不同药品的治疗效果与病人的体质特征有关；不同饲料的效果与猪的食量有关（或者与猪的品种有关）；不同推销方案的效果与产品的质量有关等。

看得出，有的问题起作用的因素会有许多。例如，影响工作效率的不仅有激励方法，而且与被激励者的素质、被激励者所处于的文化环境和具有的传统观念有关。这就是多因素问题。

1. 双因素方差分析模块的 SPSS 操作示例

① 读入数据后，单击【分析】→【一般线性模型】→【单变量】，进入双因素方差分析模块。

② 在双因素方差分析模块（如图 6.7 所示）中，选中左框的变量“试验结果”，将其放入右边的“因变量”框中。

③ 选中左框的变量“方法”和“学校”，放入右边的“固定因子”框中，如图 6.7 所示。

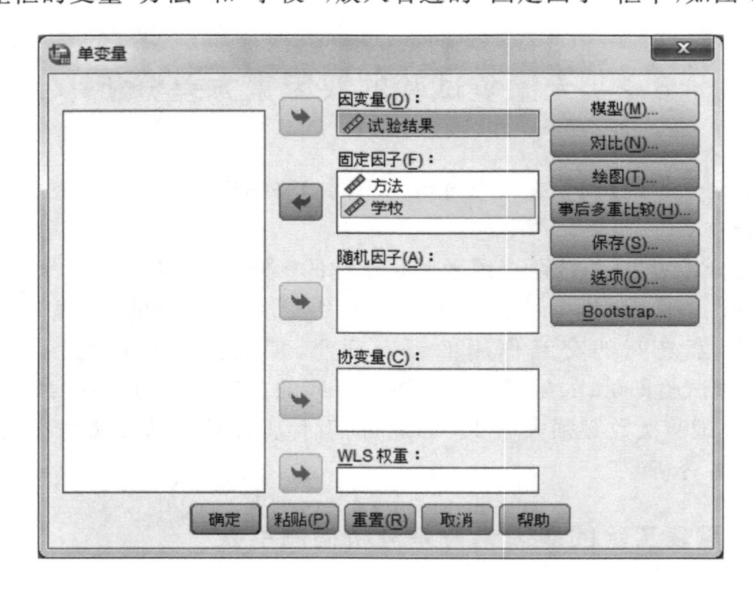

图 6.7　双因素方差分析模块

④ 单击对话框右上侧的【模型】按钮。

a. “指定模型”区块中的“全因子”（建立全模型，分析所有因素变量的主效应和交互效应），是系统的默认值。由于本例是无重复试验，不存在分析交互效应问题，所以不选择此项（单击右边的“定制”选项）。

b. 单击“定制”选项（用户自定义模型），中间的“构建项”区块被激活，同时，图 6.8 左边的“因子与协变量”框中的变量也被激活。

c. 选择所要分析的效应：单击“构建项”框中的下拉组合框小箭头，出现一个下拉菜单，如图 6.8 所示。其中，“交互”表示可以任意指定所要分析的交互效应；“主效应”表示指定做主效应分析，本例选择此项。其他略。

d. 选择所要分析的变量，单击左框中“方法”和“学校”用下面的箭头放入右侧框中。

e. 图6.8左下方的小框是选择平方和的处理方法。一般接受系统的默认值“类型Ⅲ”。

f. 图6.8右下方的复选框“在模型中包含截距”是系统的默认值，如果取消此选项，等于假设数据过原点，一般接受系统的默认值。

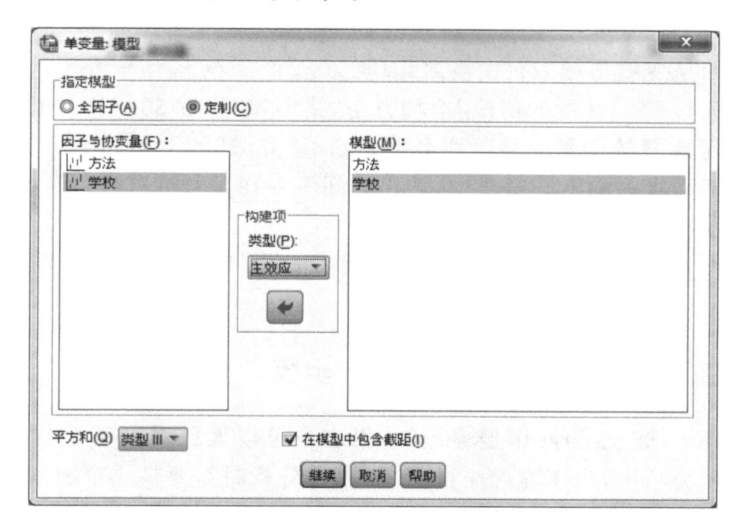

图6.8　选择要分析的效应

⑤ 单击【继续】按钮，回到上一个对话框。其他选项略。

⑥ 单击【确定】按钮，输出结果，如表6.13所示。

表6.13　方差分析结果

因变量：　试验结果

源	Ⅲ类平方和	自由度	均方	F	显著性
校正的模型	8366.667[a]	5	1673.333	18.825	.001
截距	50700.000	1	50700.000	570.375	.000
方法	800.000	2	400.000	4.500	.064
学校	7566.667	3	2522.222	28.375	.001
错误	533.333	6	88.889		
总计	59600.000	12			
校正后的总变异	8900.000	11			

a. R平方＝.940（调整后的R平方＝.890）

2. 结果分析

表6.13的第一列注明了变差来源。

- 校正的模型：等于方法的变差＋学校的变差，如果有交叉效应项，还应当增加交叉效应项的变差。
- 截距：相当于μ。
- 方法：方法的变差S_A。
- 学校：学校的变差S_B。

- 错误：误差（残差）项的变差 S_E，相当于 ε_{ij} 的平方和。
- 总计：总变差 S_T（＝截距变差＋剂量变差＋种系变差＋残差平方和）。
- 校正后的总变异：校正的变差和（＝校正模型的变差和＋残差的平方和）。

该表的第二列是常规的变差（Ⅲ类平方和残差的平方和）。

该表的第三列是自由度（df）。

该表的第四列是变差与相应自由度之比（均方）。

该表的第五列是 F 统计量的值（相应均方与“错误”的均方 88.889 之比）。

该表的第六列是 F 统计量的显著性水平。除了“方法”的 p 值以外，其他均小于 0.05，所以在“方法”的不同水平的不同组合中，效果之间不存在显著性差异，而“学校”的不同水平之间至少有两个水平的效果之间有显著性差异。

既然有显著性差异，那么我们自然会关心哪两个水平的效果之间存在显著性差异，所以要先做两两分析。

6.2.2 无重复双因素方差分析算法的步骤

刚才我们看到了 SPSS 的操作步骤，从结果表中可以大致看到算法的步骤。在无交互作用的双因素方差分析中，由于有两个因素，所以在分析时需要将一个因素安排在“行”的位置，称为行因素 A，将另一个因素安排在“列”的位置，称为列因素 B。设因素 A 有 s 个水平 $A_1,A_2,\cdots,A_s$，因素 B 有 k 个水平 $B_1,B_2,\cdots,B_k$。行因素和列因素的每一个水平都可以搭配成一组，观察它们对试验指标的影响，共抽取 $s\times k$ 个数据，其结构如图 6.9 所示。

因素 B / 因素 A	B_1	B_2	$\cdots$	B_k	均值 $\bar{X}_{i\cdot}$
A_1	X_{11}	X_{12}	$\cdots$	X_{1k}	$\bar{X}_{1\cdot}$
A_2	X_{21}	X_{22}	$\cdots$	X_{2k}	$\bar{X}_{2\cdot}$
$\cdots$	$\cdots$	$\cdots$	$\cdots$	$\cdots$	$\cdots$
A_s	X_{s1}	X_{s2}	$\cdots$	X_{sk}	$\bar{X}_{s\cdot}$
均值 $\bar{X}_{\cdot j}$	$\bar{X}_{\cdot 1}$	$\bar{X}_{\cdot 2}$	$\cdots$	$\bar{X}_{\cdot k}$	$\bar{X}$

图 6.9 无重复双因素方差分析的结构图

假设在 A_i 与 B_j 下的总体 $X_{ij}\sim N(\mu_{ij},\sigma^2)$，注意这个式子相当于假设 $s\times k$ 个总体分布的方差都相同，但其均值可能不同。设 $\mu=\dfrac{1}{s\times k}\sum\limits_{i=1}^{s}\sum\limits_{j=1}^{k}\mu_{ij}$，$\mu_{i\cdot}=\dfrac{1}{k}\sum\limits_{j=1}^{k}\mu_{ij}$ 称为第 i 行总体的平均，$\mu_{\cdot j}=\dfrac{1}{s}\sum\limits_{i=1}^{s}\mu_{ij}$ 称为第 j 列总体的平均。

1. 假设

零假设：

$H_{0A}:\mu_{i\cdot}=\mu$，即 $a_i=0$，$\mu_{i\cdot}=\mu+\alpha_i$，$i=1,2,\cdots,s$。

$H_{0B}:\mu_{\cdot j}=\mu$，即 $b_j=0$，$\mu_{\cdot j}=\mu+b_j$，$j=1,2,\cdots,k$。

备择假设：

H_{1A}:$\mu_{1}.$,$\mu_{2}.$,$\cdots\mu_{s}.$之间不完全相等(至少有两个不等),或 a_i 不全等于0。

H_{1B}:$\mu._{1}$,$\mu._{2}$,$\cdots\mu._{k}$之间不完全相等(至少有两个不等),或 b_j 不全等于0。

2. 计算

① 算行间变差:

$$S_A = k\sum_{i=1}^{s}(\bar{X}_{i}. - \bar{X})^2 \tag{6.12}$$

② 算列间变差:

$$S_B = s\sum_{j=1}^{k}(\bar{X}._{j} - \bar{X})^2 \tag{6.13}$$

③ 算总误差平方和:

$$S_E = \sum_{i=1}^{s}\sum_{j=1}^{k}(X_{ij} - \bar{X}_{i}. - \bar{X}._{j} + \bar{X})^2 \tag{6.14}$$

④ 算总变差:

$$S_T = \sum_{i=1}^{s}\sum_{j=1}^{k}(X_{ij} - \bar{X})^2 \tag{6.15}$$

其中,$\bar{X} = \frac{1}{sk}\sum_{i=1}^{s}\sum_{j=1}^{k}X_{ij}$,$\bar{X}_{i}. = \frac{1}{k}\sum_{j=1}^{k}X_{ij}$,$\bar{X}._{j} = \frac{1}{s}\sum_{i=1}^{s}X_{ij}$。可以证明,在无交互影响的双因素模型下,有如下结论。

a. 当 H_{0A}成立时,

$$\frac{S_A}{\sigma^2} \sim \chi^2(s-1) \tag{6.16}$$

b. 当 H_{0B}成立时,

$$\frac{S_B}{\sigma^2} \sim \chi^2(k-1) \tag{6.17}$$

⑤ 计算2个方差之比:

$$F_A = \frac{S_A/(s-1)}{S_E/[(s-1)(k-1)]} = \frac{(k-1)S_A}{S_E} \sim F((s-1),(s-1)(k-1)) \tag{6.18}$$

$$F_B = \frac{S_B/(k-1)}{S_E/[(s-1)(k-1)]} = \frac{(s-1)S_B}{S_E} \sim F((k-1),(s-1)(k-1)) \tag{6.19}$$

3. 做假设检验

对于给定的 α 查表,查出 $f_\alpha((s-1),(s-1)(k-1))$,若 F_A 的样本观察值 $f_A > f_\alpha((s-1),(s-1)(k-1))$,或 f_A 的显著性概率 $p<\alpha$,则表明 s_A 较大,即 $(\bar{x}_{i}. - \bar{x})$ 的绝对值较大,对应的总体参数 $\mu_{i}. - \mu$ 的绝对值较大,所以,以 α 的概率拒绝 H_{0A},即至少因素 A 中有两个水平之间的平均效果(均值),差异足够大。反之,接受 H_{0A},即因素 A 的不同水平之间的平均效果(均值)没有显著性差异。

同样,对于给定的 α 查表,查出 $f_\alpha((k-1),(s-1)(k-1))$,若 F_B 的样本观察值 $f_B > f_\alpha((k-1),(s-1)(k-1))$,或 f_B 的显著性概率 $p<\alpha$,则表明 s_B 较大,即 $(\bar{x}._{j} - \bar{x})$ 的绝对值较大,对应的总体参数 $\mu._{j} - \mu$ 的绝对值较大,则以 α 的概率拒绝 H_{0B},即至少因素 B 中有两个水平之间的平均效果(均值)差异足够大。反之,接受 H_{0B},即因素 B 的不同水平之间的平均效果(均值)没有显著性差异。

6.3 有重复试验的双因素方差分析

假设影响一个因变量的自变量(因素)有 A 和 B 两个,其中,A 有 s 个水平 $A_1,A_2,\cdots,A_s$,因素 B 有 k 个水平 $B_1,B_2,\cdots,B_k$。现对因素 A,B 的水平的每对组合 (A_i,B_j),$i=1,2,\cdots,s$,$j=1,2,\cdots,k$ 都做 $t\,(t\geqslant1)$ 次试验。若 $t\geqslant2$,此时就是有重复的双因素试验,无重复的双因素方差分析是有重复的双因素方差分析的特例。

6.3.1 有重复试验的双因素方差分析问题引入

为了理解双因素方差分析的基本思路,我们先举一个简单的例子。

例 6.3 下面记录了 3 种教学方法分别在 4 个不同学校 3 个试验班的试验效果,如表 6.14 所示。

表 6.14 有重复试验的双因素方差分析举例

方法种类	学校 A	学校 B	学校 C	学校 D
方法 1	80,83,81	88,90, 91	29,30,32	19,20,22
方法 2	89,90, 92	77,80, 81	39,40,41	49,50,52
方法 3	97,100,101	95,100,101	58,60,61	39,40,42

试分析学校、教学方法以及两者交互作用对试验结果的影响是否显著($\alpha=0.05$)?

1. 双因素方差分析模块的 SPSS 操作示例

① 读入数据(数据见文件“CH6 例 6.3 教学法有重双因”)后,单击【分析】→【一般线性模型】→【单变量】,进入双因素方差分析模块。

② 在双因素方差分析模块(如图 6.10 所示)中,选中左框的变量“试验结果”放入右边的“因变量”框中。

③ 选中左框的变量“方法”和“学校”,放入右边的“固定因子”框中,如图 6.10 所示。

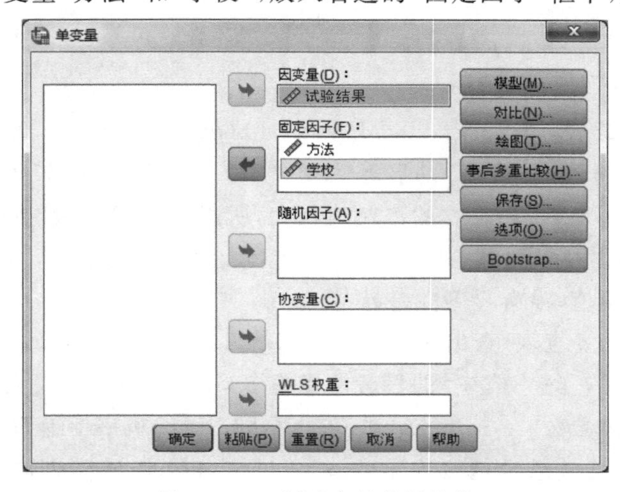

图 6.10 双因素方差分析模块

④ 默认系统对双因素方差分析模块对话框右上侧【模型】的选择，即要做全分析，包括交互效应。

⑤ 单击【选项】按钮，系统弹出一个新对话框，如图 6.11 所示。在该对话框的上半部分，选择“OVERALL”，即对 3 个变量——方法、学校、方法 * 学校，都要做分析。在该对话框的下半部分，选择方差的“同质性检验”。

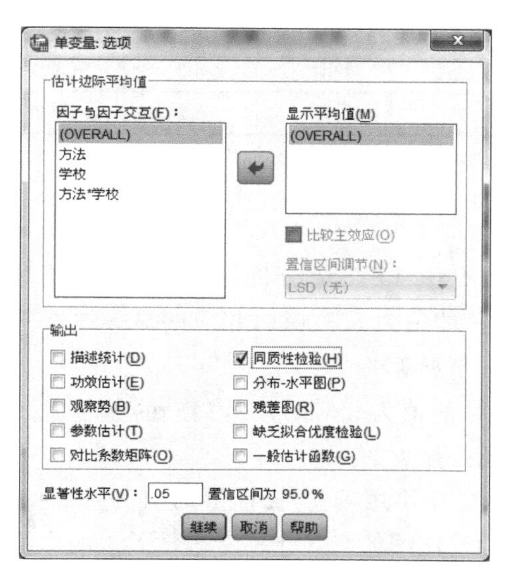

图 6.11　“单变量:选项”对话框

⑥ 单击【继续】按钮，回到上一个对话框。

⑦ 单击【事后多重比较】按钮，系统弹出一个新对话框，如图 6.12 所示。在该对话框的上半部分，我们选择需要对因素的水平做两两比较的变量，这时该对话框下半部分靠上的“假定方差齐性”区块被激活，此时选择“LSD”，用最小显著性差异方法(t 统计量的一种变形)来两两检验各水平效果均值是否有显著性差异。而该对话框下半部分的“未假定方差齐性”区块没有被激活，因为方差非齐性问题可以通过数据转换，使其接近齐性，如将 Box-cox 转换、对数转换、正态转换等转化为方差齐性来解决，所以 SPSS 在这个菜单下只针对方差齐性设计了算法。

图 6.12　“单变量:观测平均值的事后多重比较”对话框

⑧ 单击【确定】按钮，输出结果，如表 6.15～表 6.18 所示。

a. 表 6.15 是方差齐性的检验结果，表中 F 统计量的值为 0.990，其显著性概率 $p=0.482>0.05$，接受零假设，认为具有方差齐性。

表 6.15 误差方差的齐性 Levene's 检验[a]

因变量： 试验结果

F	df1	df2	显著性
.990	11	24	.482

检验各组中因变量的误差方差相等的零假设。

a. 设计 ：截距 ＋ 方法 ＋ 学校 ＋ 方法 ＊ 学校

b. 表 6.16 是含交叉项的双因素方差分析的结果。表中数据表明：

• 方法作用的 F 统计量的值为 339.060，相应的显著性概率 $p=0.000<0.05$，说明不同的方法对教学效果的作用是显著的；

• 学校作用的 F 统计量的值为 2 310.767，相应的显著性概率 $p=0.000<0.05$，说明不同学校对教学效果的作用是显著的；

• 方法与学校作用的交互作用的 F 统计量的值为 82.922，相应的显著性概率 $p=0.000<0.05$，说明方法与学校作用的交互作用对教学效果的影响也是显著的；

c. 表 6.17 是方法的不同等级对教学效果的影响的两两多重比较的检验结果，从显著性概率来看，3 种方法彼此之间的显著性概率都小于 0.05，所以方法的不同等级之间都存在显著性差异；

d. 表 6.18 是学校的不同等级对教学效果的影响的两两多重比较的检验结果，从显著性概率来看，4 个学校彼此之间的显著性概率也都小于 0.05，所以学校的不同等级之间，除了学校 A 和学校 B 之间外，都存在显著性差异。

表 6.16 主体间效应的检验

因变量： 试验结果

源	III 类平方和	自由度	均方	F	显著性
校正的模型	26125.639[a]	11	2375.058	737.087	.000
截距	151970.028	1	151970.028	47163.112	.000
方法	2185.056	2	1092.528	**339.060**	**.000**
学校	22337.417	3	7445.806	**2310.767**	**.000**
方法 ＊ 学校	1603.167	6	267.194	**82.922**	**.000**
错误	77.333	24	3.222		
总计	178173.000	36			
校正后的总变异	26202.972	35			

a. R 平方＝.997（调整后的 R 平方＝.996）

表6.17　方法的不同等级的两两比较 t 检验

因变量：　试验结果

LSD(L)

(I) 方法	(J) 方法	平均值差值 (I-J)	标准错误	显著性	95% 的置信区间	
					下限值	上限
方法1	方法2	−9.58*	.733	**.000**	−11.10	−8.07
	方法3	−19.08*	.733	**.000**	−20.60	−17.57
方法2	方法1	9.58*	.733	**.000**	8.07	11.10
	方法3	−9.50*	.733	**.000**	−11.01	−7.99
方法3	方法1	19.08*	.733	**.000**	17.57	20.60
	方法2	9.50*	.733	**.000**	7.99	11.01

基于观察到的平均值。

误差项是均方(误差)=3.222。

*. 均值差的显著性水平为 .05。

表6.18　学校的不同等级的两两比较 t 检验

因变量：试验结果

LSD(L)

(I) 学校	(J) 学校	平均值差值 (I-J)	标准错误	显著性	95% 的置信区间	
					下限值	上限
学校A	学校B	1.11	.846	**.202**	−.64	2.86
	学校C	47.00*	.846	**.000**	45.25	48.75
	学校D	53.33*	.846	**.000**	51.59	55.08
学校B	学校A	−1.11	.846	**.202**	−2.86	.64
	学校C	45.89*	.846	**.000**	44.14	47.64
	学校D	52.22*	.846	**.000**	50.48	53.97
学校C	学校A	−47.00*	.846	**.000**	−48.75	−45.25
	学校B	−45.89*	.846	**.000**	−47.64	−44.14
	学校D	6.33*	.846	**.000**	4.59	8.08
学校D	学校A	−53.33*	.846	**.000**	−55.08	−51.59
	学校B	−52.22*	.846	**.000**	−53.97	−50.48
	学校C	−6.33*	.846	**.000**	−8.08	−4.59

基于观察到的平均值。

误差项是均方(误差)=3.222。

*. 均值差的显著性水平为 .05。

6.3.2　有重复双因素方差分析算法的步骤

刚才我们看到了 SPSS 的操作步骤,从结果表6.11中就可以看到算法的步骤了。

在有交互作用的双因素方差分析中，由于有两个因素，在分析时将一个因素安排在“行”的位置，称为行因素 A；将另一个因素安排在“列”的位置，称为列因素 B。设因素 A 有 s 个水平 $A_1, A_2, \cdots, A_s$，因素 B 有 k 个水平 $B_1, B_2, \cdots, B_k$。为了检验因素 A 和 B 是否存在交互作用，方差分析不仅要检验因素 A 和 B 各自对因变量影响的显著性，而且还要检验其结合对因变量影响的显著性，这就要求对每一种水平组合都做多次试验。现对因素 A、B 的水平的每对组合 (A_i, B_j)，$i=1,2,\cdots,s$，$j=1,2,\cdots,k$ 都做 t ($t>1$) 次试验，其结构如图 6.13 所示。

因素 B / 因素 A	B_1	B_2	…	B_k	均值 $\bar{X}_{i\cdot\cdot}$
A_1	$X_{111}, X_{112}, \cdots, X_{11t}$	$X_{121}, X_{122}, \cdots, X_{12t}$	…	$X_{1k1}, X_{1k2}, \cdots, X_{1kt}$	$\bar{X}_{1\cdot\cdot}$
A_2	$X_{211}, X_{212}, \cdots, X_{21t}$	$X_{221}, X_{222}, \cdots, X_{22t}$	…	$X_{2k1}, X_{2k2}, \cdots, X_{2kt}$	$\bar{X}_{2\cdot\cdot}$
…	…	…	…	…	…
A_s	$X_{s11}, X_{s12}, \cdots, X_{s1t}$	$X_{s21}, X_{s22}, \cdots, X_{s2t}$	…	$X_{sk1}, X_{sk2}, \cdots, X_{skt}$	$\bar{X}_{s\cdot\cdot}$
均值 $\bar{X}_{\cdot j\cdot}$	$\bar{X}_{\cdot 1\cdot}$	$\bar{X}_{\cdot 2\cdot}$	…	$\bar{X}_{\cdot k\cdot}$	$\bar{X}$

图 6.13　有重复双因素方差分析的结构图

1. 假设

零假设：

$H_{0A}: \mu_{i\cdot} = \mu$，即 $a_i = 0, i=1,2,\cdots,s$。

$H_{0B}: \mu_{\cdot j} = \mu$，即 $b_j = 0, j=1,2,\cdots,k$。

$H_{0C}: c_{ij} = \mu_{ij} - a_i - b_j - \mu = 0, i=1,2,\cdots,s, j=1,2,\cdots,k$。

备择假设：

$H_{1A}: \mu_{1\cdot}, \mu_{2\cdot}, \cdots, \mu_{s\cdot}$ 之间不完全相等(至少有两个不等)，或 a_i 不全等于 0。

$H_{1B}: \mu_{\cdot 1}, \mu_{\cdot 2}, \cdots, \mu_{\cdot k}$ 之间不完全相等(至少有两个不等)，或 b_j 不全等于 0。

$H_{1C}: c_{ij} = \mu_{ij} - a_i - b_j - \mu$ 不全等于 $0, i=1,2,\cdots,s, j=1,2,\cdots,k$。或者说，交互作用是存在的。

2. 计算

① 算行间变差：

$$S_A = kt\sum_{i=1}^{s}(\bar{X}_{i\cdot\cdot} - \bar{X})^2 \tag{6.20}$$

② 算列间变差：

$$S_B = st\sum_{j=1}^{k}(\bar{X}_{\cdot j\cdot} - \bar{X})^2 \tag{6.21}$$

③ 算交叉变差：

$$\begin{aligned} S_{A\times B} &= t\sum_{i=1}^{s}\sum_{j=1}^{k}[(\bar{X}_{ij\cdot} - \bar{X}) - (\bar{X}_{i\cdot\cdot} - \bar{X}) - (\bar{X}_{\cdot j\cdot} - \bar{X})]^2 \\ &= t\sum_{i=1}^{s}\sum_{j=1}^{k}(\bar{X}_{ij\cdot} - \bar{X}_{i\cdot\cdot} - \bar{X}_{\cdot j\cdot} + \bar{X})^2 \end{aligned} \tag{6.22}$$

④ 算总变差：

$$S_T = \sum_{i=1}^{s} \sum_{j=1}^{k} \sum_{r=1}^{t} (X_{ijr} - \bar{X})^2 \tag{6.23}$$

⑤ 算总误差平方和：

$$S_E = \sum_{i=1}^{s} \sum_{j=1}^{k} \sum_{r=1}^{t} (X_{ijr} - \bar{X}_{ij\cdot})^2 \tag{6.24}$$

其中，$\bar{X} = \frac{1}{skt} \sum_{i=1}^{s} \sum_{j=1}^{k} \sum_{r=1}^{t} X_{ijr}$，$\bar{X}_{i\cdot\cdot} = \frac{1}{kt} \sum_{j=1}^{k} \sum_{r=1}^{t} X_{ijr}$，$\bar{X}_{\cdot j\cdot} = \frac{1}{st} \sum_{i=1}^{s} \sum_{r=1}^{t} X_{ijr}$，$\bar{X}_{ij\cdot} = \frac{1}{t} \sum_{r=1}^{t} X_{ijr}$，$t$ 为重复试验的次数。

⑥ 计算 3 个方差之比：

$$F_A = \frac{S_A/(s-1)}{S_E/sk(t-1)} \sim F((s-1), sk(t-1)) \tag{6.25}$$

$$F_B = \frac{S_B/(k-1)}{S_E/sk(t-1)} \sim F((k-1), sk(t-1)) \tag{6.26}$$

$$F_{A\times B} = \frac{S_{A\times B}/(s-1)(k-1)}{S_E/sk(t-1)} \sim F((s-1)(k-1), sk(t-1)) \tag{6.27}$$

3. 做假设检验

对给定的 α 查表，查出 $f_\alpha((s-1), sk(t-1))$，若 F_A 的样本观察值 $f_A > f_\alpha((s-1), sk(t-1))$，或 f_A 的显著性概率 $p<\alpha$，则表明 S_A 较大，即$(\bar{X}_{i\cdot\cdot} - \bar{X})$的绝对值较大，对应的总体参数 $\mu_{i\cdot} - \mu$ 的绝对值较大，所以，在 α 的水平上，拒绝 H_{0A}，即至少 A 因素中有两个水平之间的平均效果(均值)差异足够大。反之，接受 H_{0A}，即 A 因素的不同水平之间的平均效果(均值)没有显著性差异。

同样，对给定的 α 查表，查出 $f_\alpha((k-1), sk(t-1))$，若 F_B 的样本观察值 $f_B > f_\alpha((k-1), sk(t-1))$，或 f_B 的显著性概率 $p<\alpha$，则表明 S_B 较大，即$(\bar{X}_{\cdot j\cdot} - \bar{X})$的绝对值较大，对应的总体参数 $\mu_{\cdot j} - \mu$ 的绝对值较大，则以 α 的概率，拒绝 H_{0B}，即至少 B 因素中有两个水平之间的平均效果(均值)，差异足够大。反之，接受 H_{0B}，即 B 因素的不同水平之间的平均效果(均值)没有显著性差异。

对给定的 α 查表，查出 $f_\alpha((s-1)(k-1), sk(t-1))$，若 $F_{A\times B}$ 的样本观察值 $f_{A\times B} > f_\alpha((s-1)(k-1), sk(t-1))$，或 $f_{A\times B}$ 的显著性概率 $p<\alpha$，则表明 $S_{A\times B}$ 较大，即$(\bar{X}_{ij\cdot} - \bar{X}_{i\cdot\cdot} - \bar{X}_{\cdot j\cdot} + \bar{X})$的绝对值较大，对应的总体参数 $\mu_{ij} - \mu_{i\cdot} - \mu_{\cdot j} + \mu$ 的绝对值较大，即 c_{ij} 的绝对值较大，则以 α 的概率，拒绝 H_{0C}，即 A 因素与 B 因素中的交互效果中，至少有一个明显异于 0。反之，接受 H_{0C}，即 A 因素与 B 因素中的交互效果没有显著性差异。

习　题　6

1. 某公司想知道某 App 上 3 种类型的短视频中哪一种类型是最有效的，在过去的几周内随机地对这 3 种类型短视频的响应人数(对短视频有印象的人数)做了调查统计，结果如题表 6.1 所示。问：若显著性水平 $\alpha=0.01$，零假设“3 种类型的短视频效果(响应人数)没有差别”成立吗？如果其有差别，请进行两两差异性比较分析。

题表 6.1

短视频类型	响应人数					
A	260	410				
B	180	300	190	250	260	320
C	270	340	470	290	330	

2. 对 3 种不同品牌化妆品每千克所含的铅进行检验，结果如题表 6.2 所示。

题表 6.2

化妆品品牌	铅含量/毫克					
品牌 1	4.5	6.3	5.1	4.6	5.5	6.5
品牌 2	4.3	3.3	5.4	4.2	3.2	3.1
品牌 3	4.6	3.2	2.3	5.4	3.1	3.3

问：若显著性水平 $\alpha=0.01$，3 种品牌的化妆品中的铅含量有显著性差异吗？如果有，请进行两两差异性比较分析。

3. 选出交通条件、便利条件、客流量和规模相近的 3 个电影院，按照如下 3 种方式储值返现(分别在 3 个不同的店实施)：电影院 A 每储值 100 元返 5 元；电影院 B 每储值 500 元返 30 元；电影院 C 每储值 1 000 元返 55 元。试验 6 天，所得日储值额的数据如题表 6.3 所示。

题表 6.3

电影院	日储值额/百元					
	第一天	第二天	第三天	第四天	第五天	第六天
A	168	174	173	178	180	169
B	156	167	166	165	160	165
C	150	153	154	161	168	156

问：若显著性水平 $\alpha=0.05$，3 种方式的促销效果是否有显著性差异？如果有，请进行两两差异性比较分析。

4. 为检验操作工之间的差异是否显著、机器之间的差异是否显著，检测了 3 位操作工在 4 台不同机器上操作 3 天的日产量，所得日产量数据(单位：件)如题表 6.4 所示。

题表 6.4

机器	操作工								
	甲			乙			丙		
A	156	164	163	158	166	168	174	171	177
B	165	171	166	172	181	174	181	186	178
C	158	165	166	159	168	165	176	179	178
D	164	173	167	176	185	178	180	189	182

试做有重复试验的双因素方差分析(设显著性水平 $\alpha=0.05$)。

5. 考察合成纤维中对纤维弹性有影响的 2 个因素：收缩率 A 和总拉伸倍数 B。A 因素

和 B 因素各取 4 种水平，每种组合水平重复试验 2 次，所得数据如题表 6.5 所示。

题表 6.5

收缩率 A	总拉伸倍数 B			
	460(B_1)	520(B_2)	580(B_3)	640(B_4)
0(A_1)	71,73	72,73	75,73	77,75
4(A_2)	73,75	76,74	78,77	74,74
8(A_3)	76,73	79,77	74,75	74,73
12(A_4)	75,73	73,72	70,71	69,69

试问收缩率和总拉伸倍数分别对纤维弹性有无显著影响？收缩率与总拉伸倍数之间的交互作用是否显著(设显著性水平 $\alpha=0.05$)？

6. 为了提高某种产品的合格率，考察原料来源地 A 和原料用量 B 对产品的合格率是否有影响。假设原料来源于 3 个地方：甲、乙、丙。原料用量有 3 种方案：现用量、增加 5%、增加 8%。每个水平组合各做 1 次试验，得到题表 6.6 所示的数据，试分析原料来源地及用量对产品合格率的影响是否显著(设显著性水平 $\alpha=0.05$)。

题表 6.6

原料来源地 A	原料用量 B		
	现用量(B_1)	增加 5%(B_2)	增加 8%(B_3)
甲(A_1)	59%	70%	66%
乙(A_2)	63%	74%	70%
丙(A_3)	61%	66%	71%

7. 为调查正常人在一天的不同工作时间和不同工作强度下体能消耗(只以数值示意)的情况，对 32 个正常人做了某种体能测试。将一天分为不同时间段，又将人的工作强度分为 4 种(正常工作强度的 60%、80%、100%、120%)，试验数据是正常人在不同时间段和不同工作强度下的体能消耗值，如题表 6.7 所示。

题表 6.7

工作强度 A	工作时间 B			
	时间段 1(B_1)	时间段 2(B_2)	时间段 3(B_3)	时间段 4(B_4)
60%(A_1)	2.70,3.30	1.71,2.14	1.90,2.00	2.72,1.85
80%(A_2)	1.38,1.35	1.74,1.56	3.41,2.29	3.51,3.15
100%(A_3)	2.35,1.95	1.67,1.50	1.63,1.05	1.39,1.72
120%(A_4)	2.26,2.13	3.41,2.56	3.17,3.18	2.22,2.19

试分析工作时间、工作强度以及二者的交互效应对体能消耗的影响(设显著性水平 $\alpha=0.05$)。

8. 城市道路交通管理部门为研究不同时段和不同路段对行车时间的影响，让一名交通警察分别在两个路段的高峰期与非高峰期亲自驾车进行试验，通过试验共获得 20 个行车时间的数据(单位为 min)如题表 6.8 所示。试分析路段、时段以及路段和时段的交互效应对行车时间的影响(设显著性水平 $\alpha=0.05$)。

题表 6.8

时段 A	路段 B	
	路段 1(B_1)	路段 2(B_2)
高峰期(A_1)	26, 24, 27,25, 25	19, 20, 23,22, 21
非高峰期(A_2)	20, 17, 22,21, 17	18, 17, 13,16, 12

9. 为检验小麦品种和化肥用量对小麦亩产量(单位:斤)的影响,进行了重复抽样试验,获得的样本观测数据如题表 6.9 所示。试检验小麦品种、化肥用量及两者交互作用对小麦亩产量的影响是否显著(设显著性水平 $\alpha=0.05$)。

题表 6.9

小麦品种 A	化肥用量 B	
	20 kg(B_1)	40 kg(B_2)
品种 1(A_1)	650、640、655、660、655、640	745、760、755、760、735、745
品种 2(A_2)	710、715、680、700、680、715	935、955、955、945、960、950
品种 3(A_3)	700、725、720、730、720、725	712、711、715、709、732、720

10. 一家管理咨询公司为不同的客户举办人力资源讲座,每次讲座的内容基本一样,但讲座的听课者有高级管理者、中级管理者和初级管理者。该咨询公司认为,不同层次的管理者对讲座的满意度可能存在差异,听完讲座后随机抽取不同层次的管理者的满意度评分,结果如题表 6.10 所示(评分标准为 1 到 10,10 代表非常满意)。

题表 6.10

听课者	满意度评分						
高级管理者	7	7	8	7	9		
中级管理者	8	9	8	10	9	10	8
初级管理者	5	6	5	7	4	8	

请据此检验管理者的层次不同是否会导致满意度评分的显著性差异,如果是,究竟存在于哪些层次之间(设显著性水平 $\alpha=0.05$)?

11. 在一个农业试验中,考虑 4 种不同的种子品种 A_1、A_2、A_3、A_4 和 3 种不同的施肥方法 B_1、B_2、B_3,得到产量数据如题表 6.11 所示。试分析种子品种与施肥方法对产量有无显著影响(设显著性水平 $\alpha=0.05$)。

题表 6.11

种子品种	施肥方法		
	B_1	B_2	B_3
A_1	325	292	316
A_2	317	310	318
A_3	310	320	318
A_4	330	370	365

第7章
相关分析

在前面章节的方差分析中，我们研究了怎样根据试验结果，鉴别各个有关因素对试验结果的影响是否显著的方法。在形式上，方差分析是检验方差相同的多个（多于两个）正态总体的均值是否相等，用以判断多个总体的均值是否存在显著性差异。在数据分析中，人们常常还需要分析变量之间的关系。比如，我们会关心一个地区的经济增长与什么变量相关，一个网络移动节点位置的定位准确性和什么因素相关，企业的销量和什么相关。我们还可能关心许多实证性的问题，如大学生的业余偏好是否和专业相关，在剔除了外界环境的影响之后移动节点目标跟踪算法的误差和已知位置的节点密度是否相关，技术购买的决策是否与企业的技术实力相关，等等。

7.1 相关分析的概念

变量之间的相关关系有两种：一种是确定型关系；另一种是不确定型关系。

7.1.1 相关系数的种类

若相关系数是根据总体全部数据计算的，则称为总体相关系数，记为 ρ_{XY}；若是根据样本数据计算的，则称为样本相关系数。

1. 两个随机变量的总体（线性）相关系数

定义 7.1 在概率论中，通常用协方差 $\mathrm{Cov}(X,Y)$ 和相关系数 ρ_{XY} 来衡量两个随机变量 X、Y 的取值之间相互关系的程度和方向，其计算公式分别如下：

$$\mathrm{Cov}(X,Y)=E[(X-E(X))(Y-E(Y))]=E(XY)-E(X)E(Y) \tag{7.1}$$

$$\rho_{XY}=\frac{\mathrm{Cov}(X,Y)}{\sqrt{D(X)D(Y)}} \tag{7.2}$$

其中，ρ_{XY} 是一个无量纲的量，称为随机变量 X、Y 之间的相关系数。可以证明，相关系数是区间 $[-1,1]$ 之间的一个量。若 $\rho_{XY}=0$，则称 X 与 Y 不相关。

若 X 与 Y 相互独立，由概率论的知识我们可以知道 $\mathrm{Cov}(X,Y)=0$，即 $\rho_{XY}=0$，X 与 Y 不相关。反之，若 X 与 Y 不相关，则 X 与 Y 不一定相互独立。

但不相关的两个服从正态分布的随机变量是相互独立的。

2. 两组样本的线性相关系数

定义 7.2 设 $(X_1,Y_1),(X_2,Y_2),\cdots,(X_n,Y_n)$ 是 (X,Y) 的一组样本，则样本的线性相

关系数为

$$r_{XY}=\frac{\sum_{i}(X_i-\bar{X})(Y_i-\bar{Y})}{\sqrt{\sum_{i}(X_i-\bar{X})^2}\sqrt{\sum_{i}(Y_i-\bar{Y})^2}}=\frac{\sum_{i}\hat{X}_i\hat{Y}_i}{\sqrt{\sum_{i}\hat{X}_i^2}\sqrt{\sum_{i}\hat{Y}_i^2}} \tag{7.3}$$

其中，$\hat{X}_i=X_i-\bar{X}$，$\hat{Y}_i=Y_i-\bar{Y}$，$(\hat{X}_i,\hat{Y}_i)$称为样本(X_i,Y_i)的中心化处理结果，这里的数据是刻度级的数据。

样本相关系数是对总体样本间的线性相关关系的描述，这种相关系数也称为 **Pearson 积矩相关系数**，通常简称为 **Pearson 相关系数**（皮尔逊相关系数）。样本相关系数也是区间$[-1,1]$之间的一个量。

3. 两组样本的等级相关系数

在实际应用中，有时获得的原始资料没有具体的数据表现，只能用等级来描述某种现象，要分析现象之间的相关关系，就只能用等级相关系数。

等级相关系数又称为“秩相关系数”，是反映等级相关程度的统计分析指标。常用的等级相关系数有 Spearman 等级相关系数和 Kendall 等级相关系数等。

定义 7.3 设$(X_1,Y_1),(X_2,Y_2),\cdots,(X_n,Y_n)$是总体$(X,Y)$的一组顺序级数据样本，则样本的 **Spearman(斯皮尔曼)等级相关系数**为

$$\theta_{XY}=1-\frac{6\sum_{i=1}^{n}(X_i-Y_i)^2}{n(n^2-1)} \tag{7.4}$$

由于刻度级数据也具有顺序级数据的特征，因此，引申出带有刻度级数据样本的等级相关系数的概念。

定义 7.4 设$(X_1,Y_1),(X_2,Y_2),\cdots,(X_n,Y_n)$是总体$(X,Y)$的一组刻度级的数据样本，设$R_{X_i}$为$X_i$的名次，$R_{Y_i}$为$Y_i$的名次，$\bar{R}_X=\frac{\sum_{i=1}^{n}R_{X_i}}{n}$，$\bar{R}_Y=\frac{\sum_{i=1}^{n}R_{Y_i}}{n}$，则可以用如下方式求出**等级相关系数**：

$$\theta_{XY}=\frac{\sum_{i}(R_{X_i}-\bar{R}_X)(R_{Y_i}-\bar{R}_Y)}{\sqrt{\sum_{i}(R_{X_i}-\bar{R}_X)^2}\sqrt{\sum_{i}(R_{Y_i}-\bar{R}_Y)^2}} \tag{7.5}$$

当两组样本值中，有一组是顺序级的数据，另一组是刻度级的数据时，也可以计算等级相关系数，只需把刻度级的数据用相应的名次来表达就行了。

在 SPSS 中，求数据名次的操作是单击【转换】→【个案等级排序】。

4. 样本的偏相关

偏相关指的是，在诸多相关的变量中，剔除了（控制了）其中的一个或若干个变量后，两个变量之间的简单相关关系。例如，控制了年龄和工龄的影响，看工资收入和受教育程度之间的关系；或者剔除了销售能力的影响，研究销售量和广告费用之间的关系。

定义 7.5 已知变量X、Y、Z是彼此有关联的一组变量，那么，在剔除（控制）了变量Z的影响之后，变量X、Y的**偏相关系数**为

$$r_{XY,Z}=\frac{r_{XY}-r_{XZ}r_{YZ}}{\sqrt{(1-r_{XZ}^2)}\sqrt{(1-r_{YZ}^2)}} \tag{7.6}$$

其中,$r_{..}$ 表示 Pearson 积矩相关系数,$r_{...,.}$ 表示**偏相关系数**,下标中逗号“,”之后的变量是被控制的变量,逗号“,”前面的变量是被计算偏相关的两个变量。

定义 7.6 已知变量 X、Y、Z_1、Z_2 是彼此有关联的一组变量,那么,在剔除(控制)了变量 Z_1,Z_2 的影响之后,变量 X、Y 的**偏相关系数**为

$$r_{XY,Z_1Z_2}=\frac{r_{XY,Z_1}-r_{XZ_2,Z_1}r_{YZ_2,Z_1}}{\sqrt{(1-r_{XZ_2,Z_1}^2)}\sqrt{(1-r_{YZ_2,Z_1}^2)}} \tag{7.7}$$

其中,$r_{...,.}$ 是控制了一个变量的偏相关系数,下标中逗号“,”之后的变量是被控制的变量,逗号“,”前面的变量是被计算偏相关的两个变量。

7.1.2 散点图

散点图又称相关图,它以直角坐标系的横轴代表一个变量,以纵轴代表另一个变量,将两个变量间相对应的变量值用坐标点的形式描绘出来,即用图形的形式反映两个变量之间的相关关系。散点图表示因变量随自变量而变化的大致趋势,如图 7.1 所示。

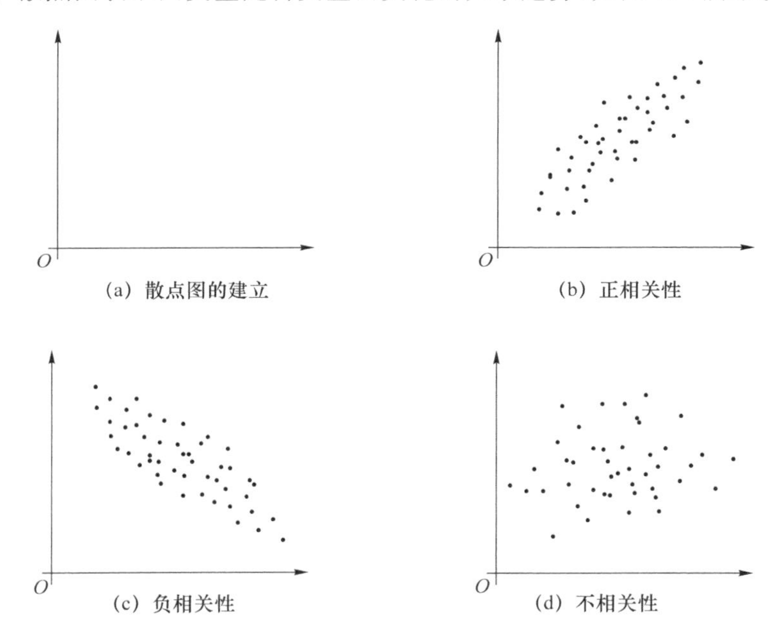

图 7.1 散点图示意图

7.1.3 相关强度的表达

国内有些著作在介绍样本相关系数时,常用如下准则代替显著性检验,来判别随机变量间的相关性的强弱:“样本相关系数的绝对值为 0.8 以上是强相关,为 0.8 至 0.5 是显著相关,为 0.5 至 0.3 是弱相关,为 0.3 以下是不相关。”这表明,可以仅仅依据样本相关系数绝对值的大小来判断随机变量相关性的强弱,但是这种替代是不妥当的,不仅是粗糙的,还常常是错误的。

要通过样本相关系数来判断两个随机变量的相关性的强弱,首先要做样本相关系数是否显著异于 0 的显著性检验。例如,只有 t 统计量的显著性概率 p 值小于设定的显著性水

平 α,才能断定两个随机变量在 α 水平上显著相关。只有在两个随机变量显著相关的前提下,样本相关系数的绝对值的大小才反映了两个随机变量相关性的强弱。

还有一个反映相关性强弱的参考指标是 t 统计量的显著性概率 p 值的大小。由于 t 统计量的显著性概率 p 值越小,推断两个随机变量相关时,犯错误的概率越小。所以,t 统计量的显著性概率大小在一定意义上反映了两个随机变量相关性的强弱。

7.2 简单线性相关

简单相关系数可以对两个变量之间线性相关的紧密程度进行度量。

7.2.1 简单线性相关问题引入

例 7.1 表 7.1 所示为 7 个省区的人均 GDP(单位为元)和建筑合同的价值(单位为亿元),试计算两个变量之间的相关系数,并在 0.05 的显著性水平下对显著性进行检验(数据见文件“CH7 例 7.1-例 7.4 建筑合同”)。

表 7.1 数据表

省区	A	B	C	D	E	F	G
人均 GDP/元	10 070	5 509	10 568	9 588	3 254	6 019	6 678
建筑合同的价值/亿元	27.40	20.24	25.93	23.39	16.20	12.51	8.88

通常,在相关分析中,我们先考虑数据类型,以便把相关问题归结为线性相关、等级相关或偏相关。

线性相关模块的 SPSS 操作示例如下。

① 在录入数据后(见 CH7 例 7.1-例 7.4 建筑合同.sav),单击【图形】→【旧对话框】→【散点/点状】,系统弹出散点图类型的选择对话框,我们选择“简单分布”,单击【定义】按钮。

② 系统弹出简单散点图坐标定义对话框,将变量“人均 GDP”放入选择框“X 轴”中,“建筑合同的价值”放入选择框“Y 轴”中,如图 7.2 所示。

图 7.2 散点图坐标定义对话框

③ 单击【确定】按钮，生成两变量的散点图，如图 7.3 所示。从图 7.3 可以清楚看出，变量“人均 GDP”和“建筑合同的价值”之间存在近似的正相关关系。

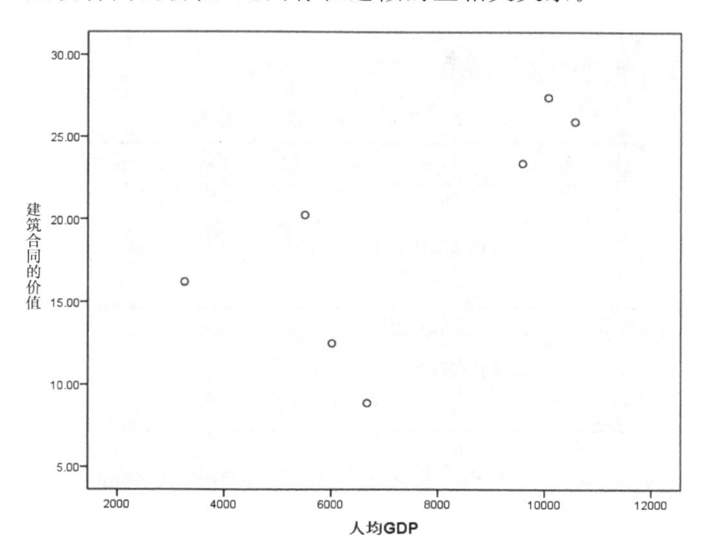

图 7.3　两变量样本的散点图

④ 单击【分析】→【相关】→【双变量】，进入“双变量相关性”对话框。

⑤ 在“双变量相关性”对话框（如图 7.4 所示）中，在左框选择要做相关分析的变量，本例选中左框的变量“人均 GDP”和“建筑合同的价值”放入右边的“变量”框中。

⑥ 在“相关系数”区块中，选择一种相关系数。在该区块中，列出了 3 种相关系数供选择：a. Pearson 相关系数（系统的默认值），本例选择此项，因为做相关分析的两列数据均为刻度级的数据；b. Kandall’s tau-b 相关系数，它是一种依据配对样本之差的正负号的个数，计算出来的相关系数，本书略；c. Spearman 等级相关系数。

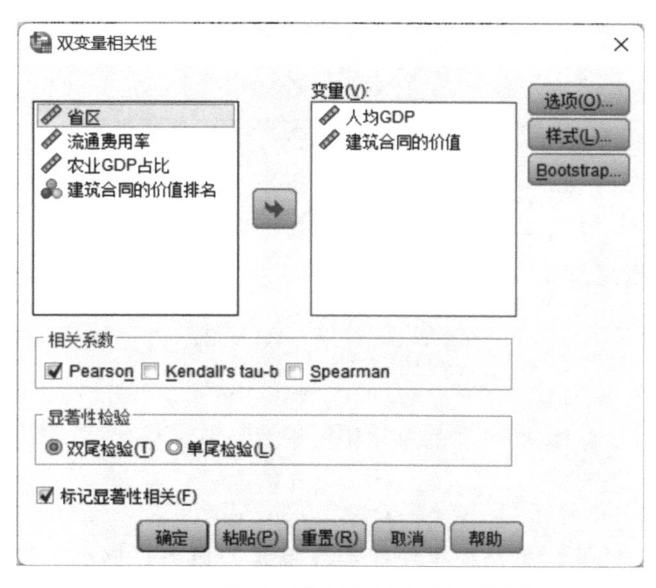

图 7.4　双变量相关性分析模块对话框

⑦ 在双变量相关性分析模块对话框的第二组选项区块，需要选择单尾检验还是双尾检验，系统默认值是双尾检验。本例可以接受系统的默认值，也可以选择单尾检验，因为从图 7.3 中，可以确定两个变量是正相关关系。

⑧ 单击【确定】按钮，系统输出结果，如表 7.2 所示。

表 7.2　相关系数及显著性检验

		人均 GDP	建筑合同的价值
人均 GDP	Pearson 相关性	1	.694
	显著性（双尾）		.084
	N	7	7
建筑合同的价值	Pearson 相关性	.694	1
	显著性（双尾）	.084	
	N	7	7

结果说明：从表 7.2 中可见人均 GDP 和建筑合同的价值之间的 Pearson 相关系数为 0.694，显著性概率 $p=0.084>0.05$，说明两个随机变量的相关系数是没有显著异于 0 的。

在图 7.4 中，还有一个【选项】按钮，它要求你选择输出额外的统计值（如均值、标准差等）及选择缺失值的处理方式。对于缺失值的处理方式，一般接受系统的默认值。

7.2.2　线性相关分析的原理

由于我们是通过抽样的方法来研究变量之间的关系的，所以当我们求出各类样本相关系数不为 0 时，这并不能真正表明随机变量之间是相关的，还需通过显著性检验来判别随机变量之间的相关系数是否显著异于 0。下面先来看 **Pearson 相关系数显著异于 0 的 t 检验。**

在二维总体(X,Y)服从正态分布的前提下，R. A. 费希尔（R. A. Fisher）给出了检验 Pearson 线性相关系数是否显著异于 0 的 t 统计量。

① 求线性相关系数 r_{XY}（Pearson 线性相关系数）：

$$r_{XY}=\frac{\sum_i (X_i-\bar{X})(Y_i-\bar{Y})}{\sqrt{\sum_i (X_i-\bar{X})^2}\sqrt{\sum_i (Y_i-\bar{Y})^2}} \tag{7.8}$$

其中，$\bar{X}=\frac{1}{n}\sum_i X_i$，$\bar{Y}=\frac{1}{n}\sum_i Y_i$。

② 计算 t 统计量之值：

$$t=\frac{r_{XY}\sqrt{n-2}}{\sqrt{1-r_{XY}^2}}\sim t(n-2) \tag{7.9}$$

其中，n 是样本容量。

③ 做假设检验，设总体 X 和 Y 的总体相关系数为 ρ_{XY}。

$$H_0:\rho_{XY}=0$$
$$H_1:\rho_{XY}\neq 0$$

这是一个双尾检验的问题。思路还是使**犯弃真错误**的概率足够小。假设 H_0 为真的情况下，如果由样本计算出来的 r_{XY} 偏离 0 很多，则我们应该倾向于选择 $\rho_{XY}\neq 0$，放弃 H_0，并让放

弃 H_0 这个事件的概率很小，为 α。对应的是，t 统计量的值大于临界值 $t_{\alpha/2}(n-2)$ 时，我们放弃原假设 H_0，并使得犯弃真错误的概率很小，为 α。

$$P\{|t| \geqslant t_{\alpha/2}(n-2)\} \leqslant \alpha \tag{7.10}$$

④ 从临界值的角度考虑，若 $|t| \geqslant t_{\alpha/2}(n-2)$，则表明由样本计算出来的 r_{XY} 较大，由式(7.9)可见 $1-r_{XY}^2$ 较小，对应的 t 较大，所以，以 α 的概率(或在 α 水平上)拒绝 H_0，即总体 X 和 Y 的总体相关系数 ρ_{XY} 与 0 的差异足够大。反之，接受 H_0，即两个总体间的相关系数 ρ_{XY} 与 0 没有显著差异。

⑤ 从 p 值法的角度考虑，在 SPSS 中，相关性的判别和前文假设检验的方法类似，也可以通过比较统计值 t 的外侧概率 p(显著性概率)的 2 倍与 α 的大小，来判别接受还是拒绝 H_0。

7.2.3 线性相关分析的 SPSS 操作

例 7.1 中两个总体的相关性与 0 不存在显著性差异，也就是两个总体显著不相关。但是如果在同一个调查的问题中，存在多个总体，怎样分析总体两两之间的相关性？

例 7.2 读入例 7.1 的数据文件“CH7 例 7.1-例 7.4 建筑合同”，请分析一下“人均 GDP”“建筑合同的价值”与其他变量(“流通费用率”“农业 GDP 占比”)的相关关系。

① 单击【分析】→【相关】→【双变量】，进入“双变量相关性”对话框。

② 在“双变量相关性”对话框(如图 7.5 所示)中，选中左框的变量“人均 GDP”“建筑合同的价值”“流通费用率”“农业 GDP 占比”放入右边的“变量”框中。

③ 在该对话框的“相关系数”区块中，接受系统的默认值(Pearson)。

④ 在该对话框的“显著性检验”区块中，接受系统的默认值(双尾检验)。

⑤ 在该对话框中，勾选复选框“标记显著性相关”。

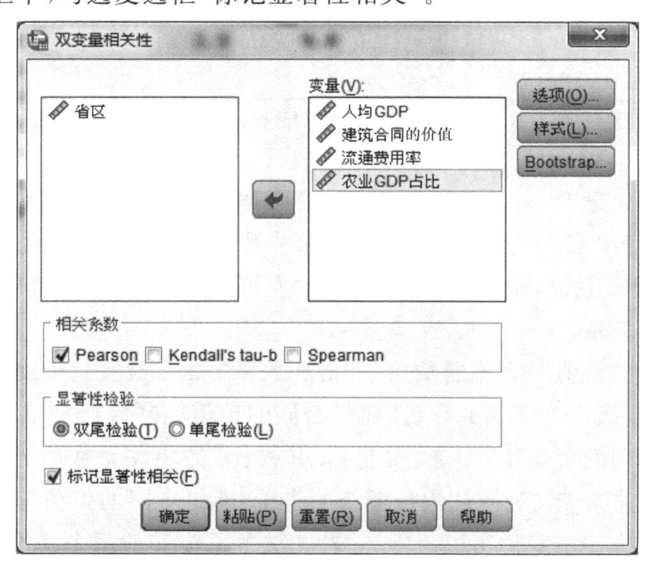

图 7.5 “双变量相关性”对话框

⑥ 单击【粘贴】按钮，系统弹出语法编辑器窗口，在“建筑合同的价值”与“流通费用率”之间写上“with”，如图 7.6 所示。这样可以避免选中的所有变量（“人均 GDP”“建筑合同的价值”“流通费用率”“农业 GDP 占比”）的两两相关性的计算。语句“VARIABLES＝A B with C D”的意思是分别计算 A 与 C、D 的相关性，以及 B 与 C、D 的相关性，而不必输出 A、B、C、D 两两相关系数的一个方阵。

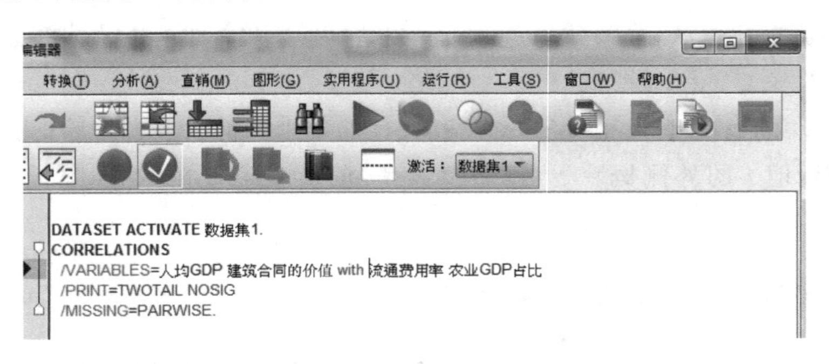

图 7.6　语法编辑器窗口

⑦ 在图 7.6 中，单击绿色三角形（“运行选定内容”按钮），系统输出结果，如表 7.3 所示。

表 7.3　相关性

		流通费用率	农业 GDP 占比
人均 GDP	Pearson 相关性	.745	−.477
	显著性（双尾）	.055	.279
	N	7	7
建筑合同的价值	Pearson 相关性	.474	−.941**
	显著性（双尾）	.283	.002
	N	7	7

**. 在置信度（双测）为 0.01 时，相关性是显著的。

由表 7.3 可知，变量“人均 GDP”和“流通费用率”的相关系数的 t 检验显著性概率为 0.055，变量“人均 GPP”和“农业 GDP 占比”的相关系数的 t 检验显著性概率为 0.279，两者均大于 0.05，故接受零假设，认为被调查的省份“人均 GDP”和“流通费用率”“农业 GDP 占比”没有显著的相关关系。

变量“建筑合同的价值”和“流通费用率”的相关系数的 t 检验显著性概率为 0.283，大于 0.05，故接受零假设，认为被调查的省份“建筑合同的价值”和“流通费用率”没有显著的相关关系。变量“建筑合同的价值”与变量“农业 GDP 占比”的相关系数的 t 检验显著性概率为 0.002，小于 0.05，故拒绝零假设，认为被调查的省份“建筑合同的价值”和“农业 GDP 占比”有显著的相关关系，进一步我们可以思考，这种相关关系受其他两个变量的影响吗？

请大家试想一下，在第 6 步不进行语句的修改，直接单击【确定】按钮，输出结果是什么？

7.3 偏相关

7.3.1 偏相关问题引入

假设一个数据集中有 r 个变量(因素)$A_1, A_2, \cdots, A_r$,**偏相关**指的是控制其中 $k(k<r)$ 个变量后,分析其余变量之间的相关关系。

例 7.3 在例 7.2 中我们分析了“人均 GDP”和“建筑合同的价值”与“流通费用率”“农业 GDP 占比”的相关关系,那么是否可以据此得出结论,“农业 GDP 占比”提高是“建筑合同的价值”降低的原因?

① 单击【分析】→【相关】→【偏相关】,系统弹出一个对话窗口,即偏相关分析模块对话框。

② 在偏相关相关分析模块对话框(如图 7.7 所示)中,选中左框的变量“农业 GDP 占比”和“建筑合同的价值”放入右边的“变量”框中。

③ 在偏相关相关分析模块对话框(如图 7.7 所示)中,选中左框的变量“人均 GDP”与“流通费用率”放入右边的“控制”框中。

④ 在该对话框的“显著性检验”区块中,接受系统的默认值(双尾检验)。

⑤ 在该对话框中,勾选复选框“显示实际显著性水平”。

⑥ 单击【确定】按钮,系统输出结果,如表 7.4 所示。

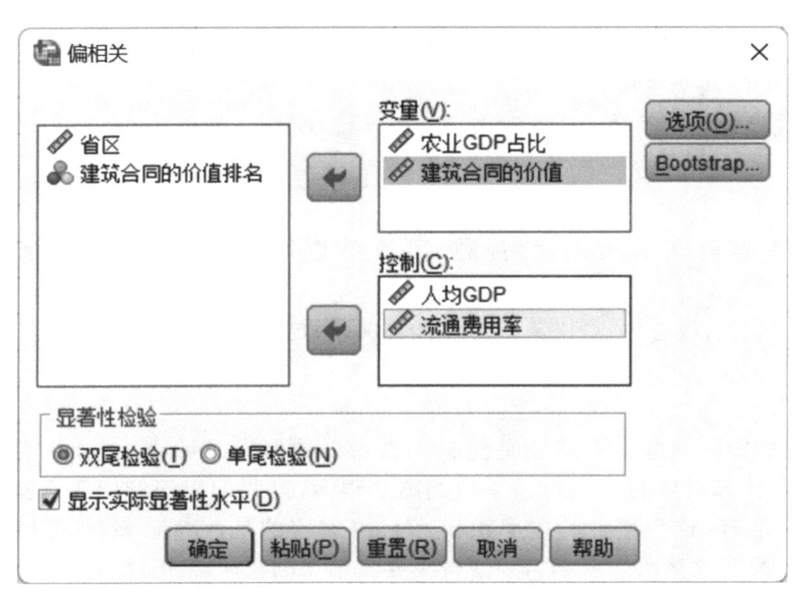

图 7.7 偏相关分析模块对话框

表 7.4 偏相关系数与显著性检验

控制变量			农业 GDP 占比	建筑合同的价值
人均 GDP & 流通费用率	农业 GDP 占比	相关性	1.000	−.975
		显著性(双侧)	.	.005
		df	0	3
	建筑合同的价值	相关性	−.975	1.000
		显著性(双侧)	.005	.
		df	3	0

在表 7.4 中,偏相关系数是−0.975,显著性概率 $p=0.005<0.05$,说明剔除了"人均 GDP"和"流通费用率"的影响后,变量"农业 GDP 占比"和"建筑合同的价值"仍然存在显著性的关系。

7.3.2 偏相关分析的算法步骤

上文我们了解了 SPSS 的操作步骤,从表 7.4 可以进一步分析算法的步骤了。

① 求剔除(控制)了变量 Z 的影响之后,变量 X、Y 的偏相关系数:

$$r_{XY,Z}=\frac{r_{XY}-r_{XZ}r_{YZ}}{\sqrt{(1-r_{XZ}^2)}\sqrt{(1-r_{YZ}^2)}} \tag{7.11}$$

其中,$r_{..}$ 表示 Pearson 积矩相关系数,$r_{..,.}$ 表示偏相关系数,下标中逗号","之后的变量是被控制的变量,逗号","前面的变量是被计算偏相关的两个变量。

或者求剔除(控制)了变量 Z_1、Z_2 的影响之后,变量 X、Y 的偏相关系数:

$$r_{XY,Z_1Z_2}=\frac{r_{XY,Z_1}-r_{XZ_2,Z_1}r_{YZ_2,Z_1}}{\sqrt{(1-r_{XZ_2,Z_1}^2)}\sqrt{(1-r_{YZ_2,Z_1}^2)}} \tag{7.12}$$

其中,$r_{..,.}$ 是偏相关系数,下标中逗号","之后的变量是被控制的变量,逗号","前面的变量是被计算偏相关的两个变量。

② 计算检验偏相关系数是否显著异于 0 的 t 统计量:

$$t=\frac{r_{XY,Z}\sqrt{n-k-2}}{\sqrt{1-r_{XY,Z}^2}}\sim t(n-k-2) \tag{7.13}$$

其中,n 是样本容量,k 是被剔除(控制)了的变量个数,$r_{XY,Z}$ 根据实际情况也可以换为 r_{XY,Z_1Z_2}。

③ 做假设检验,设总体 X 和 Y 的总体偏相关系数为 $\rho_{XY,Z}$。

$$H_0:\rho_{XY,Z}=0$$
$$H_1:\rho_{XY,Z}\neq 0$$

这是一个双尾检验的问题。思路还是使犯弃真错误的概率足够小。假设 H_0 为真的情况下,如果由样本计算出来的 $r_{XY,Z}(r_{XY,Z_1Z_2})$ 偏离 0 很多,则我们应该倾向于选择 $\rho_{XY,Z}\neq 0$,放弃 H_0,并让放弃 H_0 这个事件的概率很小,为 α。对应的是,t 统计量的值大于临界值 $t_{\alpha/2}(n-k-2)$ 时,我们放弃原假设 H_0,并使得犯弃真错误的概率很小,为 α。

$$P\{|t|\geqslant t_{\alpha/2}(n-k-2)\}\leqslant\alpha \tag{7.14}$$

④ 从临界值的角度考虑,若 $|t|\geqslant t_{\alpha/2}(n-k-2)$,则表明由样本计算出来的 $r_{XY,Z}(r_{XY,Z_1Z_2})$ 较大,$1-r_{XY,Z}^2$(或 $1-r_{XY,Z_1Z_2}^2$)较小,对应的 t 较大,所以,以 α 的概率(或在 α 水平

上)拒绝 H_0,即总体 X 和 Y 的总体偏相关系数 $\rho_{XY,Z}$ 与 0 的差异足够大。反之,接受 H_0,即两个总体间的偏相关系数 $\rho_{XY,Z}$ 与 0 没有显著差异。

⑤ 从 p 值法的角度考虑,在 SPSS 中,相关性的判别与前文假设检验的方法类似,也可以通过比较统计值 t 的外侧概率 p(显著性概率)与 α 的大小,来判别接受还是拒绝 H_0。

7.4 等级相关

在上述例子中,我们面对的总体数据都是刻度级的数据,那如果数据是顺序级的数据,如何比较两个变量之间的相关性?

7.4.1 等级相关问题引入

假设一个数据集中有 r 个变量(因素)$A_1,A_2,\cdots,A_r$,其中一些变量是顺序级的变量,或者全部变量都是刻度级变量,都可以分析两两之间的等级相关性。**等级相关**指的是判断其中 $k(k<r)$个变量的相关性,这 k 个变量的数据类型为顺序级或刻度级。

例 7.4 在例 7.1 中,数据文件"CH7 例 7.1-例 7.4 建筑合同"的变量"建筑合同的价值排名"明显是顺序级的数据,问:"流通费用率""农业 GDP 占比"与"建筑合同的价值排名"是否等级相关?

① 单击【分析】→【相关】→【双变量】,系统弹出一个对话框。

② 在该对话框中,选中左框的变量"流通费用率""农业 GDP 占比"与"建筑合同的价值排名",将其放入右边的"变量"框中。

③ 在该对话框的"相关系数"区块中,选择"Spearman"(此时把"流通费用率""农业 GDP 占比"作为顺序级数据)。此处如果只分析"流通费用率"和"农业 GDP 占比"的相关关系的话,由于这两个变量的数据也是刻度级数据,所以可以同时选择 Pearson 相关系数和 Spearman 相关系数。而本例还包括顺序级数据"建筑合同的价值排名",所以只选择 Spearman 相关系数,如图 7.8 所示。

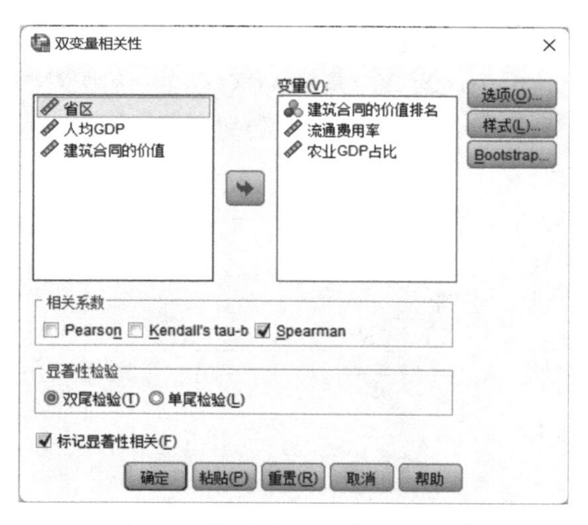

图 7.8 "双变量等级相关"对话框

④ 在该对话框的“相关系数”区块中，接受系统的默认值（双尾检验）。

⑤ 在该对话框中，勾选复选框“标记显著性相关”。

⑥ 单击【确定】按钮，系统输出结果，如表 7.5 所示。

表 7.5 等级相关系数与显著性检验

			建筑合同的价值排名	流通费用率	农业 GDP 占比
斯皮尔曼等级相关系数	建筑合同的价值排名	相关系数	1.000	−.393	.964**
		显著性(双尾)	.	.383	.000
		N	7	7	7
	流通费用率	相关系数	−.393	1.000	−.250
		显著性(双尾)	.383	.	.589
		N	7	7	7
	农业 GDP 占比	相关系数	.964**	−.250	1.000
		显著性(双尾)	.000	.589	.
		N	7	7	7

**. 相关性在 0.01 级别显著（双尾）。

在表 7.5 中，“建筑合同的价值排名”与“流通费用率”的 Spearman 等级相关系数为 −0.393，显著性概率 $p=0.383>0.05$，说明“建筑合同的价值排名”与“流通费用率”不存在显著性的相关关系。“建筑合同的价值排名”与“农业 GDP 占比”的 Spearman 等级相关系数为 0.964，显著性概率 $p=0.000<0.05$，说明“建筑合同的价值排名”与“农业 GDP 占比”存在显著性的相关关系。“农业 GDP 占比”与“流通费用率”的 Spearman 等级相关系数为 −0.25，显著性概率 $p=0.589>0.05$，说明“农业 GDP 占比”与“流通费用率”不存在显著性的相关关系。

7.4.2 等级相关分析的算法步骤

当 X、Y 是顺序级或刻度级随机变量时，检验等级相关系数显著异于 0 的 t 统计量和检验两个变量线性相关性的 t 统计量一样，两者的区别在于计算等级相关系数这一步骤上。检验等级相关系数显著异于 0 的步骤如下：

① 若 $(X_1,Y_1),(X_2,Y_2),\cdots,(X_n,Y_n)$ 是总体 (X,Y) 的一组配对顺序级数据样本，此时无法求出 Pearson 积矩相关系数，而应该采用 Spearman 等级相关系数 θ_{XY}，见 7.1 节的定义 7.3。

$$\theta_{XY}=1-\frac{6\sum_{i=1}^{n}(X_i-Y_i)^2}{n(n^2-1)} \tag{7.15}$$

② 若 $(X_1,Y_1),(X_2,Y_2),\cdots,(X_n,Y_n)$ 是总体 (X,Y) 的一组刻度级数据样本，设 R_{X_i} 为 X_i 的名次，R_{Y_i} 为 Y_i 的名次，$\bar{R}_X=\frac{\sum_{i=1}^{n}R_{X_i}}{n}$，$\bar{R}_Y=\frac{\sum_{i=1}^{n}R_{Y_i}}{n}$，则可以用如下方式求出等级相关系数，见 7.1 节的定义 7.4。

$$\theta_{XY}=\frac{\sum_i(R_{X_i}-\bar{R}_X)(R_{Y_i}-\bar{R}_Y)}{\sqrt{\sum_i(R_{X_i}-\bar{R}_X)^2}\sqrt{\sum_i(R_{Y_i}-\bar{R}_Y)^2}} \tag{7.16}$$

当两组样本值中，有一组数据是顺序级数据，另一组数据是刻度级数据时，也可以计算等级相关系数，只需把刻度级数据用相应的名次来表达就行了。

③ 计算 t 统计量之值：

$$t=\frac{\theta_{XY}\sqrt{n-2}}{\sqrt{1-\theta_{XY}^2}}\sim t(n-2) \tag{7.17}$$

其中，n 是样本容量。

④ 做假设检验，设总体 X 和 Y 的总体相关系数为 ρ_{XY}。

$$H_0:\rho_{XY}=0$$
$$H_1:\rho_{XY}\neq 0$$

这是一个双尾检验的问题。

7.5 非线性相关

随机变量之间除了存在线性相关关系外，还可能存在非线性关系。这两种关系可能同时存在，也可能只存在一个。下面的例7.5给出了两个变量不存在线性关系却存在明显的非线性关系的例子。

7.5.1 非线性相关问题引入

若两个随机变量按照前面的方法检验出不存在显著的线性相关性，那么就没有别的信息可以推断了吗？

例7.5 打开数据文件“CH7 例7.5 CH8 非线性相关、曲线回归.sav”，试分析变量 x 和 y 的相关性。

按照线性相关性分析的方法，不难算出，x 和 y 的线性相关系数为 -0.005，$p\approx 0.988$，两个随机变量似乎没什么关系，但是，如果画出以 x 为横坐标，以 y 为纵坐标的散点图，不难发现，x 和 y 存在较为明显的二次关系。至少，从直觉上，不能因为两个变量之间不存在明显的线性关系，就断言两个变量之间不存在相关关系。

① 单击【图形】→【旧对话框】→【散点/点状】，系统弹出一个散点图类型的选择对话框，如图7.9所示。

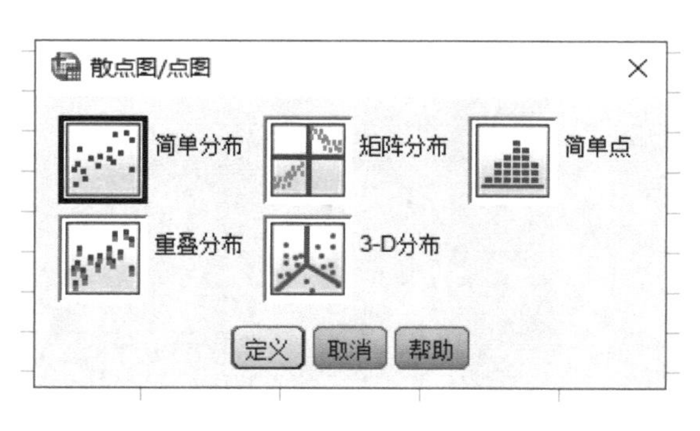

图7.9 散点图类型的选择对话框

② 在这个对话框中，有 5 种类型的散点图的选择，接受默认值“简单分布”。

③ 单击【定义】按钮，系统弹出简单散点图的坐标定义对话框，如图 7.10 所示。

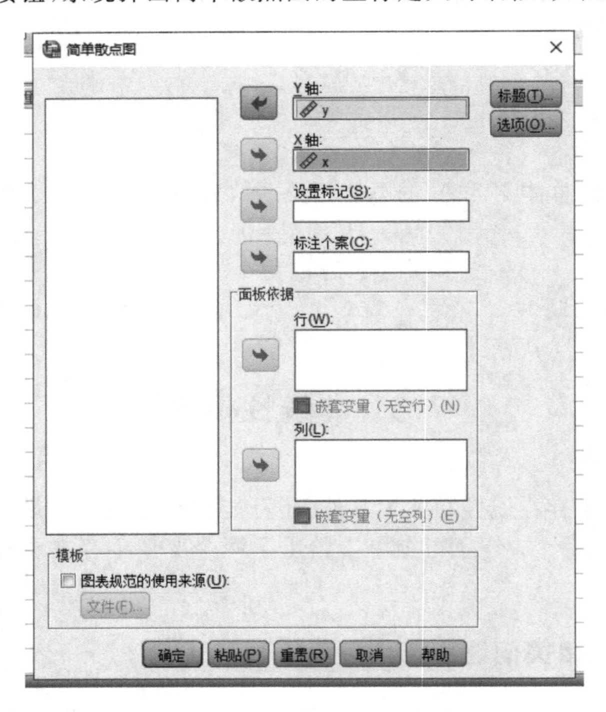

图 7.10　简单散点图的坐标定义对话框

④ 在图 7.10 中，分别把左框中的变量 x 和 y 用箭头送入右边的“X 轴”框和“Y 轴”框中。

⑤ 单击【确定】按钮，系统输出散点图，如图 7.11 所示。从图 7.11 可以看出，变量 x 和 y 存在较为明显的二次关系，看得出 y 是 x 的二次曲线，图中散点的最低点的位置大约在 $x=3$ 的附近，于是，推测 $y=(x-3)^2$。因此，在下一阶段做非线性变换。

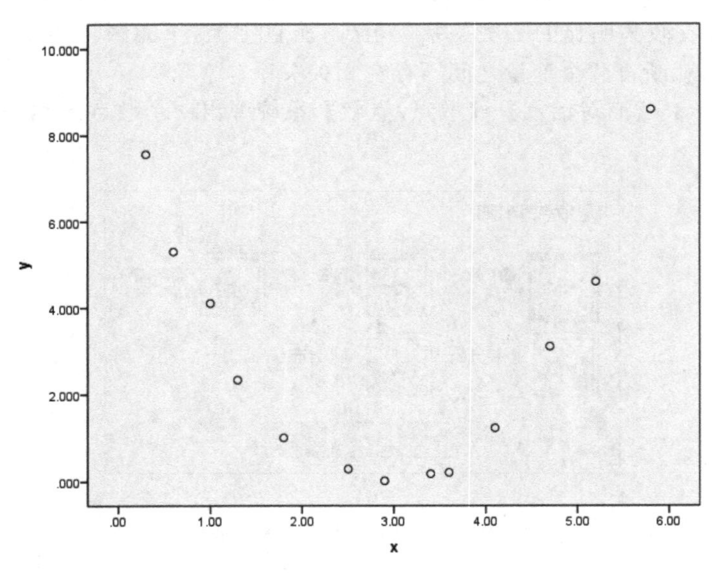

图 7.11　两变量样本的散点图

⑥ 在数据视图窗口中，单击【转换】→【计算变量】，在弹出的对话框中，完成 $z=(x-3)^2$。预计 y 与 z 之间有很高的线性相关性，接下来，完成 y 与 x 之间、y 与 z 之间的(线性)相关系数的计算。

⑦ 在数据视图窗口中，单击【分析】→【相关】→【双变量】，在弹出的对话框中，用箭头把变量 x、y 与 z 送入右框中。

⑧ 单击【粘贴】按钮，在弹出的语法编辑器窗口中，把第一个命令句“/VARIABLES= x y z”改为“/VARIABLES= y with z x”。注意，改动不仅仅增加了命令词“with”，而且变量 x、y 的位置也变了。这样做的意义是：分别计算 y 与 x 之间、y 与 z 之间的线性相关系数。

⑨ 在语法编辑器窗口中，单击绿色的三角形(“运行选定内容”按钮)。系统输出结果，如表 7.6 所示。

表 7.6 y 与 x 之间、y 与 z 之间的线性相关性

		z	x
y	Pearson 相关性	.994**	−.005
	显著性（双尾）	.000	.988
	N	13	13

**. 在置信度(双测)为 0.01 时，相关性是显著的。

从表 7.6 的数据可以看出，y 与 x 之间 t 检验显著性概率为 0.988，显然 y 与 x 不存在显著性线性相关的关系。但是 y 与 z 之间的线性相关系数(表 7.6 中的 Pearson 相关性)是 0.994，显著性(双尾)p 值为 0.000(**在 SPSS 输出的表格中，双击这个数字，会显示更精确的值**)，小于 0.01，这说明在 0.01 的显著性水平上该线性相关系数与 0 有显著性差异。这表明，可以推断 y 与 x 之间是以构造的函数形式高度非线性相关的。

7.5.2 非线性相关分析的算法步骤

如何测量两个变量之间的非线性关系？

显然，首先要直观判断变量之间是否存在非线性关系，猜测变量之间存在什么样的非线性关系，然后才可能验证这样的关系是否存在。这样就需要先画一个样本数据的散点图。当然，在实际操作中，不需要手绘散点图，可以直接用 SPSS 画图。最后观察两个变量是否存在非线性的相关关系。这时需要对常用函数的曲线形状，特别是初等函数的曲线形状，有一个较为清楚的了解，以便猜测曲线函数的类型。一般说来，适用于猜测的函数形式不是唯一的。对应于一组数据，通常可以猜出多个适用的函数形式。

按照猜测的(多个)函数形式，做数据变换，使得变换后变量之间的相关关系呈现明显的线性相关关系。再计算变换后变量之间的线性相关系数，就可以依据这个计算结果做判断了。

非线性相关分析的基本步骤如下。

① 做两个变量的散点图。

② 估计两变量的非线性相关的函数形式，并做相应的非线性变换。

③ 计算变换前配对变量的相关系数，及非线性变换后的相关系数。

如果变换后的函数变量和原因变量存在显著的线性关系，则说明原因变量和原自变量之间存在估计的函数形式关系的非线性关系。

下面我们来看一道例题。

例 7.6 打开数据文件“CH7 例 7.6 GDP”，文件中是发达程度不同的 10 个国家的人均 GDP 和农业 GDP 占总 GDP 的比重数据，选择适当的非线性曲线，计算它们之间的相关系数。

① 做两个变量的散点图。单击【图形】→【旧对话框】→【散点/点状】，系统弹出一个散点图类型的选择对话框，如图 7.9 所示。

② 在上述对话框中，有 5 种类型的散点图的选择，本例接受默认值“简单分布”。

③ 单击【定义】按钮，系统弹出简单散点图的坐标定义对话框，分别把左框中的变量“农业 GDP 占比”用箭头送入右边的“X 轴”框中，把“人均 GDP”用箭头送入右边的“Y 轴”框中。

④ 单击【确定】按钮，系统输出散点图，如图 7.12 所示。从图 7.11 可以看出，变量 x 和 y 有较为明显的非线性关系，从图形的走向，可以试着用“人均 GDP”＝ln“农业 GDP 占比”和“人均 GDP ”＝2000/“农业 GDP 占比”（与用“人均 GDP”＝1/“农业 GDP 占比”有区别吗?）来推测。

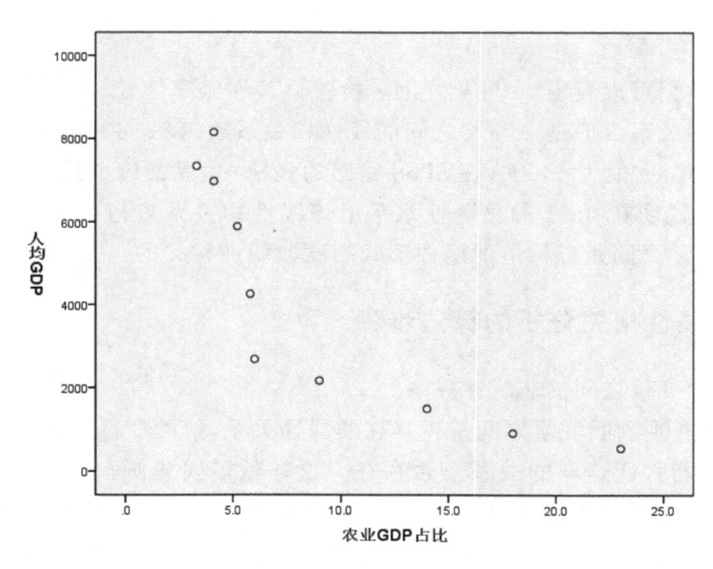

图 7.12 两变量样本的散点图

⑤ 在数据视图窗口中，单击【转换】→【计算变量】，在弹出的对话框中，完成 z＝ln“农业 GDP 占比”和 $z1$＝2000/“农业 GDP 占比”。预计“人均 GDP ”与 z、$z1$ 之间有很高的线性相关性，接下来，完成“人均 GDP”与 z、$z1$ 之间的（线性）相关系数的计算。

⑥ 在数据视图窗口中，单击【分析】→【相关】→【双变量】，在弹出的对话框中，用箭头把变量“人均 GDP”“农业 GDP 占比”与 z、$z1$ 都送入右框中。

⑦ 单击【粘贴】按钮，在弹出的语法编辑器窗口中，把第一个命令句“/VARIABLES＝人均 GDP 农业 GDP 占比 z z1”改为“/VARIABLES＝人均 GDP with 农业 GDP 占比 z z1”。注意，改动增加了命令词“with”，“with”前后均有空格。这样做的意义是分别计算“人

均 GDP ”与“农业 GDP 占比” 、z、$z1$ 之间的线性相关系数。

⑧ 在语法编辑器窗口中,单击绿色的三角形(“运行选定内容”按钮)。系统输出结果,如表 7.7 所示。

表 7.7　人均 GDP 与农业 GDP 占比、z、$z1$ 的相关性

		农业 GDP 占比	z	z1
人均 GDP	Pearson 相关性	−.838**	−.918**	.950**
	显著性(双尾)	.002	.000	.000
	N	10	10	10

**. 在置信度(双测)为 0.01 时,相关性是显著的。

从表 7.7 的数据可以看出,在 1%的显著水平上,“人均 GDP”与“农业 GDP 占比”、z、$z1$ 都是明显相关的。但是,显然“人均 GDP”与 z、$z1$ 的相关系数的绝对值更大,从显著性水平上也可以看出,“人均 GDP”与 z、$z1$ 的相关性更强一些。

“人均 GDP”与“农业 GDP 占比”之间 t 检验显著性概率为 0.002,“人均 GDP” 与 z、$z1$ 之间的线性相关系数(Pearson 相关性)是 −0.918 和 0.950,显著性(双尾)p 值分别为 0.000 175和 0.000 026(在 SPSS 输出的表格中,分别双击这两个数字,会显示更精确的值),这两个值均小于 0.01,说明在 1%的显著性水平上该线性相关系数与 0 均有显著性差异。这表明,“人均 GDP”和“农业 GDP 占比”之间的基于对数函数和反函数的非线性关系是显著的,远远优于两者之间的线性关系。

7.6　至少有一个变量是二值名义级的相关

在前文中,我们讨论了两个刻度级变量的线性相关关系的测量、存在干扰项时控制相关变量的影响后两个变量的偏相关关系的测量、顺序级变量的相关关系的测量等问题。本节我们来讨论二值名义级变量与刻度级变量的相关强度的测量、两个二值名义级变量的相关强度的测量。

7.6.1　问题引入

假设一个数据集中有 2 个变量(因素)A_1、A_2,其若 A_1 是二值名义级变量,A_2 是刻度级变量,那么如何分析 A_1 和 A_2 之间的相关关系?或者 A_1 和 A_2 都是二值名义级变量,又如何分析 A_1 和 A_2 之间的相关关系?

例 7.7　打开数据文件“CH7 例 7.7 卡路里”,文件中是不同汉堡所含卡路里和汉堡是否有奶酪(二值名义级数据)两个变量的数据,如表 7.8 所示,请对两个变量做显著性检验。

表 7.8　例 7.7 数据表

汉堡名称	汉堡	奶酪汉堡	1/4 磅汉堡	奶酪 1/4 磅汉堡	Big Mac
卡路里	270	320	430	530	530
有无奶酪	0	1	0	1	1

注:表中的 0 代表无奶酪,1 代表有奶酪。

为了有一个直观的感觉，我们先做一个横坐标为“有无奶酪”，纵坐标为“卡路里”的散点图。

① 在数据视图窗口的菜单中，单击【图形】→【旧对话框】→【散点图】→【简单分布】。

② 把变量“有无奶酪”拖入横坐标的方框中，把变量“卡路里”拖入纵坐标的方框中。

③ 单击【确定】按钮，就得到图 7.13 了。从图 7.13 不难看出，无奶酪的汉堡的卡路里数值多在较低的位置，而有奶酪的汉堡的卡路里数值相对高一些。看来，两个变量有“正”相关的关系。接下来，按照如下步骤，求点双列相关系数(其实就是求普通 Pearson 相关系数)。

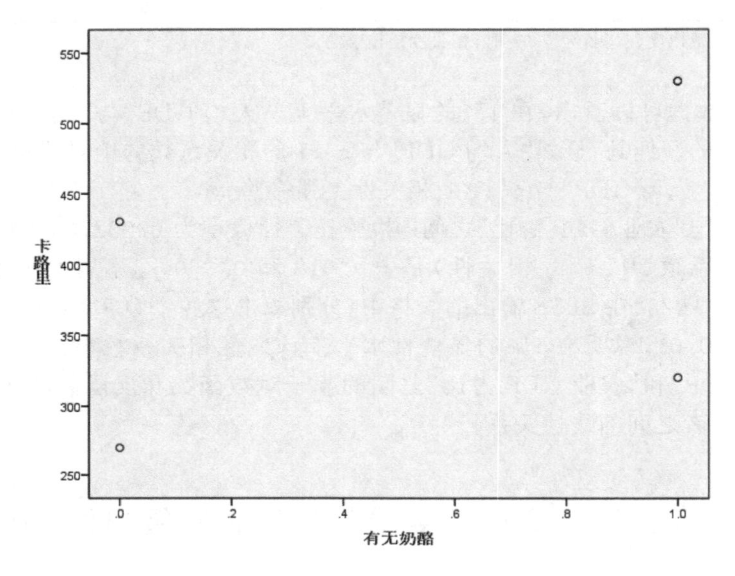

图 7.13　两变量样本的散点图

④ 单击【分析】→【相关】→【双变量】，进入“双变量相关性”分析模块。

⑤ 在双变量相关性分析模块对话框中，选中左框的变量“有无奶酪”和“卡路里”放入右边的“变量”框中。

⑥ 在该对话框的“相关系数”区块中，接受系统的默认值(Pearson)。

⑦ 在该对话框的“显著性检验”区块中，接受系统的默认值(双尾检验)。

⑧ 在该对话框中，勾选复选框“标记显著性相关”。

⑨ 单击【确定】按钮，系统输出结果，如表 7.9 所示。

表 7.9　点双列相关系数

		卡路里	有无奶酪
卡路里	Pearson 相关性	1	.506
	显著性(双尾)		.384
	N	5	5
有无奶酪	Pearson 相关性	.506	1
	显著性(双尾)	.384	
	N	5	5

在表7.9中，Pearson相关系数（表中为Pearson相关性）是0.506，就是我们所求的点双列相关系数，后面会给出其定义。显著性概率 $p=0.384>0.05$，说明两个变量不存在显著性的关系。

7.6.2　算法原理

1. 二值名义级变量与刻度级变量的相关方向与强度的测量：点双列相关系数

当一个变量是二值名义级变量，另一个变量是刻度级变量时，可以把Pearson相关系数的计算方法延伸到这里。显然，在运用Pearson相关系数公式

$$r_{XY}=\frac{\sum_{i}(X_i-\bar{X})(Y_i-\bar{Y})}{\sqrt{\sum_{i}(X_i-\bar{X})^2}\sqrt{\sum_{i}(Y_i-\bar{Y})^2}} \tag{7.18}$$

其中，$\bar{X}=\frac{1}{n}\sum_{i}X_i$，$\bar{Y}=\frac{1}{n}\sum_{i}Y_i$，计算之前，必须解决二值名义级变量取值的刻度化问题。

设 X 是二值名义级变量，在一般情况下，我们用数字0与1表示 X 的两个状态的取值，本来这两个数字0、1没有任何大小的概念，仅仅是两个不同的符号，就像字母A、B表示两个不同的状态一样，这里的0、1也仅仅表示 X 的取值限于两个不同的状态。但是，如果当变量 X 从一个状态转变为另一个状态时，Y 的刻度级数据有明显不同的取值倾向（如明显变大或者明显变小），那么就可以断定 X、Y 是相关的。如果我们将这两个数字（或者说编码）数量化，把它们当成能够进行加减乘除运算的数据来处理，就可以用Pearson相关系数公式来表示相关的强度了。这就是所谓的点双列相关系数。

但需注意，对应于 Y 的某个值，X 取值0或取值1是任意指定的，所以当对 X 的取值规定交换一下后，所计算出来的 X 与 Y 的相关系数的符号就会变化。如果其原来为正，X 取值规定交换后，其就为负；反之亦然。

例如，设 $X_1=0$，$X_2=1$，$Y_1=3$，$Y_2=5$，则 $\bar{X}=0.5$，

$$r_{XY}=\frac{(0-0.5)\times(3-4)+(1-0.5)\times(5-4)}{\sqrt{(0-0.5)^2+(1-0.5)^2}\sqrt{(3-4)^2+(5-4)^2}}=1$$

当把 X 的取值规定交换一下后，$X_1=1$，$X_2=0$，则 $\bar{X}=0.5$ 不变，

$$r'_{XY}=\frac{(1-0.5)\times(3-4)+(0-0.5)\times(5-4)}{\sqrt{(1-0.5)^2+(0-0.5)^2}\sqrt{(3-4)^2+(5-4)^2}}=-1$$

可见，$r_{XY}=-r'_{XY}$。

因此，点双列相关系数所反映 X 与 Y 的相关方向是相对的、人为指定的，其反映 X 从一个指定的状态变为另一个状态时，Y 的取值倾向的特征。也就是说，改变符号并不改变点双列相关系数的本质特征。而常规的Pearson相关系数的正、负号却具有本质的意义，人们不能随意改变常规Pearson相关系数的正、负号。

因此例7.6不必担心“汉堡是否有奶酪”的取值（编码）变化会使得点双列相关系数（表7.9中的Pearson相关性）不同，因为虽然二值名义级变量赋值（0或者1）变化，但是点双列相关系数的绝对值是相同的。

但是，当名义级变量是多值时，我们不能强行把变量 X 数值化以后，用普通Pearson相关系数的计算公式来解决相关系数的计算问题。因为我们既不能断定变量 X 取3个以上

值的顺序,也无法断定这些取值之间具有什么样的数量关系(如不同的编码间是否具有等差性),因而无法用普通的 Pearson 相关系数公式来解决问题。

2. 两个二值名义级变量的相关方向与强度的测量:点双列相关系数

当所要考察的两个变量都是二值名义级变量时,我们可以仿照上面的做法,把二值的编码(一般用 0、1)数值化,然后借用 Pearson 相关系数公式进行分析。

下面我们通过一个例子来说明两个二值名义级变量的相关性的分析问题。

例 7.8 某市关于“抽烟与患肺病”的抽样调查结果是:不抽烟健康人员有 360 人,不抽烟患肺病人员有 190 人,抽烟健康人员有 290 人,抽烟患肺病人员有 480 人,数据见文件“CH7 例 7.8 抽烟与肺病”。

在 SPSS 数据文件中,每一条记录表示一个被抽到的人,变量值有两个,一个是“是否抽烟”,一个是“是否患肺病”。打开这个数据文件后,发现它是图 7.14 所示的缩约格式的,所以,先要对其进行加权处理。

是否抽烟	是否患肺病	频次
0	0	360
0	1	190
1	0	290
1	1	480

图 7.14 两变量缩约格式的数据

① 在数据视图窗口的菜单中,单击【数据】→【加权个案】,在弹出的对话框中,选择“加权个案”,然后把权重变量“频次”用箭头送入右边的“频率变量”框中,如图 7.15 所示。为了直观考察这两个变量的关系,我们用 SPSS 来做分组条形图。

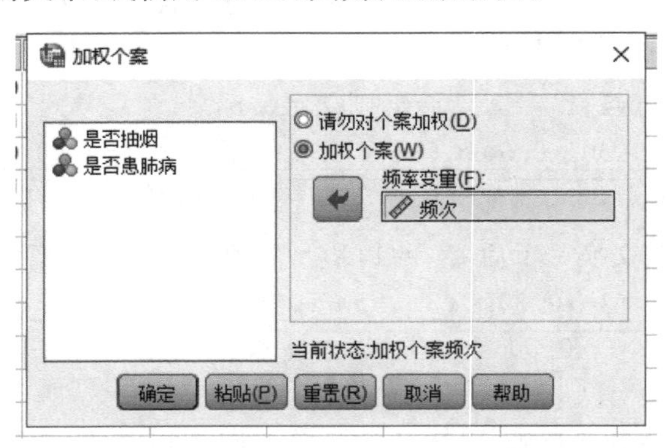

图 7.15 加权个案对话框

② 单击【图形】→【旧对话框】→【条形图】→【集群条形图】,图形中的数据默认选择“个案组摘要”,如图 7.16 所示。然后单击【定义】按钮,进入“定义堆积条形图”对话框。

③ 在弹出的对话框中,把变量“是否抽烟”用箭头送入“类别轴”框中,把变量“是否患肺病”用箭头送入“定义聚类”框中。

④ 单击【确定】按钮,就得到图 7.17 了。从图 7.17 看出,不抽烟的患肺病人数在较低的位置,而抽烟的患肺病人数的在相对高的位置。看来,两个变量可能有相关的关系。两个二值名义级变量的相关系数用 φ 表示,在这种情况下其就是 Pearson 相关系数。

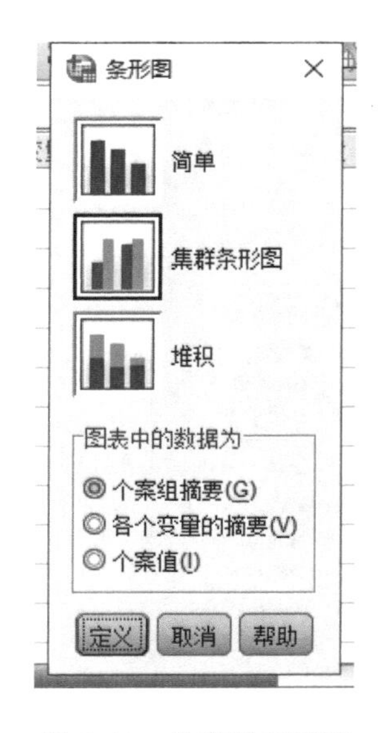

图7.16　条形图对话框

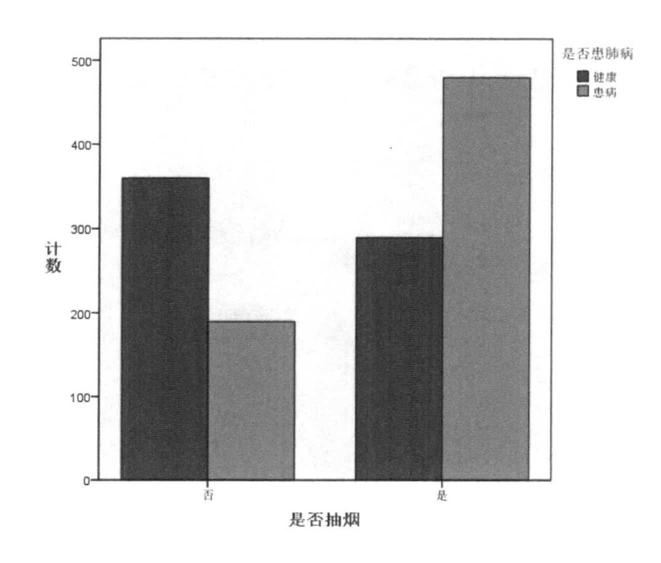

图7.17　集群条形图

⑤ 单击【分析】→【相关】→【双变量】,进入双变量相关性分析模块。

⑥ 在双变量相关性分析模块对话框(如图7.4所示)中,选中左框的变量“是否抽烟”和“是否患肺病”放入右边的“变量”框中。

⑦ 在该对话框的“相关系数”区块中,接受系统的默认值(Pearson)。

⑧ 在该对话框的“显著性检验”区块中,接受系统的默认值(双尾检验)。

⑨ 在该对话框中,勾选复选框“标记显著性相关”。

⑩ 单击【确定】按钮,系统输出结果,如表7.10所示。表7.10中的数据显示,“是否抽烟”与“是否患肺病”的φ相关系数是0.274,显著性概率是0.000(双击后看到具体数值是5.57×10^{-24}),拒绝零假设,φ相关系数与0存在显著性差异,也就是说,拒绝两个变量不相关的假设。

表7.10　两个二值名义级变量的φ相关系数

		是否抽烟	是否患肺病
是否抽烟	Pearson 相关性	1	.274**
	显著性(双尾)		.000
	N	1320	1320
是否患肺病	Pearson 相关性	.274**	1
	显著性(双尾)	.000	
	N	1320	1320

**. 在置信度(双测)为0.01时,相关性是显著的。

两个二值名义级变量的相关系数φ,还可以用SPSS的另一个模块计算。

① 单击【分析】→【描述统计】→【交叉表格】,进入“交叉表格”对话框。

② 在弹出的对话框中,选中左框的变量“是否抽烟”和“是否患肺病”,将一个放入右边

的“行”框,另一个送入右边的“列”框中。

③ 单击【Statistics】按钮,在弹出的框中选择“Phi 和 Gramer V”统计量,也就是 φ 相关系数,如图 7.18 所示。

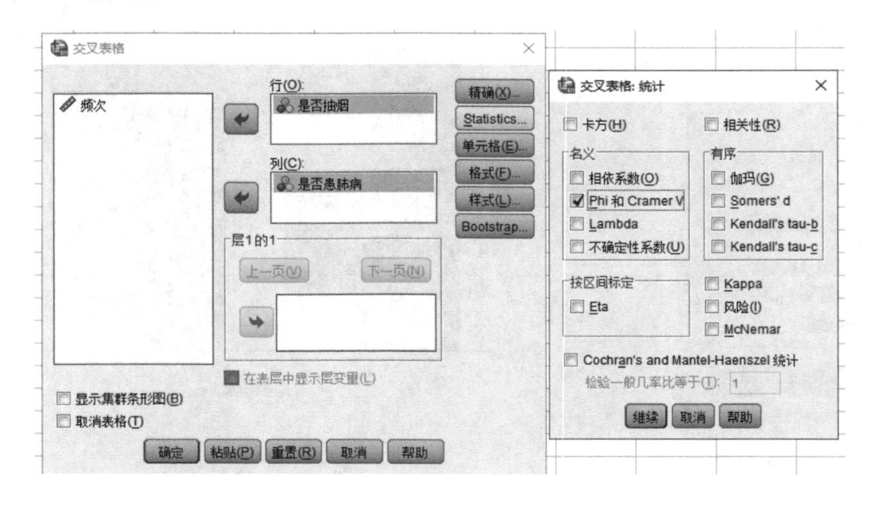

图 7.18 “交叉表格”对话框

④ 单击【继续】按钮,回到“交叉表格”对话框。

⑤ 单击【确定】按钮,系统输出结果,如表 7.11 所示。

表 7.11 φ 相关系数的计算结果

		值	上次读取的显著性
名义到名义	Phi	.274	.000
	Cramer V	.274	.000
有效个案数		1320	

其结果与通过直接单击【分析】→【相关】→【双变量】,计算的 Pearson 相关系数相同,都为 0.274。

注:这里的正、负号是无关紧要的,因为改变任何一个二值名义级变量取值的编码位置时,φ 相关系数的符号都会改变但其绝对值不会变,读者可以试着自己证明一下。

另外,两个二值名义级变量的相关系数 φ,也可以在设置变量(如图 7.19 所示)后用式(7.19)进行计算。

是否抽烟	是否患肺病	频次
0	0	A 360
0	1	B 190
1	0	C 290
1	1	D 480

图 7.19 两变量缩约格式的数据

$$\varphi=\frac{AD-BC}{\sqrt{(A+B)(C+D)(A+C)(B+D)}} \tag{7.19}$$

习　题　7

1. 已知某企业近年来的总成本和产量的数据，如题表7.1所示。

题表 7.1

年份	2013	2014	2015	2016	2017	2018	2019
总成本 y/万元	1 020	863	1 390	1 157	1 548	1 787	2 931
产量 x/件	1 009	906	1 223	1 107	1 319	1 424	1 541

① 计算两个变量之间的相关系数。

② 试检验总成本和产量的相关显著性，并得出你的结论(设显著性水平 $\alpha=0.05$)。

2. 题表7.2是10个商店去年的销售额和流通费用率资料，选用适当的曲线，分析销售额与流通费用率的非线性相关性(设显著性水平 $\alpha=0.05$)。

题表 7.2

销售额 y/亿元	7.9	6.8	6.4	5.5	4.3	3.4	2.9	2.1	0.8	1.5
流通费用率 x/%	1.2	1.3	1.3	1.4	1.5	1.8	2.1	2.7	6.4	4.5

3. 某公司为雇佣到合格的熟练工人，设计了一套能力测验方法。题表7.3是10名现有熟练工的能力测验的得分分数，以及他们完成所需任务的时间，请计算并回答下列问题：完成任务时间与能力测验分数之间的相关关系是否显著？是否呈正相关(设显著性水平 $\alpha=0.05$)？

题表 7.3

能力测验分数	80	60	98	40	44	70	20	21	30	95
完成任务时间/min	5	7	2	6	6	5	8	9	8	3

4. K. Pearson收集了大量父亲身高 x 与儿子身高 y 的资料，其中10对数据如题表7.4所示(此试验是著名试验，故没有改变其数据单位，1吋=2.54 cm)，计算父亲身高与儿子身高的相关系数，并检验显著性(设显著性水平 $\alpha=0.05$)。

题表 7.4

父亲身高 x/吋	60	62	64	65	66	67	68	70	72	74
儿子身高 y/吋	63.6	65.2	66.0	65.5	66.9	67.1	67.4	68.3	70.1	70.0

5. 某高校抽样得到10名短跑运动员，测出其100米跑的名次和跳高的名次如下，问这两个名次相关吗？请写出分析的过程(设显著性水平 $\alpha=0.05$)。

题表 7.5

100 米跑名次	1	2	3	4	5	6	7	8	9	10
跳高名次	4	3	1	5	2	7	10	8	9	6

6. 分析某种产品每件的平均单价 y 与批量 x 之间的关系，获得数据如题表 7.6 所示，请分析 y 和 x 之间的线性相关关系。如果选择适当的非线性曲线，计算它们之间的相关系数并检验显著性(设显著性水平 $\alpha=0.05$)。

题表 7.6

y/元	1.81	1.70	1.65	1.55	1.48	1.40	1.30	1.26	1.24	1.21	1.20	1 018
x/件	20	25	30	35	40	50	60	65	70	75	80	90

7. 抽样调查了 16 个企业，其“上年获得了专利数 x”“上三年 R&D 投入总和 y”及“高级工程师数量 z”的数据如下表。请用 SPSS 计算这 3 个变量两两之间的偏相关系数，并对偏相关性进行分析(设显著性水平 $\alpha=0.05$)。

题表 7.7

x	28	33	36	39	38	43	40	43
y	1 135	1 292	1 697	2 330	2 429	2 987	2 852	2 713
z	21	27	26	23	24	23	29	32
x	55	56	48	46	58	59	60	66
y	3 227	3 334	2 531	2 808	3 749	3 637	2 940	4 380
z	35	27	31	30	39	40	41	48

8. 不同蔬菜的维生素 C 含量(100 克蔬菜含维生素 C 的量)如题表 7.8 所示，计算点双列相关系数，并做显著性检验(设显著性水平 $\alpha=0.05$)。

题表 7.8

蔬菜名称	柿子椒	菠菜	萝卜	番茄	青苋菜
维 C 含量/mg	72	65	25	23	47
是否绿叶菜	0	1	0	0	1

9. 抽样获得河北省某市小升初择校与否与是否考上 985 大学的数据如题表 7.9 所示，计算两者的相关系数 φ，并做显著性检验(设显著性水平 $\alpha=0.05$)。

题表 7.9

小升初择校与否	是否考上 985 大学	
	考上	未考上
择校	360	180
未择校	280	290

10. 由于钢水对耐火材料的侵蚀，出钢时使用的盛钢水的钢包容积(单位：m^3)不断增大。设钢包使用次数为 x，增大的容积为 y(单位：m^3)。计算两个变量之间 x 和 y 之间的相关系数 φ，并在 0.05 显著水平下，检验 x 和 y 的相关显著性并得出结论。

题表 7.10

x	2	3	4	5	6	7	8	9
y	6.42	8.20	9.58	9.50	9.70	10.00	9.93	9.99
x	10	11	12	13	14	15	16	
y	10.49	10.59	10.60	10.80	10.60	10.90	10.76	

11. 假设 x 是一可控变量，Y 是服从正态分布的随机变量，在不同的 x 值下分别对 Y 进行观测，得如题表 7.11 所示的数据。请计算并回答 x 和 Y 之间的线性相关关系是否显著(设显著性水平 $\alpha=0.05$)。

题表 7.11

x	0.25	0.37	0.44	0.55	0.60	0.62	0.68	0.70	0.73
Y	2.57	2.31	2.12	1.92	1.75	1.71	1.60	1.51	1.50
x	0.75	0.82	0.84	0.87	0.88	0.90	0.95	1.00	
Y	1.41	1.33	1.31	1.25	1.20	1.19	1.15	1.00	

12. 合成纤维的拉伸倍数 x 是一可控变量，强度 y 是服从正态分布的随机变量，在不同的 x 值下分别对 y 进行观测，测得试验数据如题表 7.12 所示。请计算并回答 x 和 y 之间的线性相关关系是否显著(设显著性水平 $\alpha=0.05$)。

题表 7.12

x	2.0	2.5	2.7	3.5	4.0	4.5	5.2	6.3	7.1	8.0	9.0	10.0
$y/(\mathrm{kg} \cdot \mathrm{mm}^{-2})$	1.3	2.5	2.5	2.7	3.5	4.2	5.0	6.4	6.3	7.0	8.0	8.1

第8章

回归分析

函数关系分为两种：一种是确定型的函数关系；一种是不确定型的函数关系。我们以前学的大都是确定型的函数关系。

不确定型的函数关系在科研领域、社会经济、管理、生活等方面存在得更为普遍。例如，商品的广告投入费用与销售量之间的关系、收入与受教育程度之间的关系等。

回归分析可看成第7章相关分析的后续研究，在第8章分析了变量之间是否存在相关关系后，如果变量之间的相关关系显著，则可借助于本章的回归分析对变量间的函数关系进行估计。**回归分析**是研究随机变量之间相关关系的一种统计方法，其用意是研究一个被解释变量（又称因变量）与一个或多个解释变量（又称自变量）之间的统计关系。而且，可以利用回归关系对目标变量进行控制。例如，如果找到了商品价格与需求量之间的回归关系，那么通过控制商品价格，就可以在一定程度上控制需求量。此外，还可以利用回归关系对目标变量进行预测。例如，如果找到了居民收入与消费总额的回归关系，就可以根据居民收入来估计当年的消费总额。

只有一个自变量的回归分析称为一元回归分析，有多个自变量的回归分析称为多元回归分析。本章分别介绍这两种回归分析的基本原理及其应用。

8.1 输入式线性回归

线性回归的被解释变量必须是**刻度级**变量，如果被解释变量是顺序级变量，则要用数值型来表示，否则SPSS会自动把它作为刻度级变量来处理。如果被解释变量是名义级变量，将其作为虚拟变量来处理。

解释变量可以是刻度级、顺序级、名义级变量。对于解释变量是顺序级、名义级变量的情况我们将在8.3节讨论。

设Y表示被解释变量，$X_i(i=2,3,\cdots,k)$（$k-1$个）表示解释变量，线性回归模型如下：

$$Y=\beta_1+\beta_2X_2+\cdots+\beta_kX_k+u \tag{8.1}$$

8.1.1 输入式线性回归问题引入

我们先来看一个一元线性回归的例子。简单地说，**一元线性回归**指的是只研究一个自变量和一个因变量之间的统计关系。

例 8.1　研究我国 31 个省区市的“人均食品支出”对“人均收入”的依赖关系(数据文件为“CH8 例 8.1 例 8.2 一元与多元回归”)。

设“人均食品支出”用随机变量 Y 来表示，“人均收入”用随机变量 X 来表示，那么这道题所求的两个变量之间的不确定关系可以用式(8.2)来表示。

$$Y=\beta_1+\beta_2X+u \tag{8.2}$$

其中：“人均食品支出”Y 是被解释变量；“人均收入”X 是解释变量；β_1 是待估参数(截距项)；β_2 是待估参数(斜率项，反映了 X 的边际效益)；u 是随机干扰项，与 X 无关，它反映了 Y 被 X 解释的不确定性。

如果随机干扰项 u 的均值为 0，那么对式(8.2)两边在 X 的条件下求均值，有

$$E(Y|X)=\beta_1+\beta_2X \tag{8.3}$$

反映出从“平均”角度来看的确定函数关系。

我们可以先从 SPSS 的操作方面来看看这个问题是怎么解答的。

① 录入数据，单击【分析】→【回归】→【线性】，系统弹出一个对话框。

② 在该对话框的左栏中选择变量“人均食品支出”，单击向右的箭头，将其放入“因变量”框中。在左栏中选择变量“人均收入”，单击向右的箭头，将其放入“自变量”框中，如图 8.1(a)所示。

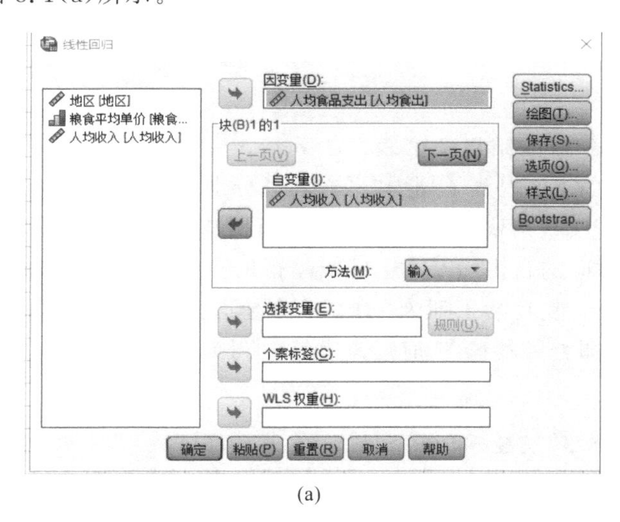

(a)

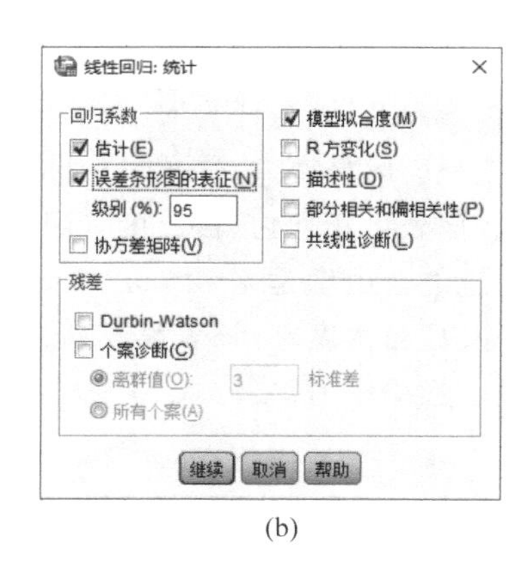

(b)

图 8.1　一元线性回归对话框

③ 单击窗口右侧的【Statistics】按钮，弹出一个新的对话框，如图 8.1(b)所示。在“线性回归：统计”对话框中的“回归系数”区块中，有以下 3 项选择。

a. 估计：这是系统的默认值。选择此项，系统会输出回归系数 B、B 的标准差、标准系数贝塔、B 的 t 值及其双尾检验的 p 值。

b. 误差条形图的表征：复选项。选择此项，系统会输出每一个 B(非标准化回归系数)的 95%的置信区间。本例选择此项。

c. 协方差矩阵：不选择。

单击【继续】，回到线性回归对话框。

④ 单击【确定】按钮，系统输出结果。

下面对结果进行分析。

表 8.1 给出了线性回归的方法是输入法，参与的自变量（已输入变量）为“人均收入”，表的下方标出的因变量为“人均食品支出”。

表 8.1　一元线性回归已输入/除去变量[a]

模型	已输入变量	已除去变量	方法
1	人均收入[b]	.	输入

a. 因变量：人均食品支出

b. 已输入所有请求的变量。

表 8.2 给出了 R（复相关系数，此处即简单相关系数）、R 平方（判定系数 R^2）、调整后的 R 平方 R^2_{adj}、标准估算的错误 $\hat{\sigma}_u = \sqrt{\sum_i e_i^2/(n-k)}$（估计标准误差）。

表 8.2 下方的“预测变量”也称为“外生变量”，在对因变量（被解释变量）做预测时，首先要预测出外生变量的值，所以称为“预测变量”。

表 8.2　模型总体参数表

模型	R	R 平方	调整后的 R 平方	标准估算的错误
1	.921[a]	.848	.843	73.635

a. 预测变量：(常量)，人均收入

表 8.3 是方差分析表，给出了方差分析的结果。该表第 1 列给出了总变差的来源：回归、残差和总计（总计为回归和残差之和）。该表第 2 列为“平方和”，分别为**回归行对应的变差**（就是已解释变差）、残差行对应的变差（就是**残差平方和**）、总计行对应的变差（就是**总变差**）。该表第 3 列为**“自由度”**（回归行对应的自由度是 $k-1$，残差行的自由度是 $n-k$，总计行对应的自由度是 $k-1+n-k=n-1$）。该表第 4 列为“均方”，为前面两列相除，即“平方和”除以“自由度”。该表第 5 列为“F”，即方差检验 F 值。该表第 6 列为“显著性”，为 F 值的显著性概率值。

表 8.3　方差分析表

模型		平方和	自由度	均方	F	显著性
1	回归	878568.621	1	878568.621	162.035	.000[b]
	残差	157240.218	29	5422.076		
	总计	1035808.839	30			

a. 因变量：人均食品支出

b. 预测变量：(常量)，人均收入

表 8.4 是回归系数及显著性检验表，该表第一列是对模型的解释变量的说明。第二列包括非标准化的回归系数 $\hat{\beta}_j$、“标准误差”为 $\hat{\beta}_j$ 的标准误差 S_j。第三列为标准系数贝塔。第四列为 t 值。第五列为 t 值的显著性概率 p 值。在本例中，常数项的 t 检验不通过，$p=0.458>0.05$，即对应的系数与 0 无显著性差异。自变量“人均收入”的 t 检验通过，$p=0.000<0.05$，即相应的系数显著异于 0。第六列是 B 的 95.0% 置信区间。

我们看完了例 8.1 这样一个“简单”(简单指的是 SPSS 的操作过程)的一元回归的例子后，很自然地会想到，SPSS 程序背后的算法步骤是什么？专有名词的含义是什么？原理又是什么？

表 8.4　一元线性回归的回归系数及显著性检验表[a]

模型		非标准化系数		标准系数	t	显著性	B 的 95.0% 置信区间	
		B	标准错误	贝塔			下限值	上限
1	(常量)	−50.946	67.745		−.752	.458	−189.500	87.607
	人均收入	.422	.033	.921	12.729	.000	.354	.490

a. 因变量：人均食品支出

8.1.2　定义

还是先以一元线性回归为例来讨论，对于一元线性回归式 $Y=\beta_1+\beta_2X+u$ 来说，X 也可以代表和 Y 有**非线性关系**的其他模型，如在第 7 章中，如果得出 Y 和 $\ln Z$ 存在显著的线性相关关系，则也可以将其转化为线性模型 $Y=\beta_1+\beta_2\ln Z+u$ 来求解。

一元线性回归的任务就是用恰当的方法估计出参数 β_1、β_2，从而用样本回归函数 $Y=\hat{\beta}_1+\hat{\beta}_2X$ 估计出总体回归函数，并且使估计出来的参数具有良好的统计特性。所以，从某种角度来看，回归问题也可以视为参数估计的问题。

定义 8.1　一元线性回归的总体回归函数有两种表现形式：条件期望表现形式、个别值表现形式。

(1) 条件期望表现形式

当自变量 X 取某一固定值时，Y 的取值并不确定，Y 的不同取值会形成一定的分布，这是 Y 在 X 取不同值时的条件分布。

$$E(Y|X)=\beta_1+\beta_2X \tag{8.4}$$

(2) 个别值表现形式

$$Y_i=\beta_1+\beta_2X_i+u_i(i=1,2\cdots,n) \tag{8.5}$$

其中：(X_1,Y_1)，(X_2,Y_2)，…，(X_n,Y_n)为样本对；n 为样本个数；u_i 为各个 Y_i 与条件期望 $E(Y_i|X_i)$的偏差，显然 u_i 是个可负可正的随机变量，代表排除在自变量 X_i 以外的所有因素对 Y_i 的影响，称为随机误差项。

定义 8.2　一元线性回归的**样本回归函数**为

$$\hat{Y}_i=\hat{\beta}_1+\hat{\beta}_2X_i(i=1,2,\cdots,n) \tag{8.6}$$

其中，$\hat{\beta}_1$、$\hat{\beta}_2$ 分别是 β_1、β_2 的估计值，$\hat{Y}_i$ 为相应于 X_i 的计算值。

样本回归函数中的参数 $\hat{\beta}_1$、$\hat{\beta}_2$ 与 Y 的计算值 $\hat{Y}$ 的关系，可用下面向量形式的公式表达：

$$\hat{Y}=\hat{\beta}_1+\hat{\beta}_2X \tag{8.7}$$

我们的任务是，求出这样的待估参数 $\hat{\beta}_1$、$\hat{\beta}_2$，并且使估计出来的参数 $\hat{\beta}_1$、$\hat{\beta}_2$ 具有良好的

统计特性。

求法一：普通最小二乘法。

使 Y 与其计算值 $\hat{Y}$ 之间的“误差平方和”极小，设 $e_i = Y_i - \hat{Y}_i$，也就是使

$$Q = \sum_{i=1}^{n} (Y_i - \hat{Y}_i)^2 = \sum_{i=1}^{n} e_i^2 = \sum_{i=1}^{n} (Y_i - \hat{\beta}_1 - \hat{\beta}_2 X_i)^2 \tag{8.8}$$

极小。为此，分别求 Q 对 $\hat{\beta}_1$、$\hat{\beta}_2$ 的偏导，令其为 0：

$$\begin{cases} \dfrac{\partial Q}{\partial \hat{\beta}_1} = 0 \\ \dfrac{\partial Q}{\partial \hat{\beta}_2} = 0 \end{cases} \tag{8.9}$$

就可以求出符合要求的待估参数 $\hat{\beta}_1$、$\hat{\beta}_2$。这种估计系数的方法就称为**普通最小二乘法**。

如果是多元线性回归，则在模型 $Y = \beta_1 + \beta_2 X_2 + \cdots + \beta_k X_k + u$ 中代入样本后，可得

$$\begin{pmatrix} Y_1 \\ \vdots \\ Y_n \end{pmatrix} = \beta_1 \begin{pmatrix} 1 \\ \vdots \\ 1 \end{pmatrix} + \beta_2 \begin{pmatrix} X_{12} \\ \vdots \\ X_{n2} \end{pmatrix} + \cdots + \beta_k \begin{pmatrix} X_{1k} \\ \vdots \\ X_{nk} \end{pmatrix} + \begin{pmatrix} u_1 \\ \vdots \\ u_n \end{pmatrix} \tag{8.10}$$

式(8.10)也可用向量、矩阵方式表达为

$$\boldsymbol{Y} = \boldsymbol{X\beta} + \boldsymbol{U} \tag{8.11}$$

其中，$\boldsymbol{X}$ 是 $n \times k$ 阶矩阵。

$$\begin{aligned} \boldsymbol{Y} &= (Y_1, Y_2, \cdots, Y_n)^{\mathrm{T}} \\ \boldsymbol{U} &= (u_1, u_2, \cdots, u_n)^{\mathrm{T}} \\ \boldsymbol{\beta} &= (\beta_1, \beta_2, \cdots, \beta_k)^{\mathrm{T}} \end{aligned} \tag{8.12}$$

则也可由普通最小二乘法求得 $\hat{\boldsymbol{\beta}} = (\hat{\beta}_1, \hat{\beta}_2, \cdots, \hat{\beta}_k)^{\mathrm{T}}$，使得 $\hat{\boldsymbol{Y}} = \hat{\boldsymbol{\beta}}\boldsymbol{X}$，过程可参照式(8.8)和式(8.9)，得出

$$\hat{\boldsymbol{\beta}} = (\boldsymbol{X}^{\mathrm{T}}\boldsymbol{X})^{-1}\boldsymbol{X}^{\mathrm{T}}\boldsymbol{Y} \tag{8.13}$$

求法二：极大似然估计法。

4.2.2 节中我们讲了极大似然估计法，假设在一次抽样中，样本 $X_1, X_2, \cdots, X_n$ 的取值为 $x_1, x_2, \cdots, x_n$。在一元线性回归式 $Y = \beta_1 + \beta_2 X + u$ 的样本函数 $Y_i = \beta_1 + \beta_2 X_i + u_i$ 中，高斯假设提出 $u_i \sim N(0, \sigma_u^2)$，因此，$Y_i \sim N(\beta_1 + \beta_2 X_i, \sigma_u^2)$，即 Y_i 的概率密度函数为

$$f(Y_i) = \frac{1}{\sqrt{2\pi}\sigma_u} \exp\left[-\frac{1}{2\sigma_u^2}(Y_i - (\beta_1 + \beta_2 X_i))^2\right] \tag{8.14}$$

极大似然估计法的**原理**：因为此时出现了样本观察值 $x_1, x_2, \cdots, x_n$，这表明取到这一样本值的概率 $P\{X_1 = x_1, X_2 = x_2, \cdots, X_n = x_n\}$ 比较大，我们当然不会考虑那些不能使样本 $x_1, x_2, \cdots x_n$ 出现的 $\hat{\beta}_1$、$\hat{\beta}_2$ 作为 β_1、β_2 的估计。再者，如果已知当 $\beta_1 = \hat{\beta}_1, \beta_2 = \hat{\beta}_2$ 时 $P\{X_1 = x_1, X_2 = x_2, \cdots, X_n = x_n\}$ 比较大，而其他 β_1、β_2 的估计值使 $P\{X_1 = x_1, X_2 = x_2, \cdots, X_n = x_n\}$ 很小，我们自然认为取 $\hat{\beta}_1$、$\hat{\beta}_2$ 作为 β_1、β_2 的估计值较为合理。

极大似然估计法即取 $\hat{\beta}_1$、$\hat{\beta}_2$ 使

$$L\{x_1,x_2,\cdots,x_n;\hat{\beta}_1,\hat{\beta}_2\}=\max L\{x_1,x_2,\cdots,x_n;\beta_1,\beta_2\} \tag{8.15}$$

其中 $L\{x_1,x_2,\cdots,x_n;\beta_1,\beta_2\}=P\{X_1=x_1,X_2=x_2,\cdots,X_n=x_n\}$。

设总体 X 是离散型总体，分布律为 $P\{X=x\}=p(x;\beta_1,\beta_2)$，则样本 $X_1,X_2,\cdots,X_n$ 取到 $x_1,x_2,\cdots,x_n$ 的概率为

$$L\{x_1,x_2,\cdots,x_n;\beta_1,\beta_2\}=P\{X_1=x_1,X_2=x_2,\cdots,X_n=x_n\}=\prod_{i=1}^{n}P(X_i=x_i;\beta_1,\beta_2)$$

设总体 X 是连续型总体，其概率密度为 $f(x;\beta_1,\beta_2)$，则样本 $X_1,X_2,\cdots,X_n$ 的联合密度为

$$\prod_{i=1}^{n}f(x_i;\beta_1,\beta_2) \tag{8.16}$$

则随机点 $(X_1,X_2,\cdots,X_n)$ 落在点 $(x_1,x_2,\cdots,x_n)$ 的邻域（边长分别为 $\mathrm{d}x_1,\mathrm{d}x_2,\cdots,\mathrm{d}x_n$ 的 n 维立方体）内的概率近似地为

$$\prod_{i=1}^{n}f(x_i;\beta_1,\beta_2)\mathrm{d}x_i \tag{8.17}$$

其值随 β_1、β_2 的取值而变化，与离散型的情况一样，我们取 β_1、β_2 的估计值 $\hat{\beta}_1$、$\hat{\beta}_2$ 使概率式(8.17)取到最大值，但因子 $\prod_{i=1}^{n}\mathrm{d}x_i$ 不随 β_1、β_2 的取值而变化，故只需考虑函数

$$L\{x_1,x_2,\cdots,x_n;\beta_1,\beta_2\}=\prod_{i=1}^{n}f(x_i;\beta_1,\beta_2) \tag{8.18}$$

的最大值。所以

$$L\{x_1,x_2,\cdots,x_n;\hat{\beta}_1,\hat{\beta}_2\}=\begin{cases}\max\prod_{i=1}^{n}P(X_i=x_i;\beta_1,\beta_2), & \text{离散型总体}\\ \max\prod_{i=1}^{n}f(x_i;\beta_1,\beta_2), & \text{连续型总体}\end{cases} \tag{8.19}$$

定义 8.3 这样得到的 $\hat{\beta}_1$、$\hat{\beta}_2$ 与样本值 $x_1,x_2,\cdots,x_n$ 有关，常记为 $\hat{\beta}_i(x_1,x_2,\cdots,x_n)$ $(i=1,2)$，称为参数 $\beta_i(i=1,2)$ 的**极大似然估计值**，而相应的统计量 $\hat{\beta}_i(X_1,X_2,\cdots,X_n)$ $(i=1,2)$ 称为参数 $\beta_i(i=1,2)$ 的**极大似然估计量**。

我们再回到一元线性回归问题，此时

$$\begin{aligned}L\{x_1,x_2,\cdots,x_n;\beta_1,\beta_2\}&=\prod_{i=1}^{n}\left\{\frac{1}{\sqrt{2\pi}\sigma_u}\exp\left[-\frac{1}{2\sigma_u^2}(Y_i-(\beta_1+\beta_2X_i))^2\right]\right\}\\&=\left(\frac{1}{\sqrt{2\pi}\sigma_u}\right)^n\exp\left[-\frac{1}{2\sigma_u^2}\sum_{i=1}^{n}(Y_i-\beta_1-\beta_2X_i)^2\right]\end{aligned} \tag{8.20}$$

求 $\max L\{x_1,x_2,\cdots,x_n;\beta_1,\beta_2\}$ 等价于求 $\hat{\beta}_1$、$\hat{\beta}_2$ 使 $\sum_{i=1}^{n}(Y_i-\beta_1-\beta_2X_i)^2$ 最小，这和普通最小二乘法求 $\hat{\beta}_1$、$\hat{\beta}_2$ 的原理相同。所以，两种方法的结果是一样的。

按照上述两种方法，得出的计算公式如下：

$$\hat{\beta}_2 = \frac{\sum_{i=1}^{n}(X_i - \bar{X})(Y_i - \bar{Y})}{\sum_{i=1}^{n}(X_i - \bar{X})^2} \tag{8.21}$$

$$\hat{\beta}_1 = \bar{Y} - \hat{\beta}_2 \bar{X} \tag{8.22}$$

其中,$\bar{X} = \frac{1}{n}\sum_{i=1}^{n} X_i$,$\bar{Y} = \frac{1}{n}\sum_{i=1}^{n} Y_i$。

利用样本观察值$(x_1,y_1),(x_2,y_2),\cdots,(x_n,y_n)$得出$\hat{\beta}_1$、$\hat{\beta}_2$后,下面可求出$Y$的计算值向量$\hat{\boldsymbol{Y}}$的值:

$$\hat{\boldsymbol{Y}} = \hat{\boldsymbol{\beta}}_1 + \hat{\boldsymbol{\beta}}_2 \boldsymbol{X} \tag{8.23}$$

其中$\boldsymbol{X}$为样本向量,$\boldsymbol{X} = (X_1, X_2, \cdots, X_n)^{\mathrm{T}}$,$x_i$为$X_i(i=1,2,\cdots,n)$的样本观察值。而$Y$的实际样本观察值$y_i$并不完全等于$Y$的样本计算值$\hat{y}_i$,在图形上看拟合后的直线和原样本对$(x_1,y_1),(x_2,y_2),\cdots,(x_n,y_n)$生成的点状图在通常情况下并不是完全吻合的,如图8.2所示,图8.2中的空心点代表原样本对。

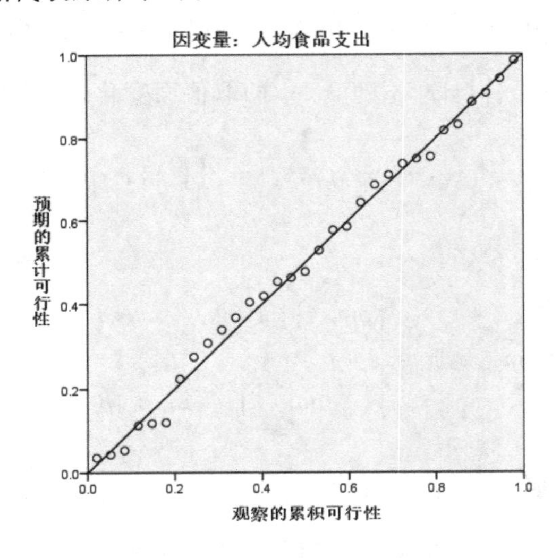

图 8.2　一元线性回归拟合图

定义 8.4　Y的实际样本观察值与样本计算值之间会有一个偏差,这个偏差被定义为**残差项**、**剩余项**或**残差向量**,设为$\boldsymbol{e} = \boldsymbol{Y} - \hat{\boldsymbol{Y}}$。对于样本$Y_1,Y_2,\cdots,Y_n$来说,

$$e_i = Y_i - \hat{Y}_i \ (i=1,2\cdots,n) \tag{8.24}$$

其中,$\hat{Y}_i$见定义8.2,综合上面式(8.22)和式(8.23),可得

$$Y_i = \hat{\beta}_1 + \hat{\beta}_2 X_i + e_i \tag{8.25}$$

其中,$\boldsymbol{e} = (e_1, e_2, \cdots, e_n)$称为残差向量,$\boldsymbol{e}^2 = \sum_{i=1}^{n} e_i^2$称为**残差平方和**,又记为$Q$。

在例8.1中,有$\boldsymbol{e}^2 = \sum_{i=1}^{n}(Y_i - \hat{Y}_i)^2 = \sum_{i=1}^{n}(Y_i - \hat{\beta}_1 - \hat{\beta}_2 X_i)^2$,在估计参数$\beta_1$、$\beta_2$时,前

面提到的两种方法都是取使得 $\sum_{i=1}^{n}(Y_i-\beta_1-\beta_2X_i)^2$ 最小，得到估计参数 $\hat{\beta}_1$、$\hat{\beta}_2$，即此时残差平方和 $\boldsymbol{e}^2$ 也最小。

注：$\hat{\beta}_1$、$\hat{\beta}_2$ 是总体回归函数中参数 β_1、β_2 的估计，$\hat{Y}_i$ 是对 Y 的实际观测值 Y_i 的估计，残差项 e_i 在概念上类似于总体回归函数中的随机误差 u_i。

定义 8.5 未解释方差 σ_u^2 的无偏估计 $\hat{\sigma}_u^2$ 的定义如下：

$$\hat{\sigma}_u^2=\frac{\boldsymbol{e}^{\mathrm{T}}\boldsymbol{e}}{n-k}=\frac{\boldsymbol{e}^2}{n-k} \tag{8.26}$$

其中，k 是包括常数项在内的解释变量数，对于一元线性回归来说，$k=2$。$\hat{\sigma}_u=\sqrt{\boldsymbol{e}^2/(n-k)}$ 称为估计标准误差（SPSS 22 中称为**标准估算的错误**）。

在证明回归系数的最小二乘估计法是最佳线性无偏估计时（本书证明略，证明可参见袁卫《统计学》的 231 页），讨论 $\hat{\beta}_1$、$\hat{\beta}_2$ 的方差除了涉及样本观测值以外，还涉及总体随机误差项 u_i 的方差 σ_u^2。由于 u_i 不能直接观测，显然 σ_u^2 也是未知的，但是可以证明，在最小二乘估计法的基础上，我们可以得到 $\hat{\sigma}_u^2$。

8.1.3 拟合优度的度量

样本回归直线是对样本数据的一种拟合，不同估计方法可拟合出不同的回归线，从例 8.1 的散点图来看，样本回归直线与样本观测值总是在一定程度上存在或正或负的偏离。

对所估计出的样本回归线首先要考察对样本观测数据**拟合的优劣程度**，即对所谓的拟合优度进行度量。对样本回归拟合优度的度量是建立在对**因变量总离差平方和**分解的基础上的。

回顾已经估计的样本回归函数：

$$Y_i=\hat{\beta}_1+\hat{\beta}_2X_i+e_i \tag{8.27}$$

如果以平均值 $\bar{Y}$ 为基准，比较观测值 Y_i 和估计值 $\hat{Y}_i=\hat{\beta}_1+\hat{\beta}_2X_i$ 对 $\bar{Y}$ 的偏离程度，式(8.24)可以用离差表示为

$$(Y_i-\bar{Y})=(\hat{Y}_i-\bar{Y})+e_i \tag{8.28}$$

将式(8.28)两边平方，并对所有观测值求和，近似得

$$\sum_{i=1}^{n}(Y_i-\bar{Y})^2=\sum_{i=1}^{n}(\hat{Y}_i-\bar{Y})^2+\sum_{i=1}^{n}(Y_i-\hat{Y}_i)^2 \tag{8.29}$$

其中：$\sum_{i=1}^{n}(Y_i-\bar{Y})^2$ 称为**总离差平方和**（Total Sum of Squares，SST）；因变量 Y 的样本估计值与其平均值的离差平方和 $\sum_{i=1}^{n}(\hat{Y}_i-\bar{Y})^2$ 称为**回归平方和**（Sum of Squares of the Regression，SSR）；因变量 Y 的观测值与估计值之差的平方和 $\sum_{i=1}^{n}(Y_i-\hat{Y}_i)^2$ 称为**残差平方和**（Sum of Squares due to Error，SSE），是回归线未做出解释的离差平方和。

将式(8.29)两边同除以 $\sum_{i=1}^{n}(Y_i-\bar{Y})^2$，得

$$1=\frac{\sum_{i=1}^{n}(\hat{Y}_i-\bar{Y})^2}{\sum_{i=1}^{n}(Y_i-\bar{Y})^2}+\frac{\sum_{i=1}^{n}(Y_i-\hat{Y}_i)^2}{\sum_{i=1}^{n}(Y_i-\bar{Y})^2} \tag{8.30}$$

其中，$\frac{\sum_{i=1}^{n}(\hat{Y}_i-\bar{Y})^2}{\sum_{i=1}^{n}(Y_i-\bar{Y})^2}$ 表示由样本回归做出解释的离差平方和在总离差平方和中占的比重；

$\frac{\sum_{i=1}^{n}(Y_i-\hat{Y}_i)^2}{\sum_{i=1}^{n}(Y_i-\bar{Y})^2}$ 表示未由回归线做出解释的离差平方和在总离差平方和中占的比重。

显然，样本回归线对样本观测值的拟合优度越好，各样本观测点与回归线就靠得越近，由样本回归做出解释的离差平方和在总离差平方和中占的比重将越大；反之，拟合优度越差，这部分所占比重就越小。

所以，$\frac{\sum_{i=1}^{n}(\hat{Y}_i-\bar{Y})^2}{\sum_{i=1}^{n}(Y_i-\bar{Y})^2}$，即$\frac{\text{SSR}}{\text{SST}}$，可以作为综合度量回归模型对样本观测值拟合优度的指标，这一比例称为**判定系数**，一般用 R^2 表示。

定义 8.6 判定系数 R^2 反映了回归效果的好坏：

$$R^2=\frac{\sum_{i=1}^{n}(\hat{Y}_i-\bar{Y})^2}{\sum_{i=1}^{n}(Y_i-\bar{Y})^2}=\frac{\text{SSR}}{\text{SST}}=1-\frac{\text{SSE}}{\text{SST}}=1-\frac{\sum_{i=1}^{n}(Y_i-\hat{Y}_i)^2}{\sum_{i=1}^{n}(Y_i-\bar{Y})^2}=1-\frac{\boldsymbol{e}^2}{\sum_{i=1}^{n}(Y_i-\bar{Y})^2} \tag{8.31}$$

R^2 越接近 1，总体回归效果越好，R 被称为**复相关系数**。

定义 8.7 校正的判定系数 R^2_{adj} 修正了统计量 R^2 中不含自由度的问题：

$$R^2_{\text{adj}}=1-\frac{\boldsymbol{e}^2/(n-k)}{\sum_{i=1}^{n}(Y_i-\bar{Y})^2/(n-1)}=1-(1-R^2)\cdot\frac{n-1}{n-k} \tag{8.32}$$

R^2_{adj} 剔除了自由度的影响。

8.1.4 两个假设检验

在 8.1.1 节中我们可以看到从试验的角度，SPSS 在处理线性回归时的操作步骤大概如下。

① 用相关分析的方法分析两个变量是否存在显著性线性相关关系。

② 如果两个变量存在显著性线性相关关系，则先看一下整体回归效果如何。

③ 如果整体回归效果显著，则进一步看回归系数与 0 是否存在显著性差异（是否应该出现在方程中）。

1. 关于回归效果的 F 检验

在线性回归中，当有多个自变量作用于因变量时就要考察多个自变量联合起来后与因变量之间是否存在显著性的线性关系了，即应当对回归系数进行**整体检验**。该检验是在方差分析的基础上利用 F 检验进行的。

对回归效果进行 F 检验的基本思想是，用“已解释平方和”(**回归平方和**)与“未解释平方和”(**残差平方和**)的比值，即$\frac{\text{SSR}}{\text{SSE}}$(服从 F 分布)，与 $f_\alpha(k-1,n-k)$的比较，来判别在 α 水平上，回归效果是否显著。

① 求出 F 统计量的值。

定义 8.8 检验回归效果的 F 统计量的定义为

$$F=\frac{\text{SSR/ 自由度}}{\text{SSE/ 自由度}}=\frac{\sum_{i=1}^{n}(\hat{Y}_i-\bar{Y})^2/k-1}{\sum_{i=1}^{n}(Y_i-\hat{Y}_i)^2/n-k}\sim F(k-1,n-k) \tag{8.33}$$

F 越大回归效果越显著。计算出的统计值 $f>f_\alpha(k-1,n-k)$，就表示回归效果是好的，在 α 水平上，已解释平方和(Y 的变化中已经解释的部分)明显大于未解释平方和(Y 的变化中尚未解释的部分)。

F 与 R^2 的统计值的关系可以从式(8.34)的推演中看到

$$F=\frac{\sum_{i=1}^{n}(\hat{Y}_i-\bar{Y})^2/\sum_{i=1}^{n}(Y_i-\bar{Y})^2}{\sum_{i=1}^{n}(Y_i-\hat{Y}_i)^2/\sum_{i=1}^{n}(Y_i-\bar{Y})^2}\cdot\frac{n-k}{k-1}=\frac{n-k}{k-1}\cdot\frac{R^2}{1-R^2} \tag{8.34}$$

② 根据 α 和 n、k，查表或者用 SPSS 软件求临界值 $f_\alpha(k-1,n-k)$。

③ 做假设检验。

H_0：回归效果不显著。

H_1：回归效果显著。

从临界值的角度考虑，若 $f>f_\alpha(k-1,n-k)$，或者 f 的显著性概率 $p<\alpha$，则表明 $\sum_{i=1}^{n}(\hat{Y}_i-\bar{Y})^2$ 较大，$\boldsymbol{e}^2=\sum_{i=1}^{n}(Y_i-\bar{Y})^2$ 较小，如果以 α 的概率(或在 α 水平上)拒绝 H_0，即说明“已解释平方和”(Y 的变化中已经解释的部分)明显大于“未解释平方和”(Y 的变化中尚未解释的部分)，整体回归效果显著。反之，接受 H_0，即所得到的回归方程的回归效果不显著。

2. 关于回归系数的 t 检验

如果回归效果是显著的，那么接下来我们就想知道回归系数是什么了。

对回归系数进行 t 检验的基本思想是，“已解释系数差值”与“估计标准误差”(参看定义 8.5)的比值服从 t 分布，代入样本值求出这个比值的绝对值并将其与 $t_{\alpha/2}(n-k)$比较，以判别在 α 水平上，回归系数的效果是否显著。

① 求出统计量 t 的值，已知

$$t=\frac{\text{已解释系数差值}}{\text{估计标准误差}}=\frac{\hat{\beta}_j-\beta_j}{\sqrt{\boldsymbol{e}^2/(n-k)}}\sim t(n-k) \tag{8.35}$$

其中，$\sqrt{e^2/(n-k)}$就是 SPSS 输出的“标准估算的错误”。

② 根据 α 和 n、k，查表或者用 SPSS 软件求临界值 $t_{\alpha/2}(n-k)$。

③ 做假设检验。

$H_0:\beta_j=0$。

$H_1:\beta_j\neq 0$。

从临界值的角度考虑，若$|t|>t_{\alpha/2}(n-k)$，或者 t 的显著性概率 $p<\alpha$，则表明 β_j 显著异于 0。

回归系数的 t 统计量的显著性检验决定了相应的变量能否作为解释变量输入回归方程。

再返回看表 8.4，常数项的 t 检验不通过，因为 $p=0.458>0.05$，即对应的系数与 0 无显著性差异。自变量“人均收入”的 t 检验通过，$p=0.000<0.05$，即相应的系数显著异于 0。

3. 多元线性回归示例

下面我们再来看一个例子。

例 8.2 研究我国 31 个省区市的“人均食品支出”对“人均收入”“粮食平均单价”的依赖关系。(数据文件为“CH8 例 8.1 例 8.2 一元与多元回归”)

设“人均食品支出”用随机变量 Y 来表示，“人均收入”用随机变量 X_2 来表示，“粮食平均单价”用随机变量 X_3 来表示，那么这道题所求的两个变量之间的不确定关系可以用如下式来表示：

$$Y=\beta_1+\beta_2X_2+\beta_3X_3+u$$

其中，“人均食品支出”Y 是被解释变量，“人均收入”X_2 和“粮食平均单价”X_3 都是解释变量，β_1、β_2、β_3 是待估参数，u 是随机干扰项。

① 打开数据文件后，单击【分析】→【回归】→【线性】，系统弹出一个对话框。

② 在该对话框的左栏中选择变量“人均食品支出”，单击向右的箭头，将其放入“因变量”框中。在对话框左栏中选择变量“人均收入”“粮食平均单价”，单击向右的箭头，将其放入“自变量”框中，如图 8.3(a)所示。

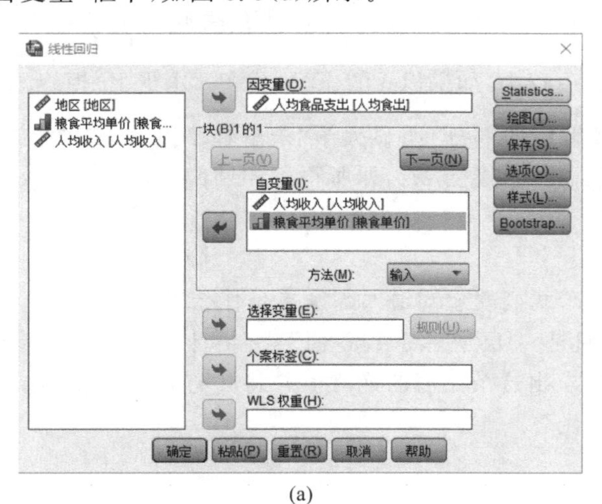

(a)

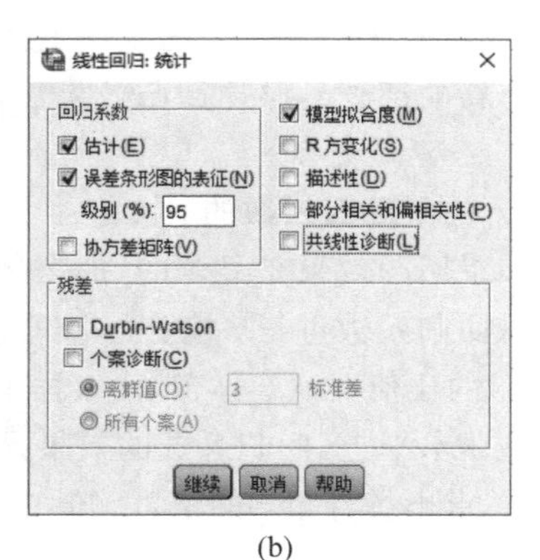

(b)

图 8.3 多元进入式线性回归对话框

③ 单击对话框的【Statistics】按钮，弹出一个新的对话框，如图8.3(b)所示。在该“线性回归：统计”对话框的“回归系数”区块中，有3项选择。

a. 估计：这是系统的默认值。选择此项，系统会输出回归系数 B、B 的标准差、标准系数贝塔、B 的 t 值及其双尾检验的 p 值。

b. 误差条形图的表征：复选项。系统会输出每一个 B（非标准化回归系数）的95%的置信区间。本例选择此项。

c. 协方差矩阵：不选择。

单击【继续】，回到线性回归对话框。

④ 单击【方法】对应的箭头，出现一个下拉菜单，会提供一些可供选择的其他方法，我们先采用系统默认的“输入”方法，意味着两个自变量都输入回归方程参与分析。

⑤ 单击【确定】按钮，系统输出结果。

下面对结果进行分析。

表8.5给出了线性回归的方法是输入法，参与的自变量（已输入变量）为“人均收入”和“粮食平均单价”，表的下方标出的因变量为“人均食品支出”。

表8.5　多元线性回归已输入/除去变量[a]

模型	已输入变量	已除去变量	方法
1	人均收入，粮食平均单价[b]	.	输入

a. 因变量：人均食品支出

b. 已输入所有请求的变量。

表8.6给出了 R（**复相关系数，此处即简单相关系数**）、R 平方（判定系数 R^2）、调整后的 R 平方（R^2_{adj}）、标准估算的错误 $\left(\hat{\sigma}_u = \sqrt{\sum_i e_i^2/(n-k)}\right)$〔见式(8.26)，也称为“估计标准误差”〕。

表8.6　模型摘要

模型	R	R平方	调整后的R平方	标准估算的错误
1	.940[a]	.883	.875	65.651

a. 预测变量：(常量)，人均收入，粮食平均单价

表8.7是方差分析表，给出了方差分析的结果。该表第1列是“模型”，给出了总变差的来源：回归、残差和总计（总计为回归和残差之和）。该表第2列是“平方和”，分别为回归行对应的变差（就是回归平方和）、残差行对应的变差（就是残差平方和）、总计行对应的变差（就是总离差平方和）。该表第3列是“自由度”，回归行对应的自由度是 $k-1$，残差行对应的自由度是 $n-k$，总计行对应的自由度是 $k-1+n-k=n-1$。该表第4列是“均方”，为前面两列相除，即“平方和”除以“自由度”。该表第5列是“F”，为方差检验 F 值。该表第6列是“显著性”，为 F 值的显著性概率值。

表 8.7 回归的方差分析表

模型		平方和	自由度	均方	F	显著性
1	回归	915129.050	2	457564.525	106.164	.000[b]
	残差	120679.788	28	4309.992		
	总计	1035808.839	30			

a. 因变量：人均食品支出

b. 预测变量：(常量)，人均收入，粮食平均单价

表 8.8 是回归系数及显著性检验表。该表第一列是对模型的解释变量的说明，第二列包括非标准化的回归系数 $\hat{\beta}_j$、“标准错误”为 $\hat{\beta}_j$ 的标准差 $S_{\hat{\beta}_j}$；第三列为标准系数贝塔；第四列为 t 值；第五列为 t 值的显著性概率 p 值。在本例中，常数项的 t 检验不通过，$p=0.168>0.05$，即对应的系数与 0 无显著性差异。自变量“人均收入”“粮食平均单价”的 p 值分别为 $p=0.007<0.05$ 和 $p=0.000<0.05$，即两个自变量相应的系数均显著异于 0。最后一列是 B 的 95％置信区间。

表 8.8 多元线性回归的回归系数及显著性检验表

模型		非标准化系数		标准系数	t	显著性	B 的 95.0% 置信区间	
		B	标准错误	贝塔			下限值	上限
1	（常量）	−87.368	61.680		−1.416	.168	−213.714	38.979
	粮食平均单价	213.423	73.278	.243	2.913	.007	63.320	363.526
	人均收入	.352	.038	.767	9.185	.000	.273	.430

a. 因变量：人均食品支出

下面我们再解释一下为什么给出了回归系数 $\hat{\beta}_j$，还要给出标准系数贝塔？

定义 8.9 标准回归系数

标准回归系数的设立原因是用其来描述自变量的一种相对的重要性。比如，虽然我们不能绝对地说出教育程度和工作年数在决定收入上的重要性，但如果大家的教育程度比较相似，那么工作年数就是决定收入的因素；反之，如果大家的工作年数没有太大区别，那么受教育程度就成了决定收入重要原因。这里的重要性是相对的，是会根据不同情况而改变的。

先对数据标准化，即将原始数据减去相应变量的均值后再除以该变量的标准差，然后按照上面的回归方法计算得到回归方程(称为**标准化回归方程**)，相应的回归系数称为**标准回归系数**。标准化过程如下：

$$\dot{X}_j=\frac{X_j-\bar{X}_j}{S_j},\dot{Y}_j=\frac{Y_j-\bar{Y}}{S_Y} \tag{8.36}$$

其中，$S_j=\sqrt{\dfrac{1}{n-1}\sum\limits_i (X_j-\bar{X}_j)^2}$，$S_Y=\sqrt{\dfrac{1}{n-1}\sum\limits_i (Y_j-\bar{Y})^2}$，$j=1,2,\cdots,k$。

也可以在 SPSS 中，单击【分析】→【描述统计】→【描述】，勾选复选框“将标准化得分另存为变量”，然后按上述线性回归分析的步骤操作。系统结果如表 8.9 所示，我们可以看到，此时的非标准化的回归系数 $\hat{\beta}_j$ 和标准系数贝塔的值是一样的。

表8.9 数据标准化后的回归系数及显著性检验表

模型		非标准化系数		标准系数	t	显著性
		B	标准错误	贝塔		
1	（常量）	−1.817E−16	.063		.000	1.000
	Zscore：粮食平均单价	.243	.083	.243	2.913	.007
	Zscore：人均收入	.767	.083	.767	9.185	.000

a. 因变量：Zscore：人均食品支出

可以理解为，自变量的重要性不仅与这一自变量的**回归系数**有关系，而且还与这个自变量的波动程度有关系，如果其波动程度较大，那么其就会显得较为重要，其回归系数要大一些。**标准回归系数**正是测量自变量的这种重要性的。从标准回归系数的公式中也可看出，标准系数贝塔是与自变量的标准差成正比的，自变量波动程度的增大会使它在某一具体情况下的重要性增加。

8.2 逐步回归

在例8.2中，我们介绍了SPSS操作的输入法，从严格意义上来说，输入法是要求各个自变量之间相互独立，不存在多元共线性的。所谓多元共线性，是指自变量之间存在某种相关或者高度相关的关系，其中某个自变量可以被其他自变量所组成的线性组合解释。

例如，对于医学研究中常见的生理指标，如收缩压和舒张压、总胆固醇和低密度脂蛋白胆固醇等，这些变量本身在人体中就存在一定的关联性。如果在构建多元线性回归模型时，把具有多元共线性的变量一同放在模型中进行拟合，那么就会出现方程估计的偏回归系数明显与常识不相符的情况，对模型的拟合带来严重的影响。

下面我们就通过一个例子了解什么是逐步回归法，逐步回归法和多元共线性有什么关系，如何通过有效的逐步回归法进行变量筛选来解决多元共线性问题。

8.2.1 逐步回归问题引入

逐步回归法的基本思想：在考虑 Y 对已知的一群变量 $X_2,\cdots,X_k$ 回归时，从变量 $X_2,\cdots,X_k$ 中，逐步选出对已解释变差的贡献（也就是偏解释变差，或称偏回归平方和）最大的变量，其将进入回归方程。而对已解释变差的贡献大小的判别依据就是包含了偏解释变差的 F 统计量 F_j。统计量 F_j 的最大值 f_j 对应的 x_j 先进入方程。最后一个进入方程的 x_j 应当满足：其统计量的值 f_j 的显著性概率 p 小于或等于选定的显著性水平 α（即要求其系数 β_j 显著异于0）。这里需要提到一个新的概念——**偏回归平方和**，简单来说就是在模型已经含有其他自变量的基础上，加入一个新的自变量后，引起的对于回归模型贡献（回归平方和）的增加量，或者删除某个自变量后，引起的对于回归模型贡献的减少量。

反向逐步回归法指的是，先把 Y 对所有的自变量 $X_2,\cdots,X_k$ 回归，然后逐步把 f_j 最小的 x_j 剔除出方程。所有剔除出方程的 x_j 在剔除时，其统计量的值 f_j 的显著性概率 p 大于

选定的显著性水平 α，即要求其系数 β_j 与 0 没有显著性差异。

例 8.3 研究某城市散户股民的证券市场的“投入证券市场总资金”是否可以用变量“证券市场外的收入”“受教育程度”、“入市年份”和“股民年龄”来说明。数据见文件“CH8 例 8.3 证券市场”。

① 打开数据文件后，单击【分析】→【回归】→【线性】，系统弹出一个对话框。

② 在该对话框的左栏中选择变量“投入证券市场总资金”，单击向右的箭头，将其放入“因变量”框中。在对话框左栏中选择变量“证券市场以外年收入”“受教育程度”“入市年份”和“年龄”(即股民年龄)单击向右的箭头，将其放入“自变量”框中，如图 8.4(a)所示。

③ 单击“方法”对应的箭头，出现一个下拉菜单，有如下选择。

a. 输入：让步骤②中选择的自变量全部进入模型中。

b. 逐步：前向逐步回归法(逐步增加自变量)与后向逐步回归法(先把所有自变量放入方程，然后逐步减少自变量)结合的方法。

c. 删除：在已有回归方程的基础上，根据所设定的条件，删除变量。

d. 后退：先把所有自变量放入方程，然后逐步减少自变量。

e. 前进：逐步增加自变量。

本例我们选择“逐步”，选择后如图 8.4(b)所示。

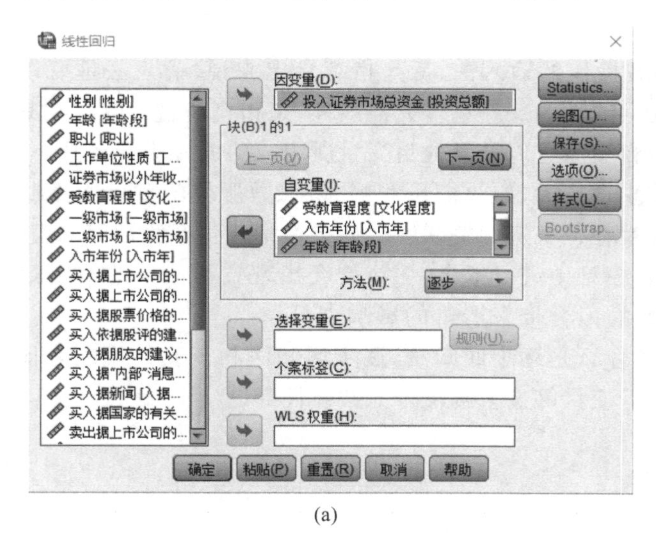

(a)

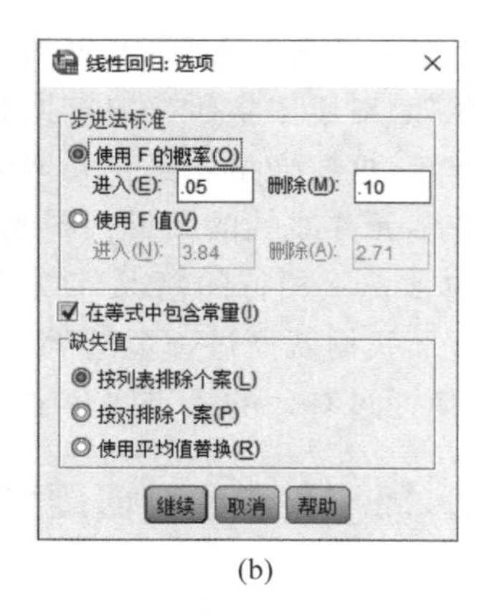

(b)

图 8.4 多元逐步回归对话框

④ 单击“线性回归”对话框右下角的【选项】按钮，可以发现在上述 3 种逐步回归法(逐步、后退、前进)中，SPSS 所默认的进入回归方程的变量的系数的 F 统计量的概率为 0.05，所默认的从回归方程中删除变量的系数的 F 统计量的概率为 0.10。两者的差距有明显的作用，它能够使进入回归方程的变量不容易从方程中剔除出去。在逐步回归的过程中，当新的解释变量进入方程后，一般会改变已经进入方程的贡献，使原来的 F_j 统计量的显著性概率发生变化，如变为 0.08。如果从方程中删除自变量的显著性概率值还是 0.05，那么这个变量 X_j 就应该从方程中剔除了。但是现在不用从方程中剔除这个变量 X_j，因为 0.08 还小于设定的显著性概率值 0.10。正因为如此，才避免了如下死循环的发生：一个解释变量 X_j

刚进方程→新的解释变量进方程后改变了 X_j 的 F_j 统计量的显著性概率，如变为 0.08(大于 0.05)→于是，X_j 出方程→然后 X_j 又进方程→……。本例接受系统的默认值。单击【继续】，返回“线性回归”对话框。

⑤ 单击“线性回归”对话框右侧的【Statistics】按钮，弹出一个新的对话框，如图 8.5 所示。

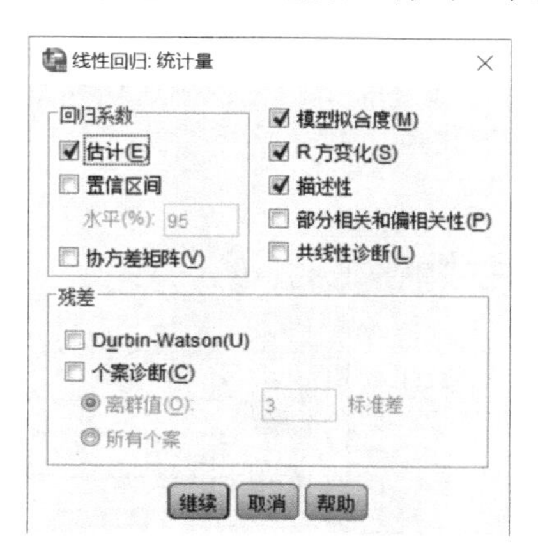

图 8.5 “线性回归:统计量”对话框

a. 在该“线性回归:统计量”对话框的“回归系数”区块中，有 3 项选择。

• 估计:这是系统的默认值。选择此项后，系统会输出回归系数 B、B 的标准差、标准系数贝塔、B 的 t 值及其双尾检验的 p 值。

• 置信区间:复选项。系统会输出每一个 B(非标准化回归系数)的 95%的置信区间。

• 协方差矩阵:选择此项后，系统输出非标准化回归系数的协方差矩阵、各个变量之间的相关系数矩阵。

b. 在“线性回归:统计量”窗口的右侧，有 5 个复选项。

• 模型拟合度:这是系统的默认值。选择此项后，系统输出(在逐步回归的过程中)引入模型的变量、从模型中删除的变量、复相关系数 R、判定系数 R^2、校正的 R^2、估计值的标准误差、ANQVA 方差分析表。

• R 方变化:在逐步回归中，当回归方程引入或删除一个变量后，R^2 会改变。选择此项，要求输出 R^2 的改变量。如果 R^2_{ch} 变化大，说明增加了这个变量，对模型回归效果的贡献大(或删除了这个变量，对已解释变差的影响小)。选择此项后，系统还将输出 F_{ch}、Sig_{ch}(做了变量增减后的 F 统计量的 p 值)。

• 描述性:选择此项后，系统输出有效样本数、变量的均值、标准差、相关系数矩阵、单尾检验的显著性水平的 p 值矩阵等。

• 部分相关和偏相关性:选择此项后，系统会输出部分相关系数(一个自变量进入回归方程后，R^2 的增加量)、偏相关系数和零阶相关系数，这有助于对共线性的判断。

• 共线性诊断:选择此项后，系统会输出有关多重共线性的诊断数值。

c. 在“残差”区块中，有 2 个选项 。

• Durbin-Watson:检验是否存在序列相关的统计量，输出检验序列相关的 D-W 统计量的检验结果，本例在此不选此项。

• 个案诊断:本例在此不选此项。如果选择此项后，以下两个子选项将被激活。第一个子选项为离群值：要求输入奇异数据的判据，默认值是大于或等于 3 倍标准差的为奇异值。第二个子选项为所有个案：系统会输出所有观察残差 e_i。

⑥ 单击【继续】按钮，回到“线性回归”对话框。

⑦ 单击“线性回归”对话框右上方的【绘图】按钮，系统弹出所要绘制图形的对话框，如图 8.6 所示。在该对话框的左框中有因变量和一些参数，可选一些变量或参数用箭头送入“X”(或“Y”)框，选其他参数送入“Y”(或“X”)框。完成计算后，系统就按照这里的选择输出图形。可供选择参数主要有如下几种。

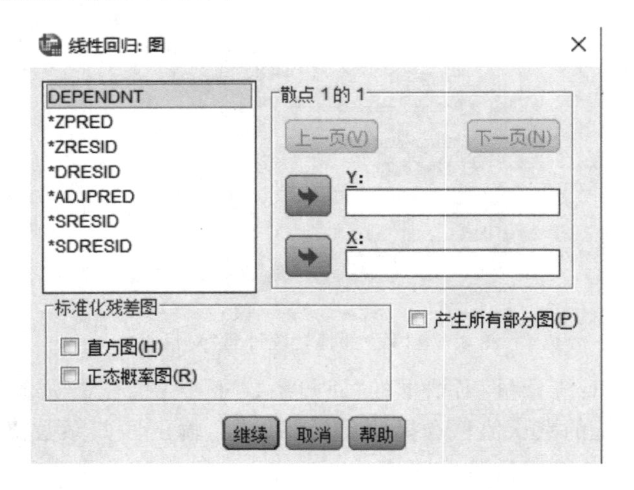

图 8.6 “线性回归：图”对话框

• DEPENDNT：被解释变量，习惯上作为 Y 轴，可观察被解释变量(就是模型中的 Y)从小到大变化时，残差变化的情况(如观察是否存在非齐次方差，是否存在序列相关等)。

• ZPRED：标准化预测值，习惯上也作为 X 轴，可观察被解释变量标准化后的计算值(就是模型中 $\hat{Y}$)从小到大变化时，残差变化的情况(如观察是否存在非齐次方差，是否存在序列相关等)。

• ZRESID：标准化残差，习惯上作为 Y 轴，可观察它随被解释变量(或被解释变量标准化的计算值)变化的情况。以下的各类残差项在习惯上多作为 Y 轴，可观察它们随被解释变量增大时的变化情况。

• DRESID：剔除残差。

• ADJPRED：修正后的预测值。

• SRESID：t 分析残差。

• SDRESID：t 分析剔除残差。

⑧ 单击【继续】按钮，返回“线性回归”对话框。

⑨ 在“线性回归”对话框中，单击【保存】按钮，可将有关计算结果保存下来。

⑩ 单击【确定】按钮，系统输出结果。

下面对结果进行分析。我们只解释其中的两类表：方差分析表(表 8.10)与系数表(表 8.11、表 8.12)。

表 8.10 的第一列给出了逐步回归过程中的 4 个模型。从中可以看到，平方和(“平方

和”列与每个模型的“回归”行的交叉位置上的数据）随着逐步回归的过程，不断增大：从 43 028.424 增大到 54 693.770。这就是说，随着逐步回归中模型的改进，已解释变差越来越大。从表 8.10 中的最后一列可以看到模型 b 和 c 的 F 统计值的显著性概率都小于 0.01，说明两个模型的总体回归效果都是显著的。

表 8.10　回归问题中的方差分析表

模型		平方和	自由度	均方	F	显著性
1	回归	43028.424	1	43028.424	18.978	.000[b]
	残差	326494.094	144	2267.320		
	总计	369522.517	145			
2	回归	54693.770	2	27346.885	12.421	.000[c]
	残差	314828.748	143	2201.600		
	总计	369522.517	145			

a. 因变量：投入证券市场总资金

b. 预测变量：（常量），证券市场以外年收入

c. 预测变量：（常量），证券市场以外年收入，年龄

表 8.11 的第一列是对模型的解释变量的说明；第二列为回归系数非标准化的回归系数 $\hat{\beta}_j$、“标准误差”为 $\hat{\beta}_j$ 的标准误差 $S_{\hat{\beta}_j}$；第三列为标准系数贝塔；第四列为 t 值；第五列为 t 值的显著性概率 p 值。

“受教育程度”和“入市年份”没有进入方程，从所有模型的所有解释变量的 t 检验情况来看，假设显著性水平为 0.05，变量“证券市场以外年收入”“年龄”在 0.05 的水平上，均显著异于 0。而常量的显著性概率 0.508>0.05，所以建议读取表 8.11 中“标准系数贝塔”列的结果。“证券市场以外年收入”“年龄”可以作为解释变量存在于模型中，解释投资额的变化。

表 8.11　回归系数与显著性检验表[a]

模型		非标准化系数		标准系数	t	显著性
		B	标准错误	贝塔		
1	（常量）	15.731	7.674		2.050	.042
	证券市场以外年收入	5.992	1.375	.341	4.356	.000
2	（常量）	−8.637	13.010		−.664	.508
	证券市场以外年收入	5.826	1.357	.332	4.292	.000
	年龄	7.850	3.410	.178	2.302	.023

a. 因变量：投入证券市场总资金

表 8.12 是排除的系数的显著性检验表，“受教育程度”和“入市年份”没有进入方程，从表中可以看到这两个变量以及常量的系数显著性概率的变化情况。

表 8.12　排除的系数的显著性检验表[a]

模型		输入贝塔	t	显著性	偏相关	共线性统计
						容许
1	年龄	.178[b]	2.302	.023	.189	.997
	受教育程度	−.067[b]	−.838	.403	−.070	.968
	入市年份	−.151[b]	−1.950	.053	−.161	1.000
2	受教育程度	−.031[c]	−.388	.699	−.033	.927
	入市年份	−.105[c]	−1.288	.200	−.107	.895

a. 因变量:投入证券市场总资金

b. 模型中的预测变量:(常量),证券市场以外年收入

c. 模型中的预测变量:(常量),证券市场以外年收入，年龄

8.2.2　逐步回归的原理

上文我们了解了 SPSS 的操作过程,从结果表中也可以大致看到算法的步骤。

逐步回归是一种线性回归模型自变量选择方法,可以用来解决多元共线性的问题。判断自变量多元共线性的方法以下两种。

① 计算自变量两两之间的相关系数及其对应的 p 值,给定显著性水平 α,如果 $p<\alpha$,则可考虑自变量之间存在共线性,这可以作为初步判断自变量多元共线性的一种方法。

② 利用共线性诊断统计量来判断,即利用容许(容忍度)和 VIF(方差膨胀因子)来判断。一般认为如果容许小于 0.2 或 VIF>5(容许和 VIF 呈倒数关系),则提示要考虑自变量之间存在多重共线性的问题。

而多元共线性问题的解决方法主要有变量剔除法和逐步回归法。

(1) 变量剔除法

当自变量之间存在多元共线性时,最简单的方法就是对共线的自变量进行一定的筛选,保留更为重要的变量,删除次要或可替代的变量,从而减少变量之间的重复信息,避免在模型拟合时出现多元共线性的问题。

(2) 逐步选择法

当自变量之间的关系较为复杂,对于变量的取舍不易把握时,我们还可以利用逐步回归法进行变量筛选,以解决自变量多元共线性的问题。逐步回归法从多元共线性的自变量中筛选出对因变量影响较为显著的若干个变量,把对因变量贡献不大的自变量排除在模型之外,从而建立最优的回归子集,不仅克服了共线性问题,而且使得回归方程得到简化。

其基本思想是将变量一个一个地引入,引入的条件是其偏回归平方和经检验是显著的。同时,每引入一个新变量后,对已入选回归模型的老变量逐个进行检验,将经检验认为不显著的变量删除,以保证所得自变量子集中每一个变量都是显著的。此过程经过若干步,直到不能再引入新变量为止。这时回归模型中的所有变量对因变量都是显著的。

逐步回归法选择变量的过程包含两个基本步骤:一是从回归模型中剔出经检验不显著的变量;二是引入新变量到回归模型中。常用的逐步回归法有向前法和向后法。

向前法:向前法的思想是将变量一个一个地引入,每次增加一个变量,直至没有可引入

的变量为止，即在回归方程中从无到有、由少到多逐个引入自变量来构建模型的一种方法。

具体步骤如下。

步骤1：考虑 Y 对已知的一群变量 $X_2,\cdots,X_k$ 回归，分别同因变量 Y 建立一元回归模型：

$$Y=\beta_1+\beta_i X_i+u, i=2,3,\cdots,k \tag{8.37}$$

计算变量 X_i 相应的回归效果的 F 检验统计量的值，记为 $F_2^{(1)},\cdots,F_k^{(1)}$，取其中的最大值 $F_{i1}^{(1)}$，即

$$F_{i1}^{(1)}=\max\{F_2^{(1)},\cdots,F_k^{(1)}\} \tag{8.38}$$

对给定的显著性水平 α，记相应的临界值为 $F^{(1)}$。如果

$$F_{i1}^{(1)}\geqslant F^{(1)} \tag{8.39}$$

则将 X_{i1} 引入回归模型，记 I_1 为选入变量的指标集合。

步骤2：建立因变量 Y 与自变量的子集 $\{X_{i1},X_2\},\cdots,\{X_{i1},X_{i1-1}\},\{X_{i1},X_{i1+1}\},\cdots,\{X_{i1},X_k\}$ 的二元回归模型（此回归模型的回归元为二元的），共有 $k-2$ 个。

计算变量的回归效果 F 检验的统计量值，记为 $F_m^{(2)}$（$m\notin I_1$）。选其中最大者，记为 $F_{i2}^{(2)}$，即

$$F_{i2}^{(2)}=\max\{F_2^{(2)},\cdots,F_{i2-1}^{(2)},F_{i2+1}^{(2)},\cdots,F_k^{(2)}\} \tag{8.40}$$

对给定的显著性水平 α ，记相应的临界值为 $F^{(2)}$。如果

$$F_{i2}^{(2)}\geqslant F^{(2)} \tag{8.41}$$

则将 X_{i2} 引入回归模型，否则，终止变量引入过程。记 I_2 为选入变量的指标集合。

步骤3：考虑因变量对变量子集 $\{X_{i1},X_{i2},\cdots,X_{im}\}$ 的回归，重复步骤2。

依此方法重复进行，每次从未引入回归模型的自变量中选取一个，直到经检验没有变量引入为止。

例如，某个公司（因变量 Y）将进行员工〔自变量 X_i（$i=2,3,\cdots,k$）〕的选拔。第一步，公司（Y）需要评估每个员工（X_i）对公司（Y）的贡献大小（偏回归平方和），选拔出贡献最大且有统计学显著性（引入标准 $p<\alpha$）的第一个员工（X_{i1}）。第二步，在选拔出第一个员工（X_{i1}）的基础上，公司（Y）再次评价每个员工都与第一个员工（X_{i1}）一起工作时所产生的贡献增加量（偏回归平方和），选拔出贡献最大且有显著性意义的第二个员工（X_{i2}）。以此类推，不断有员工（X_{ik}）选拔进来，直到公司认为即使再有员工选拔进来，也不会额外增加对公司（Y）的贡献，此时选拔结束，以上即向前法的基本流程。

向前法的优点是可以自动去掉高度相关的自变量，但也有一定的局限性，向前法在自变量选择的过程中，只在自变量引入模型时考察其是否有统计学意义，并不考虑在引入模型后每个自变量 p 值的变化，后续变量的引入可能会使先进入方程的自变量变得无统计学意义。

向后法与向前法正好相反，它事先将全部自变量选入回归模型，然后逐个剔除对残差平方和贡献较小的自变量。

如果说向前法是选拔员工，那么后退法就相当于公司裁员，每一次裁掉一个对公司贡献最小且无显著性意义的员工（如剔除标准 $p>0.01$），然后对剩下的员工再次进行评估，裁掉一个贡献最小的员工，以此类推，不断有员工被裁掉，直到公司认为即使再裁掉其他员工，也不会额外减少对公司的贡献，此时裁员停止，以上即向后法的基本流程。

向后法的优点是考虑了自变量的组合作用，但是当自变量数目较多或者自变量间高度相关时，可能得不出正确的结论。

逐步回归法是在向前法和向后法的基础上，进行双向筛选变量的一种方法。也就是说，公司(Y)每引入一个员工($X_i(i=2,3,\cdots,k)$)后，都要重新对已经进入公司的每个员工的贡献进行评估和检验，如果由于后续引入新员工后，原有的员工的贡献变得不再有显著性，则公司会将其裁掉，以确保公司里每一个员工的贡献都是有意义的。

逐步回归分析的实施过程：每一步都要对已引入回归方程的变量计算其偏回归平方和(贡献)，然后选一个偏回归平方和最小的变量，在预先给定的水平下进行显著性检验，若显著则该变量不必从回归方程中剔除，这时方程中的其他几个变量也都不需要剔除(其他几个变量的偏回归平方和因为都大于最小的一个，所以更不需要剔除)。相反，如果不显著，则该变量需要剔除，然后按偏回归平方和由小到大地依次对方程中其他变量进行检验。对影响不显著的变量全部剔除，保留的都是影响显著的变量。接着再对未引入回归方程中的变量分别计算其偏回归平方和，并选其中偏回归方程和最大的一个变量，同样在给定水平下作显著性检验，如果显著则将该变量引入回归方程，这一过程一直持续下去，直到在回归方程中的变量都不能剔除而又无新变量可以引入时为止，这时逐步回归过程结束。

这个过程反复进行，直到既没有不显著的自变量引入回归方程，也没有显著的自变量从回归方程中剔除为止，从而得到一个最优的回归方程。逐步回归法结合了前进法和后退法的优点，因此被作为自变量筛选的一种常用的方法。

8.3 线性回归中的虚拟解释变量问题

本节我们讨论在线性回归中自变量(解释变量)为名义级变量和顺序级变量的情形。对于名义级的解释变量，我们分两种情形进行讨论：①解释变量 X 是二值名义级变量；②解释变量 X 是多值名义级变量。

假设在所讨论的线性回归方程

$$Y=\beta_1+\beta_2X_2+\cdots+\beta_kX_k+u$$

中，解释变量 $X_i(i=2,3,\cdots,k)$是二值名义级变量(二值无序分类变量)时，那么我们首先需要把它转化为虚拟变量来处理。

定义 8.10 所谓虚拟变量 D 是指当变量 X_i 中的一个状态出现时，虚拟变量 D 取值为 0，而当 X_i 中的另一个状态出现时，虚拟变量 D 取值为 1。

8.3.1 虚拟解释变量问题引入

例 8.4 某研究者调查了 16 家公司 CEO 的年收入、年龄、是否获得 MBA 学位的数据，如表 8.13 所示(数据见文件“CH8 例 8.4 CEO”)，试分析获 MBA 学位对年收入的影响。

表 8.13

年收入/万元	23	27	16.8	33	32	20	34	27	43	32	27	35	45	42	39	26
年龄	25	27	36	40	41	42	45	46	50	51	55	50	60	61	63	53
是否获得 MBA	0	1	0	1	1	0	1	0	0	1	0	0	1	1	0	0

表中的分类变量“是否获得 MBA”已经表达为虚拟变量的形态了(一个状态为 0,表示未获得 MBA 学位;另一个状态为 1,表示已获得 MBA 学位),所以不用再设立新的虚拟变量了。

对于变量个数较少的回归方程而言,为了看清楚含有虚拟变量的数据的特点,我们先用 SPSS 绘折线图。

① 读入数据后,单击【图形】→【旧对话框】→【折线图】→【多线线图】→【定义】。

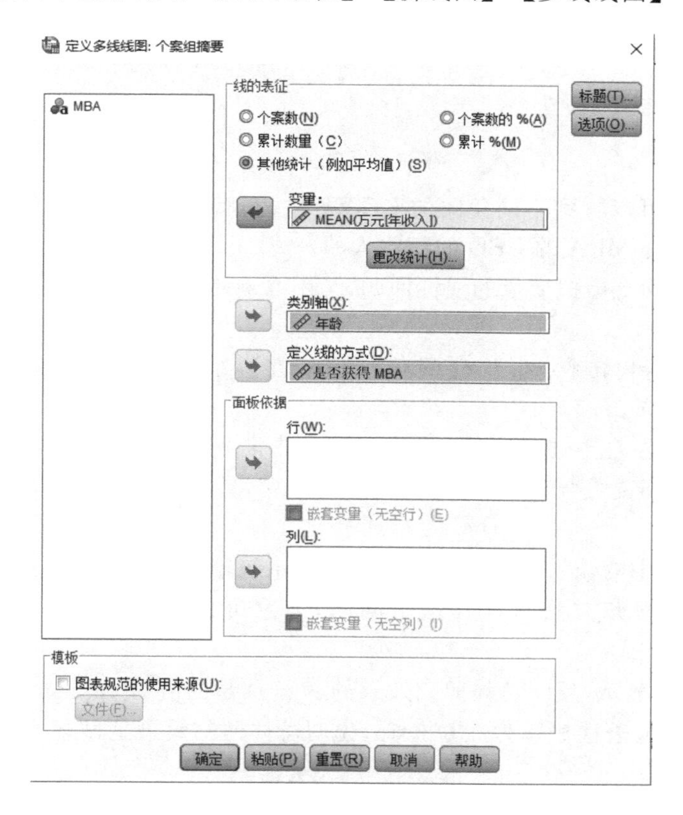

图 8.7　创建多线线图对话框

② 在图 8.7 的左侧框中,把变量“年龄”拖到右边的“类别轴”框中,把虚拟变量“是否获得 MBA”拖入右边的“定义线的方式”框中。这里“定义线的方式”的含义是,用不同类型的线条(如实线、虚线等)来区别变量“MBA”对应的不同值。本例在数据视图窗口设置了两个含义相同的虚拟变量,一个为“是否获得 MBA”,是数值型的;另一个为“MBA”,是字符串型的。此时两种类型的变量均可以作为“定义线的方式”。

③ 单击【确定】按钮,系统输出多线线图,如图 8.8 所示。

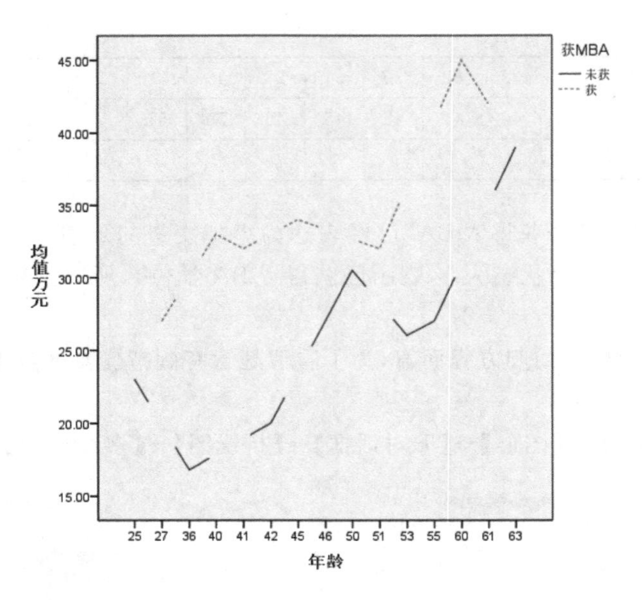

图 8.8 多线线图

从图 8.8 我们可以看到不同年龄的 CEO 年收入情况，获得 MBA 的 CEO 的年收入大部分都是高于未获得 MBA 的 CEO 的年收入的。

在解释变量中含有虚拟变量的线性回归，与不含有虚拟变量的线性回归的软件操作过程是完全相同的。

① 录入数据后，单击【分析】→【回归】→【线性】，系统弹出一个对话框，该对话框与图 8.1(a)所示的相同。

② 在该对话框左栏中选择变量“年收入”，单击向右的箭头，将其放入“因变量”框中。在对话框左栏中选择变量“年龄”和“是否获得 MBA”，单击向右的箭头，将其放入“自变量”框中。

③ 接受“方法”中的输入法，单击【确定】按钮，系统输出回归计算结果。

也可以用逐步回归方法来计算这个问题，大家可以自行练习。下面我们来看一下结果。

表 8.14 的数据显示，反映总体回归效果的 F 统计量的值为 18.966，假设显著性检验水平 $\alpha=0.01$，相应的显著性概率为 $0.000<\alpha$，说明总体回归效果是显著的。

表 8.14 方差分析表[a]

模型		平方和	自由度	均方	F	显著性
	回归	661.938	2	330.969	18.966	.000[b]
1	残差	226.862	13	17.451		
	总计	888.800	15			

a. 因变量：万元

b. 预测变量：(常量)，是否获得 MBA，年龄

由表8.15的数据可见，假设显著性检验水平$\alpha=0.01$，自变量“年龄”和虚拟变量“是否获得MBA”的作用都是显著的，因为相应回归系数的t统计值的显著性概率分别为0.000和0.001均小于0.01(见表8.15的最后一列)。

表8.15 回归系数表[a]

模型		非标准化系数		标准系数	t	显著性
		B	标准错误	贝塔		
1	(常量)	5.423	4.716		1.150	.271
	年龄	.455	.097	.660	4.709	.000
	是否获得MBA	8.464	2.105	.563	4.020	.001

a. 因变量:万元

虚拟变量“是否获得MBA”的回归系数为8.464，表明在“年龄”变量保持不变的情况下，变量“是否获得MBA”从0变为1时，CEO的年收入约增加8.464万元，也就是说，已获得MBA学位的CEO的年收入比未获得MBA学位的年收入(平均)高出约8.5万元。

8.3.2 解释变量是虚拟解释变量的情况

虚拟变量是用以反映变量属性的一个人工变量，是量化了的自变量，通常取值为0或1。引入虚拟变量虽然使线性回归模型变得更复杂，但对问题描述更简明，一个方程能达到两个方程的作用，而且更接近现实。例如，反映文化程度的虚拟变量可取如下值:1代表本科学历;0代表非本科学历。

一般地，在虚拟变量的设置中:基础类型、肯定类型取值为1;比较类型、否定类型取值为0。

(1) 模型中引入虚拟变量的作用

① 分离异常因素的影响，例如，分析我国GDP的时间序列时，必须考虑某些因素对国民经济的破坏性影响，剔除不可比的该因素。

② 检验不同属性类型对因变量的作用，如工资模型中的文化程度、季节对销售额的影响等。

③ 提高模型的精度，相当于将不同属性的样本合并，扩大了样本容量(提高了误差自由度，从而降低了误差方差)。

(2) 虚拟变量设置的原则

在模型中引入多个虚拟变量时，虚拟变量的个数应按下列原则确定。

① 如果回归模型有截距项，有m种互斥的属性类型，则在模型中引入$m-1$个虚拟变量。

② 如果回归模型无截距项，有m个特征，则在模型设置m个虚拟变量。

(3) 多值型虚拟变量

例如，研究上市公司控股股东对股利分配的影响，其中有一个解释变量是控股股东的性质，假设用state表示，而state里面又分成8个类别，需要看每个类别对股利分配是否有影响，这时就需要生成多值型虚拟变量了。

8.3.3 解释变量是顺序级变量的情况

在管理科学和其他科学研究中,顺序级的自变量是经常用到的。

收入的等级(由于是回忆性的问题,采用"等级"对答要比精确回答容易得多)、受教育的等级、受欢迎程度的等级等,相应的变量被称为顺序级变量。我们已经非常清楚,尽管我们可以用数字1,2,…来表示不同的等级,但是这些数字之间只能比较大小的顺序关系,不能做加减运算,也不能做乘除运算。在线性回归分析中,如何处理这样的变量?

抽象地说,有两种处理方法:一是"进",把它作为刻度级变量来处理;二是"退",把它作为名义级变量来处理(也就是转化为虚拟变量来做回归分析)。究竟应当是"进"还是"退",首先要看顺序级变量背后是否能够找到刻度级的量,还要看这个刻度级的量与顺序级变量的等级之间的关系。

一般说来,在顺序级变量的背后,都可以找到某种刻度级的含义。例如,"收入的等级"的背后的刻度级的量可以是收入的货币量,"受教育的等级"背后的刻度级的量可以是每个等级的受教育年限。

如果顺序级变量背后的刻度级的量,在顺序级变量的各个等级上的区间跨度大致是相同的,通常可以把这个顺序级变量的等级作为刻度级的量来处理(在回归分析中,将其作为刻度级的自变量来处理),也就是,回归方程的形式不变:

$$Y=\beta_1+\beta_2X_2+\cdots+\beta_kX_k+u$$

如果这个顺序级自变量的回归系数显著异于0,那么它就有着非常清晰的含义:当其他自变量保持不变时,这个顺序级自变量每增加一个等级(也就是其背后的刻度级的量每增加一个同样的区间跨度)对Y的边际贡献。

如果顺序级变量背后的这个刻度级的量,在顺序级变量的各个等级上的区间跨度上相差很大,就不宜把这个顺序级变量的等级"作为"刻度级的量来处理。而应当考虑"退"的处理方式,将其转化为虚拟变量来处理。如果强行按照刻度级的量来处理,即便回归效果是好的(这个顺序级变量的系数显著异于0),所得到的回归系数的实际意义也是不确切的:虽然这个顺序级变量的系数仍然是(在其他自变量不变的情况下)这个顺序级变量每增加一个等级,对Y的(平均的)边际贡献,但是对于其背后的刻度级的量而言,已经不知道是增加多大的区间跨度,才产生了这样的对Y的边际贡献。

这种处理顺序级自变量的准则是非常有用的。

8.4 曲线回归与SPSS应用

在7.5节,我们介绍了非线性相关的问题,特别给出了一个例子,说明两个随机变量之间可能不存在线性相关,却可能存在明显的非线性相关关系。与之相对应,存在明显非线性关系的随机变量之间的数量关系,也应当有相应的回归方法来处理。其处理的原则与非线性相关的处理原则相同:通过变量之间的非线性变换,把变量之间的非线性关系转化为线性关系,然后用线性回归来解决。这样的回归方法称为**曲线回归**(curvilinear regression)。

定义8.11 曲线回归是指对于非线性关系的变量进行回归分析的方法,曲线回归方程一般是以自变量的多项式表达因变量。其**方法**是：根据数据的特点先进行某些变换，如对数变换、平方根变换等，如果变换后得到线性模型，则进行线性回归；如果变换后仍得不到线性模型，则可以用曲线拟合的方法对原始数据进行拟合，确定曲线回归方程。

例 8.5　打开数据文件“CH7 例 8.5 CH8 非线性相关、曲线回归”，试分析变量 x 和 y 的回归关系。

在第 7 章，我们已经分析了两个变量虽然不存在明显的线性关系，但以形式 $y=(x-3)^2$ 的非线性形式存在着显著的相关关系。

本例的**处理方法是**：通过变量之间的非线性变换，把变量之间的非线性关系转化为线性关系，然后用线性回归方法来解决。这样的回归方法称为曲线回归，而不是非线性回归。

非线性回归通常是指，那些待估计的参数与变量之间的关系不能转化为线性回归的模式的问题。例如，函数

$$y=\frac{1}{\sqrt{2\pi}\sigma}e^{-\frac{(x-\mu)^2}{2\sigma^2}} \tag{8.42}$$

就不能转化为线性回归的模式，因为参数 σ 未知，必须用其他方法来解决参数的估计问题。

与非线性相关的分析类似，曲线回归分析也需要经历这样几个步骤：①画散点图，观察 Y 与 X 之间是否存在非线性关系；②如果 Y 与 X 之间存在非线性关系，猜测是什么样的函数关系；③按照所猜测的函数关系，在 SPSS 中选择所猜测的函数关系，让 SPSS 作曲线回归的显著性检验。

① 单击【图形】→【旧对话框】→【散点/点状】，系统弹出一个散点图类型选择对话框，如图 8.9 所示。

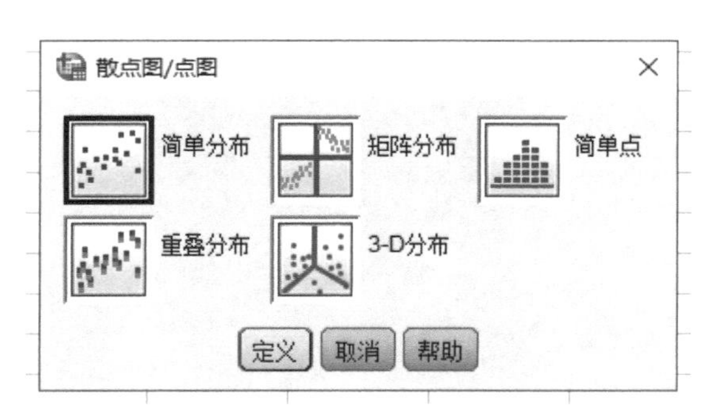

图 8.9　散点图类型选择对话框

② 在这个对话框中，有 5 种类型的散点图的选择，接受默认值“简单分布”。

③ 单击【定义】按钮，系统弹出简单散点图的坐标定义对话框，如图 8.10 所示。

④ 在图 8.10 中，分别把左框中的变量 x 和 y 用箭头送入右边的“X”轴框和“Y”轴框中。

⑤ 单击【确定】按钮，系统输出散点图，如图 8.11 所示。从图 8.11 可以看出，变量 x 和 y 存在较为明显的二次关系，看得出 y 是 x 的二次曲线，图形中散点的最低点位置大约在 $x=3$ 的附近，于是，推测 $y=(x-3)^2$。因此，在下一阶段做非线性变换。

⑥ 在数据视图窗口中，单击【转换】→【计算变量】，在弹出的对话框中，完成 $z=(x-3)^2$。预计 y 与 z 之间有很高的线性相关性，接下来完成 y 与 x 之间、y 与 z 之间的(线

性)相关系数的计算。

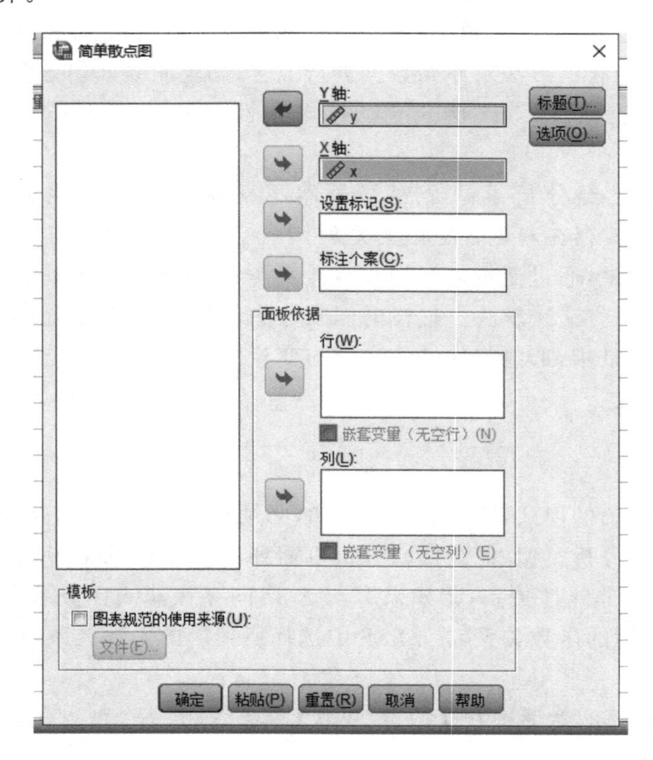

图 8.10　散点图的坐标定义对话框

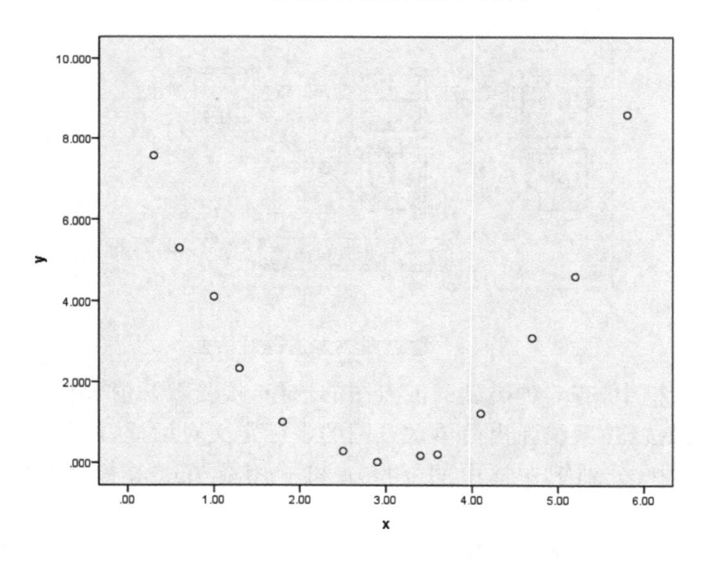

图 8.11　两变量样本的散点图

⑦ 在数据窗视图口中，单击【分析】→【回归】→【曲线估计】，系统弹出对话框，如图 8.12 所示。

⑧ 把“曲线估计”对话框的左框中的变量 y 用箭头送入“因变量”框中，把变量 x 用箭头送入自变量区块中的“变量”框中。

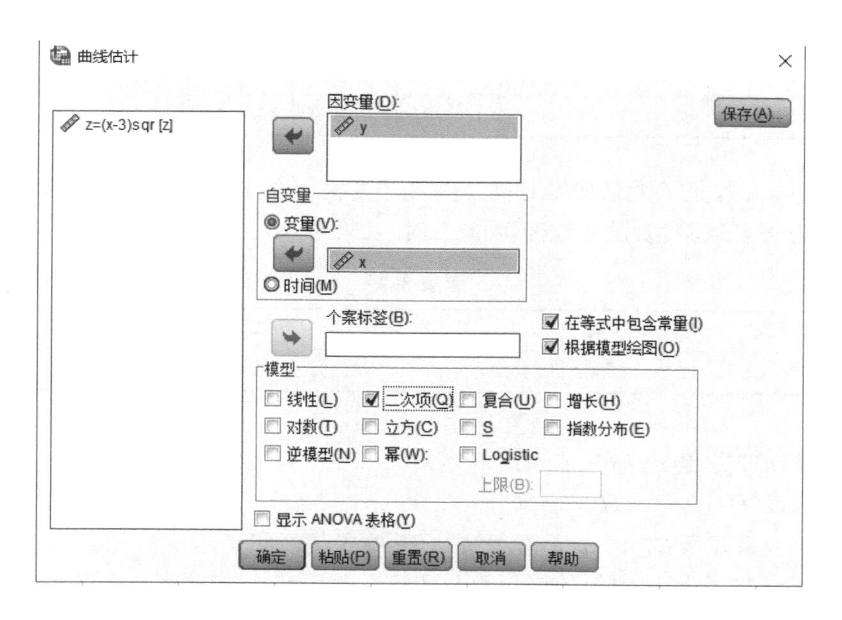

图 8.12 曲线估计对话框

⑨ 在图 8.12 中下部的"模型"区块中,选择"二次项",同时取消"线性"选项。

⑩ 单击【确定】按钮,系统输出结果,如表 8.16 所示。

表 8.16 曲线拟合回归系数表

因变量:y

方程式	模型摘要					参数估计值		
	R 平方	F	df1	df2	显著性	常量	b1	b2
二次项(Q)	.990	520.713	2	10	.000	8.992	−6.199	1.049

自变量为 x。

从表 8.16 的数据可以看出,R 平方为 0.990,从整体来看回归效果是很好的,但由于 R 平方是没有考虑自由度的统计量,所以应当再看一下考虑了自由度的 F 统计值,在本例里,$F=520.713$。y 与 x 之间用二次项拟合回归的显著性概率为 0.000,存在显著的回归关系。

曲线回归方程为

$$y=8.992-6.199x+1.049x^2$$

习 题 8

1. 选取计算机公共课 20 名同学的期末笔试成绩 y 和平时上机成绩 x,如题表 8.1 所示,求线性回归方程。

题表 8.1

y	4	16	20	13	22	21	15	20	19	16	18	17	8	6	5	20	18	11	19	4
x	19	19	24	36	27	26	25	28	17	27	21	24	18	18	14	28	21	22	20	21

2. K. Pearson 收集了大量父亲身高 x 与儿子身高 y 的资料，其中 10 对数据如题表 8.2 所示（此试验为著名试验，故没有改变单位，1 吋＝2.54 cm）。

题表 8.2

父亲身高 x/吋	60	62	64	65	66	67	68	70	72	74
儿子身高 y/吋	63.6	65.2	66.0	65.5	66.9	67.1	67.4	68.3	70.1	70.0

① 求经验回归方程 $\hat{Y}=\hat{\beta}_1+\hat{\beta}_2 X$。

② 检验假设 $H_0:\beta_j=0, H_1:\beta_j\neq 0, \alpha=0.05$。

③ 若回归效果显著，求 β_1 的置信度为 0.95 的置信区间。

3. 抽样调查 10 个商店去年的销售额 y 和流通费用率 x，如题表 8.3 所示。请选用曲线 $y=a+b/x$ 作曲线回归。

题表 8.3

销售额/亿元	7.9	6.8	6.4	5.5	4.3	3.4	2.9	2.1	0.8	1.5
流通费用率/%	1.2	1.3	1.3	1.4	1.5	1.8	2.1	2.7	6.4	4.5

4. 在维尼纶缩醛化的试验中，固定其他因素后，考虑甲醛浓度 x_1（单位：g/L）、反应时间 x_2（单位：分钟）对醛化度 y 的影响，得到题表 8.4 中的数据，试求 $y=a+b_1x_1+b_2/x_2$ 型的回归方程。

题表 8.4

x_1	32.1	32.1	32.1	32.1	32.1	32.1	33.0	33.0	33.0
x_2	3	5	7	12	20	30	3	5	7
y	17.8	22.9	25.9	29.9	32.9	35.4	18.2	22.9	25.1
x_1	33.0	33.0	33.0	27.6	27.6	27.6	27.6	27.6	27.6
x_2	12	20	30	3	5	7	12	20	30
y	28.6	31.2	34.1	16.8	20.0	23.6	28.0	30.0	33.1

5. 某研究者想要验证售车员的业绩与售车人的年龄和销售经验有关。随机抽取了 12 名售车员的数据，如题表 8.5 所示。

题表 8.5

汽车销售量 y/台	15	21	20	29	19	22	21	28	26	12	30	25
售车年数 x_1	2	6	8	11	4	7	7	14	12	3	5	6
售车员年龄 x_2	23	33	28	35	24	49	36	40	46	51	32	31

① 请以逐步回归法估计回归方程。

② 阐释回归系数的经济意义。

③ 在汽车销售量的变化中有多大比例可以用解释变量的变化来解释?

④ 预测一个有10年销售经验、年龄为30岁的售车员的汽车销售量。

6. 某研究者调查了14个东部发达地区的县与15个西部欠发达地区的县。因变量 y(单位:元)为上一年人均GDP,自变量 x_1 为前三年平均投资增长率,自变量 x_2 表示地区类别(1表示东部发达县,0表示西部欠发达县)。调查数据如题表8.6所示,请做 y 对 x_1 和 x_2 的回归分析。

题表 8.6

y	$x_1/\%$	x_2	y	$x_1/\%$	x_2
2 450	2.5	0	33 600	3.6	1
3 880	3.3	1	36 650	4.3	1
4 350	2.8	0	35 670	4.1	1
7 680	3.4	1	35 580	3.7	1
6 600	2.6	0	45 560	3.5	0
8 650	2.7	0	64 560	4.5	1
8 670	3.0	1	90 070	5.0	1
10 550	2.6	0	79 950	4.2	0
12 560	3.2	1	89 000	3.9	0
12 180	2.4	0	98 950	4.8	0
14 450	2.9	1	97 660	4.6	0
21 150	2.2	0	100 150	4.8	0
28 350	3.8	1	101 800	4.2	0
32 560	4.0	1	130 100	4.7	1
30 060	2.9	0			

7. 假设 x 是一可控变量,Y 是服从正态分布的随机变量,在不同的 x 值下分别对 Y 进行观测,得题表8.7所示的数据。

题表 8.7

x	0.25	0.37	0.44	0.55	0.60	0.62	0.68	0.70	0.73
Y	2.57	2.31	2.12	1.92	1.75	1.71	1.60	1.51	1.50
x	0.75	0.82	0.84	0.87	0.88	0.90	0.95	1.00	
Y	1.41	1.33	1.31	1.25	1.20	1.19	1.15	1.00	

① 假设 x 和 Y 之间有线性相关关系,求 Y 对 x 的样本回归直线方程。

② 求回归系数 β_0、β_1、σ^2 的置信水平为0.95的置信区间。

③ 求 Y 的置信水平为0.95的预测区间。

④ 为了把 Y 的观测值限制在区间(1.08,1.68)内,需把 x 的值限制在什么范围(设显著

性水平 $\alpha=0.05$)?

8. 合成纤维的拉伸倍数 x 是一可控变量,其强度 y 是服从正态分布的随机变量,在不同的 x 值下分别对 y 进行观测,测得的试验数据如题表 8.8 所示。

题表 8.8

x	2.0	2.5	2.7	3.5	4.0	4.5	5.2	6.3	7.1	8.0	9.0	10.0
$y/(\mathrm{kg}\cdot\mathrm{mm}^{-2})$	1.3	2.5	2.5	2.7	3.5	4.2	5.0	6.4	6.3	7.0	8.0	8.1

① 请计算并回答 x 和 y 之间的线性相关关系是否显著?

② 求 y 对 x 的回归直线方程;

③ 当 $x=6$ 时,求 y 的预测值及预测区间(设显著性水平 $\alpha=0.05$)?

9. 证明一元线性回归系数估计量 $\hat{\beta}_0$、$\hat{\beta}_1$ 相互独立的充分必要条件是 $\bar{x}=0$。

10. 设 n 组观测值 $(x_i,y_i)(i=1,2,\cdots n)$ 之间有关系式 $y_i=\beta_0+\beta_1(x-\bar{x})+\varepsilon_i$,其中 $\varepsilon_i\sim N(0,\sigma^2)(i=1,2,\cdots,n)$,且 $\varepsilon_1,\varepsilon_2,\cdots,\varepsilon_n$ 相互独立。

① 求系数 β_0、β_1 的最小二乘估计量 $\hat{\beta}_0$、$\hat{\beta}_1$。

② 证明 $\sum\limits_{i=1}^{n}(y_i-\bar{y})^2=\sum\limits_{i=1}^{n}(\hat{y}_i-\bar{y})^2+\sum\limits_{i=1}^{n}(y_i-\hat{y}_i)^2$,其中 $\bar{y}=\sum\limits_{i=1}^{n}y_i$。

③ 求 $\hat{\beta}_0$、$\hat{\beta}_1$ 的分布。

11. 设 n 组观测值 $(x_i,y_i)(i=1,2,\cdots,n)$ 之间有关系式:$y_i=\beta_0+\beta_1x_i+\beta_2x_i^2+\varepsilon_i$,其中 $\varepsilon_i\sim N(0,\sigma^2)(i=1,2,\cdots,n)$,且 $\varepsilon_1,\varepsilon_2,\cdots,\varepsilon_n$ 相互独立。求系数 β_0、β_1、β_2 的最小二乘估计量 $\hat{\beta}_0$、$\hat{\beta}_1$、$\hat{\beta}_2$。

12. 判定系数 R^2 的含义与作用是什么?

13. 在线性回归分析中,F 检验和 t 检验的作用是什么?

参考文献

[1] 袁卫,庞皓,曾五一,等.统计学[M].3版.北京:高等教育出版社,2009.

[2] 马庆国.应用统计学:数理统计方法、数据获取与SPSS应用(精要版)[M].北京:科学出版社,2005.

[3] 盛骤,谢式千,潘承毅.概率论与数理统计[M].北京:高等教育出版社,2008.

[4] 杜智敏.樊文强.SPSS在社会调查中的应用[M].北京:电子工业出版社,2015.

[5] 李晓峰,刘馨.应用统计学[M].北京:电子工业出版社,2017.

[6] 何书元.数理统计[M].北京:高等教育出版社,2012.

[7] 师义民,徐伟,秦超英,等.数理统计[M].北京:科学出版社,2015.

[8] 茆诗松,吕晓玲.数理统计学[M].2版.北京:中国人民大学出版社,2016.

[9] 王元,文兰,陈木法.数学大辞典[M].北京:科学出版社,2010.

[10] 刘定平,王超.应用数理统计[M].北京:科学出版社,2021.

[11] 杨虎,钟波,刘琼荪.应用数理统计[M].北京:清华大学出版社,2006.

[12] 刘强,王琳.应用数理统计[M].北京:电子工业出版社,2017.

[13] 胡政发,肖海霞.应用数理统计与随机过程[M].北京:电子工业出版社,2021.

[14] 阮红伟,张丕景.统计学[M].北京:电子工业出版社,2013.

[15] 王浩,陆璐.统计学——原理与SPSS应用[M].北京:机械工业出版社,2018.

[16] 李卫东.应用多元统计分析[M].北京:北京大学出版社,2015.